Steffen Ciprina

Die Potentiale mobilen ortsbezogenen Lernens in der Geographie-didaktik

Diese Arbeit wurde als Dissertationsschrift zur Erlangung des Doktorgrades der Naturwissenschaften (Dr. rer. nat.) an der Fakultät für Geowissenschaften der Ruhr-Universität Bochum angenommen unter dem Titel:

Die Potentiale mobilen ortsbezogenen Lernens in der Geographiedidaktik - eine Interventionsstudie am Beispiel der Klimaanpassung

Erstgutachter: Prof. Dr. Karl-Heinz Otto
                   (Ruhr-Universität Bochum)
Zweitgutachter: Prof. Dr. Gregor C. Falk
                   (Pädagogische Hochschule Freiburg)

Datum der mündlichen Prüfung: 19.12.2023

Geographiedidaktische Forschungen
Herausgegeben im Auftrag des Hochschulverbandes für
Geographiedidaktik e.V. von M. Hemmer, Y. Krautter und J. C. Schubert
Schriftleitung: S. Höhnle

Steffen Ciprina:
Die Potentiale mobilen ortsbezogenen Lernens in der Geographiedidaktik - Eine Interventionsstudie am Beispiel der Klimaanpassung

Geographiedidaktische Forschungen
Herausgegeben im Auftrag des
Hochschulverbandes für Geographiedidaktik e.V.
von
Michael Hemmer
Yvonne Krautter
Jan C. Schubert
Frühere Herausgeber waren Jürgen Nebel (bis 2017),
Hartwig Haubrich (bis 2013), Helmut Schrettenbrunner (bis 2013)
und Arnold Schultze (bis 2003).

84

Steffen Ciprina

Die Potentiale mobilen ortsbezogenen Lernens in der Geographiedidaktik

Eine Interventionsstudie am Beispiel der Klimaanpassung

Bibliografische Information der Deutschen Nationalbibliothek:
Die Deutsche Nationalbibliothek verzeichnet diese Publikation in der
Deutschen Nationalbibliografie; detaillierte bibliografische Daten
sind im Internet über dnb.dnb.de abrufbar.

Verlag: BoD • Books on Demand GmbH, In de Tarpen 42, 22848
Norderstedt
Druck: Libri Plureos GmbH, Friedensallee 273, 22763 Hamburg

ISBN 978-3-7597-7727-0

Vorwort

Mein erster Dank gilt meinem Erstgutachter Prof. Dr. Karl-Heinz Otto, der mir im Rahmen meiner Anstellung als wissenschaftlicher Mitarbeiter am Geographischen Institut der Ruhr-Universität Bochum die Möglichkeit der Promotion eröffnet hat. Ihre Beratung in den gemeinsamen konstruktiven Gesprächen hat essenziell zum Gelingen der Arbeit beigetragen. Bedanken möchte ich mich zudem für ihr uneingeschränktes Vertrauen, die dauerhafte Ansprechbarkeit und die notwendigen Freiräume während der Anfertigung meines Promotionsprojekts.
Meinem Zweitgutachter Prof. Dr. Falk danke ich für die produktiven Gespräche, in denen ich stets in meinem Vorgehen bestärkt wurde. Oftmals haben Sie mir neue und lohnenswerte Perspektiven auf mein Forschungsvorhaben eröffnet, sodass ich Ihre externe Perspektive sehr wertgeschätzt habe.

Mein besonderer Dank gilt allen Angehörigen und Mitarbeiter:innen der Arbeitsgruppe Geographiedidaktik der Ruhr-Universität Bochum. Für das Gelingen eines Promotionsprojekts ist neben einer fachlichen Unterstützung insbesondere auch eine motivierende und unterstützende Arbeitsatmosphäre von Bedeutung. An dieser Stelle möchte ich mich besonders bei Marko Ellerbrake, Hannes Schmalor und Klaus Jebbink für das stets offene Ohr, die fachliche Beratung und die dauerhafte, uneingeschränkte Unterstützung, aus der ich viel Motivation gezogen habe, bedanken. Ein großer Dank geht zudem an Christopher Prisille, Stefanie Heinze, Jan Hohmann, Katja Paulus und Anna Rath für die schöne gemeinsame Zeit, in der ich gemeinsam mit euch arbeiten durfte. Nathalie Miezal und Alex Happe gilt als Forschungsstudierenden und Exkursionsleitung meiner Interventionsstudie eine besondere Würdigung. Ohne eure Flexibilität, euren Einsatz und Freude wäre eine vergleichbare Studie nicht umsetzbar gewesen. Danke an Florian Drebes, Marie Nübel, Fabian Fuchs, Jonas Stürmer, Emma Prumbaum und Finja Großkreuz, die mir als Hilfskräfte zugearbeitet haben und vor allem zur unvergleichlichen Arbeitsatmosphäre beigetragen haben.
Ein großes Dankeschön gilt zudem der Professional School of Education der Ruhr-Universität und hier insbesondere Marie Vanderbeke und Christiane Mattiesson für die Unterstützung durch Förderlinien und Fortbildungen sowie Herrn Roelle im Rahmen der statistischen Beratung.
Mein letzter und größter Dank gilt meiner Familie und meinen Freunden für die dauerhafte, bedingungslose Unterstützung sowie euer Vertrauen, das ihr mich jeden Tag spüren lasst. Ich danke euch für euer Verständnis in schwierigen Zeiten, Ich danke meinen Eltern, dass ihr mir geholfen habt, ein solches Projekt zielstrebig über mehrere Jahre verfolgen zu können. Ohne euch wäre die Bewältigung einer solchen Herausforderung nicht möglich gewesen!

Inhaltsverzeichnis

Zusammenfassung

Durch den zunehmenden Einfluss von digitalen Medien auf schulische Lernprozesse erfährt die geographische Exkursionsdidaktik derzeit neue Impulse, die im
mobilen ortsbezogenen Lernen (MOL) diskutiert und erforscht werden. Exkursionen stellen dabei eine äußerst wertgeschätzte, verbreitet erforschte und spezifische Arbeitsweise im Unterrichtsfach sowie der Fachwissenschaft der Geographie
dar (u. a. DICKEL, GLASZE 2009, S. 3; MEUREL et al. 2023, S. 115). Das MOL nutzt die
Funktionen mobiler Endgeräte (z. B. Smartphones oder Tablets) auf Exkursionen,
um mit ihnen Untersuchungsstandorte aufzusuchen, Informationen aufzubereiten
und den Nutzer:innen verschiedene Aufgaben zu stellen. Dabei ist es im MOL entscheidend, dass Informationen und Aufgaben immer einen hohen Raumbezug aufweisen müssen und beispielsweise lediglich im Exkursionsraum vor Ort gelöst werden können (vgl. LUDE et al. 2013, S. 12; FEULNER 2020, S. 21 f.). Bisherige Arbeiten
im deutschsprachigen, geographiedidaktischen MOL verfolgen vermehrt konzeptionelle Ansätze (u. a. HILLER et al. 2019) bzw. greifen in Forschungsarbeiten auf
explorativ qualitative Untersuchungsdesigns zurück (u. a. FEULNER 2020), sodass
bisher quantitative Aussagen hinsichtlich der Wirkweisen des MOL limitiert sind.
Verschiedene, meist internationale Studien indizieren positive Einflüsse des MOL
auf die Aneignung kognitiv dominierter Kompetenzen (u. a. RUCHTER et al. 2010;
BENGEL, PETER 2023) als auch affektiver Variablen (u. a. SCHAAL 2016; SCHNEIDER et al.
2017) bei Schüler:innen. Oftmals weisen die zugehörigen Forschungsdesigns jedoch Defizite, beispielsweise aufgrund geringer Stichprobenzahlen, des Fehlens
von Vergleichs- und Kontrollgruppen oder des Fehlens langfristiger Beobachtungen, auf.
Das übergeordnete Ziel der vorliegenden Interventionsstudie war es, die Potentiale des MOL in Form einer digitalen gestützten Exkursion zur Vermittlung von
Fachwissen zur Klimaanpassung sowie Erzeugung von Motivation gegenüber einem analogen Exkursionsformat als Forschungsdesiderat zu bewerten. Die Auswahl des Fachwissens sowie der Motivation als Analyseschwerpunkte erfolgte
nach Empfehlungen von DIACOPOLOUS UND CROMPTON (2020, S. 12), die diese als for-
schungsrelevante „core areas of geography education" im MOL bezeichnen. Die
Klimaanpassung wird unter anderem von GRAULICH et al. (2021, S. 16) sowie
SCHMALOR et al. (2022, S. 96) als vielversprechender Lerngegenstand zur Vermittlung im MOL, beispielsweise aufgrund der guten Sichtbarkeit von Anpassungsmaßnahmen auf der lokalen Maßstabsebene oder der Handlungsorientierung für Schü-
ler:innen, gekennzeichnet. Zudem werden die Untersuchungsvariablen Wissen
und affektive Einstellungen (u. a. Motivation) als Grundvoraussetzungen für klima-
resilientes Handeln angesehen (CHANG 2022, S. 26).
Die quasi-experimentelle Interventionsstudie wurde mit N = 303 Schüler:innen aus
gymnasialen Geographiekursen der 10. Jahrgangsstufe in Nordrhein-Westfalen

durchgeführt. Die Erhebung erfolgte in einem Dreigruppenplan, bestehend aus Experimentalgruppe (digital gestützte Exkursion), Vergleichsgruppe (analog gestützte Exkursion) sowie Kontrollgruppe (ohne Treat-ment) an drei verschiedenen Testzeitpunkten (Pre-, Post- und Follow-Up-Test). Das Fachwissen der Schüler:innen zur Klimaanpassung wurde an drei Testzeitpunkten, eine Woche vor (Pre-Test), unmittelbar nach (Post-Test) sowie vier Wochen nach dem zugehörigen Exkursionstreatment mithilfe eines selbst entwickelten und pilotierten Fragebogens gemessen. Die Pilotierung erfolgte mit N = 85 Schüler:innen. In Ergänzung zum pilotierten Fachwissenstest bildete die Kurzskala intrinsischer Motivation (KIM) nach WILDE et al. (2009) das zweite im Post-Test eingesetztes Erhebungsinstrument. Diese wurde zur Erhebung der Motivation bereits in verschiedenen Studien zu außerschulischen Lernsettings erprobt und empirisch validiert (z. B. SCHAAL 2016; BROCKMÜLLER 2019). Im Rahmen der qualitativen Begleitforschung, die unter anderem der Identifikation potentieller Störvariablen des Lernens auf den Exkursionseinheiten diente, wurde auf eine teilnehmende Beobachtung auf den Exkursionseinheiten sowie das GPS-Tracking der Exkursionsrouten der Schüler:innen zurückgegriffen.

Als Durchführungsgebiet der Exkursionseinheiten wurde der Stadtbezirk Dortmund-Hörde, unter anderem aufgrund eines detaillierten Klimaanpassungskonzepts mit umgesetzten Anpassungsmaßnahmen an Hitze und Starkregen, ausgewählt. Die Treatments der beiden Exkursionsgruppen unterschieden sich lediglich hinsichtlich des gewählten medialen Zugangs, da die Experimentalgruppe mit Tablets und der App Biparcours durchgeführt wurde, während die Vergleichsgruppe auf gedruckte Materialien und eine analoge Karte zurückgriff. Zur Gewährleistung der Vergleichbarkeit wurden die weiteren Planungen der Exkursionen identisch gehalten (z. B. Informationen, Arbeitsaufträge, Exkursionsmethoden, Exkursionsroute). Zudem wurden verschiedene potentielle Störvariablen der Intervention, beispielsweise in Form der durchführenden Lehrkraft oder wechselnden Wetterverhältnissen, im Vorfeld identifiziert und im Studiendesign berücksichtigt.

Die auf Grundlage von Kontrastanalysen (Sonderform der ANOVA) ermittelten Ergebnisse zeigen, dass sowohl die digital gestützte als auch analog gestützte Exkursion dafür geeignet sind, Fachwissen zur Klimaanpassung zu vermitteln, da beide Untersuchungsgruppen gegenüber der Kontrollgruppe einen signifikanten Zuwachs zwischen Pre- und Post-Test aufweisen ($F(1,300) = 46.10$; $p < .001$; $\eta p^2 = .13$). Zudem ist die Experimentalgruppe der Vergleichsgruppe zwischen den ersten beiden Testzeitpunkten mit einer kleinen Effektstärke signifikant überlegen ($F(1,300) = 6.71$; $p = .01$; $\eta p^2 = .02$). Diese Ausprägungen lassen sich auch über den Zeitpunkt des Follow-Up-Tests bestätigen. Zudem zeigen die Ergebnisse des Follow-Up-Tests, dass sowohl die Experimental- als auch die Vergleichsgruppe ihren Entwicklungsstand an Fachwissen zur Klimaanpassung langfristig aufrechterhalten können und vier Wochen nach der Exkursion keine signifikante Änderung des Fachwissens messbar ist. Durchgeführte Moderations- und Mediationsanalysen (HAYES 2022) deuten an, dass keine der erhobenen äußeren, potentiellen Störvariablen (z. B. Wetter, Lehrkraft, Ortskundigkeit im Exkursionsgebiet) einen Einfluss auf die Studienergebnisse besitzt. Hinsichtlich der erhobenen Subskalen der KIM existieren keine motivationalen Unterschiede zwischen den beiden Exkursionsgruppen. Jedoch besitzen beide Gruppen in allen vier Skalen der KIM hohe Merkmalsausprägungen, die jeweils von einem hohen Maß an wahrgenommener Motivation zeugen.

Die Ergebnisse verdeutlichen, dass sich beide Exkursionsformate der vorliegenden Studie – im speziellen jedoch die Exkursion im MOL – dazu geeignet sind Fachwissen zur Klimaanpassung zu vermitteln und dieses auch über einen längeren Zeitraum zu festigen. Zwischen den beiden Exkursionsgruppen liegen keine Unterschiede hinsichtlich ihrer jeweils hoch wahrgenommenen Motivation vor, da diese durch potentielle Neuheitseffekte der Arbeitsform Exkursion überlagert sein könnten. Eine Erklärung für das signifikant bessere Abschneiden beim Zuwachs an Fachwissen der Experimentalgruppe liefern die aus aufgezeichneten GPS-Routen erstellten „Heatmaps". Diesen ist zu entnehmen, dass die Arbeitsaufträge der Experimentalgruppe gegenüber der Vergleichsgruppe zu einer stärkeren Interaktion mit der Umgebung und einem höheren Maß der Raumauseinandersetzung geführt zu haben scheinen. Die Ergebnisse der Arbeit zeigen somit verschiedene Potentiale des MOL für die Unterrichtspraxis auf, die vielfältige Anschlüsse für folgende Forschungsarbeiten eröffnen.

Abbildungsverzeichnis

Tabellenverzeichnis

Abkürzungsverzeichnis

AFB Anforderungsbereich

ANOVA Varianzanalyse (analysis of variance)

APA American Psychological Association

BMU Bundesministerium für Umwelt, Naturschutz und Reaktorsicherheit

BNE Bildung für nachhaltige Entwicklung

BYOD „bring your own device"

EL Elektronisches Lernen

DBR Design Based Research

DAS Deutschen Anpassungsstrategie an den Klimawandel

Geo-IKT Geoinformation- und Kommunikationstechnologien

GFD Gesellschaft für Fachdidaktik

GIS Geoinformationssystem

GPS Global Positioning System

HGD Hochschulverband für Geographiedidaktik

IMI Intrinsic Motivation Inventory

IPCC Intergovernmental Panel on Climate Change

KIM Kurzskala intrinsischer Motivation

KMK Kultusministerkonferenz

ML Mobiles Lernen

MOL Mobiles ortsbezogenes Lernen

NRW Nordrhein-Westfalen

OL Ortsbezogenes Lernen

ppm parts per million

RKI Robert-Koch-Institut

t_1 Pre-Test

t_2 Post-Test

t_3 Follow-Up-Test

1 Einleitung

„Im Gelände schlägt das Herz der Geographie" (FALK 2015, S. 150).
Exkursionen besitzen in der Geographie, wie unter anderem das angeführte Zitat
verdeutlicht, einen hohen Stellenwert. Dabei stellen Exkursionen eine zentrale
Methode der fachlichen, empirischen Erkenntnisgewinnung sowohl für die Human- als auch für die Physische Geographie dar (u. a. OHL, NEEB 2012, S. 259; MEUREL et al. 2023, S. 115). Im Gelände werden von der Fachwissenschaft zahlreiche
spezifische Arbeitsweisen angewendet (z. B. Zählungen, Entnahme von Proben,
Kartierungen), die für die geographische Forschung zur Informationsbeschaffung
essenziell sind (RINSCHEDE, SIEGMUND 2020, S. 237 f.). Nicht nur für die geographische
Fachwissenschaft, sondern auch für den Geographieunterricht an Schulen bezeichnet FEULNER (2020, S. 48) Exkursionen als „unumstritten". Auch eine aktuelle
Lehrkräftebefragung von FÖGELE et al. (2022, S. 5) unterstützt die fachdidaktische
Wertschätzung der Arbeitsweise aus der schulischen Perspektive. Daher ist es
nicht verwunderlich, dass Exkursionen mit Schüler:innen seit den 1970er Jahren
(u. a. WATZKA 1977) ein Feld der geographiedidaktischen Forschung darstellen. Mit
dem Einsatz von Exkursionen im Schulunterricht werden dabei verschiedene lernförderliche Eigenschaften zum Beispiel hinsichtlich der Vermittlung von anwendungsbezogenem Wissen (FEULNER 2020, S. 48) oder der Ausbildung von Motivation (OHL, NEEB 2012, S. 260) assoziiert, die oftmals auf den Argumenten einer hohen Anschaulichkeit und Authentizität durch die „originale Begegnung" (DICKEL,
GLASZE 2009, S. 3) mit dem Lerngegenstand vor Ort fundieren.
Infolge der zunehmenden Digitalisierung von Bildungsprozessen erfährt auch die
geographische Exkursionsdidaktik neue Impulse, die im Kontext des mobilen ortsbezogenen Lernens (MOL) diskutiert werden (u. a. HILLER et al. 2019, S. 15). Innerhalb des MOL werden die vielfältigen Funktionen von digitalen Endgeräten genutzt, um Lernprozesse im realen Raum anzureichern und umzugestalten. Dabei
sind die Lerninhalte zwingend an den Untersuchungsraum gebunden, sodass Aufgaben nur in Kombination aus der Nutzung von digitalen Endgeräten und verknüpften Informationen aus dem realen Raum gelöst werden können (LUDE et al.
2013, S. 11 f.). Als Forschungsbedarf im MOL hebt FEULNER (2020, S. 432) hervor,
dass es „guter Beispiele [bedarf], die aufzeigen, wie man Umgebungs- und Lernkontexte harmonisch verbinden kann und dabei zugleich Kompetenzen und Inhalte vermittelt". Als inhaltlicher Schwerpunkt der Lerneinheiten wird in der vorliegenden Arbeit die Klimaanpassung an Extremwetterereignisse ausgewählt, die
von verschiedenen Quellen (u. a. GRAULICH et al. 2021, S. 16; SCHMALOR et al. 2022,
S. 96), unter anderem aufgrund ihrer hohen gesellschaftlichen Relevanz und lokalen Sichtbarkeit von Maßnahmen, als vielversprechender Betrachtungsschwerpunkt des MOL für Schüler:innen angesehen wird.

In der vorliegenden Studie soll empirisch untersucht werden, inwiefern das MOL dafür geeignet ist, Fachwissen zur Klimaanpassung als Kompetenz des Geographieunterrichts bei Schüler:innen zu fördern. Zur Beurteilung der Potentiale des MOL soll in dieser Studie ein digital gestütztes Exkursionsformat mit einem analog gestützten Exkursionsformat interventionsbasiert verglichen werden. Dabei soll zudem ergründet werden, ob ein potentieller Zuwachs an Fachwissen infolge der Exkursionseinheiten lediglich kurzfristig ausgeprägt ist bzw. inwiefern sich Unterschiede in der langfristigen Behaltensleistung des Fachwissens zwischen den beiden Exkursionsformaten ergeben. Als weitere Variable des Lernens auf Exkursionen soll die Motivation der Schüler:innen infolge der Intervention zwischen der digital und der analog gestützten Exkursion verglichen und ihr Einfluss auf die Aneignung von Fachwissen näher untersucht werden.

Zu Beginn der Arbeit werden in Kapitel 2 die geographiedidaktischen Grundlagen der Arbeit dargestellt. Die Ausführungen des Kapitels folgen der bereits oben in der Einleitung skizzierten Vorgehensweise, indem zu Beginn in Kapitel 2.1 eine Einführung in die geographische Exkursionsdidaktik gegeben und anschließend über die zunehmende Digitalisierung des Geographieunterrichts (Kap. 2.2) zum MOL (Kap. 2.3) als zentralem didaktischen Forschungsfeld der Arbeit übergeleitet wird. Kapitel 2.1.1 enthält einen Überblick über die zentralen verwendeten Begrifflichkeiten der Exkursionsdidaktik sowie die historisch gewachsene Bedeutung der Arbeitsform für den Geographieunterricht. Für die spätere Erstellung von Exkursionseinheiten wird auf die in der deutschsprachigen Geographiedidaktik verbreitete Klassifikation von Exkursionen nach dem Grad der Schüleraktivität zurückgegriffen, das die Typisierung von verschiedenen Exkursionsformaten und Methoden ermöglicht (Kap. 2.1.2). Dem Einsatz von Exkursionen im Geographieunterricht werden oftmals verschiedene positive Eigenschaften zugesprochen, die in Kapitel 2.1.3, neben verschiedenen Restriktionen, die die Einsatzhäufigkeit der Arbeitsweise im Schulalltag limitieren, dargestellt werden. Zudem werden diese Aspekte vor dem Hintergrund bisheriger empirischer Arbeiten der geographischen Exkursionsdidaktik eingeordnet, deren Erkenntnisse auch für die spätere eigene Gestaltung von Exkursionen bedeutsam sind. Ein besonderer Fokus liegt dabei auf der Auseinandersetzung mit empirisch analysierten Exkursionseinheiten hinsichtlich ihrer Eignung zur Vermittlung von Fachwissen und Erzeugung von Motivation als Erkenntnisschwerpunkte dieser Arbeit.

Für das Verständnis des MOL als zentralem didaktischem Schwerpunkt der vorliegenden Arbeit ist es notwendig, in Kapitel 2.2.1 eine Einführung in das Arbeiten mit digitalen Medien im Geographieunterricht zu geben, indem zu Beginn zentrale Begriffe definiert und differierende Verständnisse voneinander abgegrenzt werden. Im Anschluss werden verschiedene Besonderheiten der Nutzung von digitalen Medien im Geographieunterricht skizziert, die unter anderem durch die Bedeutung des Raums, beispielsweise in der Nutzung von digitalen Karten, verdeutlicht werden.

Kapitel 2.3 bildet den Schwerpunkt der fachdidaktischen Grundlagen, indem das MOL (Kap. 2.3.2) über seine Einflüsse der Theorien des mobilen sowie elektronischen Lernens (Kap. 2.3.1) eingeführt wird. Neben verschiedenen Merkmalen und Charakteristika werden auch verschiedene durch digitale Medien bedingte Nutzungsmöglichkeiten des MOL beim Lernen im Realraum analysiert. Insbesondere durch die Verwendung von Apps erfährt das MOL zudem auch Einflüsse des spielbezogenen Lernens (Kap. 2.3.3), da Lerneinheiten oftmals durch sogenannte Gamification-Elemente angereichert werden können.

Für die spätere Formulierung von geeigneten Fragestellungen der empirischen Studie ist insbesondere die Kennzeichnung eines Forschungsdesiderats im MOL von Bedeutung. Dazu werden in Kapitel 2.4 der Forschungsstand des MOL hinsichtlich der Förderung von Motivation (Kap. 2.4.1) sowie der Vermittlung von Wissen (Kap. 2.4.2) dargelegt. Die Auswahl der beiden Forschungsschwerpunkte erfolgt unter anderem nach Empfehlung von Diacopolous und Crompton (2020, S. 12). Aus der Analyse verschiedener empirischer, meist internationaler Studien werden anschließend Implikationen für das eigene Forschungsvorhaben (Kap. 2.4.3) abgeleitet, die das Forschungsdesiderat im MOL spezifizieren.

Für die Gestaltung einer Lerneinheit im MOL ist die Auswahl eines geeigneten fachlichen Schwerpunkts notwendig. In dieser Arbeit fungiert die Klimaanpassung an Extremwetterereignisse als Thema, dessen Eignung als Lerngegenstand als Essenz aus der fachwissenschaftlichen Begründung des Themas abgeleitet werden soll (Kap. 3.6). Innerhalb der fachwissenschaftlichen Analyse findet eine räumliche Fokussierung auf urbane Räume als besonders gefährdete Standorte gegenüber den Extremwetterereignissen Hitze und Starkregen statt (Kap. 3.3 & 3.4). Im Rahmen von Kapitel 3.5 werden im Anschluss konkrete Anpassungsmaßnahmen an die beiden Extremwetterereignisse aufgegriffen, die oftmals auf einer lokalen bzw. individuellen Maßstabsebene angewendet werden und inhaltliche Anknüpfungspunkte für die Erstellung der späteren Exkursionseinheiten der empirischen Studie bilden.

Die Fragestellungen und zugehörigen Hypothesen dieser Arbeit werden in Kapitel 4 auf Basis des Forschungsstands des MOL (Kap. 2.4) abgeleitet und unter Berücksichtigung des fachwissenschaftlichen Schwerpunkts der Klimaanpassung (Kap. 3) spezifiziert. Im Folgenden wird das Forschungsdesign der Interventionsstudie unter Berücksichtigung der aufgestellten Fragestellungen entwickelt (Kap. 5), das als Dreigruppenplan (Experimental-, Vergleichs- und Kontrollgruppe) an drei verschiedenen Testzeitpunkten (Pre-, Post- und Follow-Up-Test) angelegt ist und die Förderung von Motivation sowie Fachwissen zur Klimaanpassung untersucht. Im

Rahmen der Darstellung des Forschungsdesigns ist unter anderem die Berücksichtigung von potentiellen Störvariablen der Interventionsstudie notwendig (Kap. 5.1). Auf Grundlage der Ausführungen zur geographischen Exkursionsdidaktik (Kap. 2.1) sowie des MOL (Kap. 2.3) werden unter Berücksichtigung der fachwissenschaftlichen Analyse zur Klimaanpassung (Kap. 3) Interventionstreatments der Untersuchungsgruppen als Exkursionseinheiten entwickelt und ihre Unterschiede in der Gestaltung aufgezeigt (Kap. 5.3). Zur Beantwortung der Fragestellungen wird ein Erhebungsinstrument zur Messung des Fachwissens zur Klimaanpassung entwickelt, pilotiert und auf Grundlage von Gütekriterien beurteilt (Kap. 5.4.1-5.4.3). Zudem werden die Erhebungsinstrumente der Kurzskala intrinsischer Motivation (KIM) (Kap. 5.4.4), eine teilnehmende Beobachtung (Kap. 5.4.5.) sowie das GPS-Tracking (Kap. 5.4.6) im Rahmen der Studie eingesetzt.

Die in Kapitel 6 auf Grundlage verschiedener statistischer Auswertungsverfahren (Kap. 5.5) aufgezeigten Ergebnisse werden durch die Forschungsfragen und -hypothesen strukturiert im Rahmen der Diskussion aufgegriffen und vor dem Hintergrund der Erkenntnisse andere empirischer Forschungsarbeiten eingeordnet. Im abschließenden Kapitel 7 werden, basierend auf einer Zusammenfassung der Ergebnisse, Schlussfolgerungen für den Einsatz des MOL im Geographieunterricht gezogen sowie ein Ausblick für mögliche weitere Forschungsfragen gegeben.

2 Geographiedidaktische Grundlagen und Stand der Forschung

2.1 Grundlagen der Exkursionsdidaktik

Das vorliegende Kapitel 2.1 liefert zu Beginn eine Einführung in die Grundlagen der Exkursionsdidaktik der Geographie mit zentralen Begriffsdefinitionen (Kap. 2.1.1). Im anschließenden Teilkapitel 2.1.2 wird näher auf die Klassifikation von Exkursionen nach der Schüleraktivität, auf Grundlage der Lehr-Lerntheorien des Konstruktivismus und Kognitivismus, eingegangen. Mit dem Einsatz von Exkursionen im Schulunterricht werden verschiedene positive Assoziationen, beispielsweise hinsichtlich der Kompetenzentwicklung bei Schüler:innen, verbunden, die in Kombination mit Hindernissen und Restriktionen der Unterrichtsmethode in Kapitel 2.1.3 dargestellt werden. Ergänzt werden diese Ausführungen durch Erkenntnisse aus geographiedidaktischen, empirischen Forschungsarbeiten. Dabei werden insbesondere empirische Arbeiten hinsichtlich der Eignung von Exkursionen bezüglich der Vermittlung von Wissen sowie Förderung von Motivation vertieft betrachtet.

2.1.1 Exkursionen im Geographieunterricht

Der Begriff der Exkursion leitet sich vom lateinischen Verb excurrere (= heraus-, hinauslaufen) (u. a. NEEB 2012, S. 3) ab, das in seiner wesentlichen Bedeutung noch heutzutage dem Verständnis der Durchführung einer Exkursion als direkte Konfrontation mit der räumlichen Wirklichkeit entspricht. Innerhalb der Exkursionsforschung in der Geographie hat sich über die jahrzehntelange Auseinandersetzung eine gewisse Vielfalt von teilweise synonym verwendeten Begriffen etabliert (z. B. Lehrausflug, Lehrpfad, Feldarbeit, Lehrwanderung, Erkundung), die innerhalb der Arbeit unter dem Sammelbegriff Exkursion zusammengefasst werden (vgl. LÖßNER 2011, S. 10; KISSER 2014, S. 19; RINSCHEDE, SIEGMUND 2020, S. 235; MEUREL et al. 2023, S. 118).

Als Pendant dazu wurde in der englischsprachigen Exkursionsdidaktik übergeordnete Begriff der Outdoor Education als Zusammenfassung für z. B. field work, field learning, adventure education oder outdoor learning etabliert (u. a. HEYNOLDT 2016, S. 39; VON AU 2016, S. 14-16; RINSCHEDE, SIEGMUND 2020, S. 235). Eine differenzierte Unterscheidung verschiedener englischsprachiger Begriffe im Kontext von Exkursionen nimmt HEYNOLDT (2016, S. 35-39) vor.

Zur begrifflichen Einordnung von Exkursionen im schulischen Kontext dient Abbildung 1 nach MEYER (2015, S. 148). Das Geographielernen, als Erwerb geographischer fachspezifischer Kompetenzen, kann in die Bereiche des außerschulischen und des schulischen Lernens untergliedert werden. Zum Bereich des außerschulischen Lernens werden Lernorte, Medien und Personen gefasst, die außerhalb der Schulbildung auf die Lernenden einwirken (LÖßNER 2011, S. 11). Außerschulisches

Lernen findet demnach, teilweise auch informell, in der Freizeit der Schüler:innen und an vielfältigen Orten (z. B. Museen, zu Hause) im geographischen Kontext statt.

Zur begrifflichen Abgrenzung werden unter außerschulischen Lernorten im Rahmen dieser Arbeit Exkursionsziele verstanden, die sich außerhalb des Schulgebäudes befinden und während einer Exkursion im Sinne des schulischen, formalen Lernens aufgesucht werden (BAAR, SCHÖNKNECHT 2018, S. 15). Weiterführend definiert MEYER (2015, S. 148) außerschulische Lernorte fachspezifisch als Orte, „an denen eine Realbegegnung mit geographischen Sachverhalten, eine anschauliche Darbietung oder eine Untersuchung geographischer Phänomene stattfinden kann". Dabei ist zwischen außerschulischen Lernorten zu unterscheiden, die einerseits bereits einen Bildungsauftrag besitzen, daher meist didaktisch aufbereitet sind (z. B. Schülerlabore) und andererseits Lernorten ohne einen direkten Bildungsauftrag, die zur bildenden Auseinandersetzung auf eigens erstellte didaktische Konzepte angewiesen sind (BAAR, SCHÖNKNECHT 2018, S. 18).

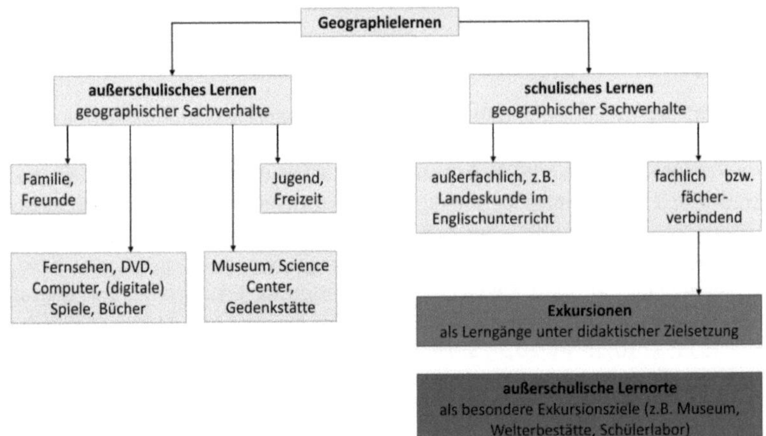

Abb. 1 | Exkursionen als Bestandteil des Geographieunterrichts (eigene Darstellung nach MEYER 2015, S. 148)

Geprägt durch die didaktischen Zielsetzungen, mit denen ein außerschulischer Lernort untersucht wird, lassen sich Exkursionen als Teil des schulischen Lernens einordnen. Aufgrund der späteren empirischen Auseinandersetzung mit schulischen Lerngruppen werden Exkursionen im weiteren Verlauf der Arbeit, wenn nicht anderweitig gekennzeichnet, als Arbeitsform des geographischen Schulunterrichts, angesehen: „Die Exkursion ist eine methodische Großform des Unter-

6

richts mit dem Ziel der realen Begegnung mit der räumlichen Wirklichkeit außerhalb des Klassenzimmers. Aufgabe der Exkursion ist, den Schüler/-innen eine direkte Erfahrung geographischer Phänomene, Strukturen, Funktionen und Prozesse vor Ort zu ermöglichen" (RINSCHEDE, SIEGMUND 2020, S. 233 f.). Mit dieser Definition grenzt sich die Exkursion, insbesondere durch ihre wissenschaftliche und zielgerichtete Betrachtung von Lerngegenständen, von schulischen Vergnügungsveranstaltungen (z. B. Klassenfahrten oder Wandertage) ab.

Die Verankerung des Exkursionsgedankens zur bildenden Auseinandersetzung lässt sich bereits in Comenius didacta magna (große Unterrichtslehre) aus dem 17. Jahrhundert finden (SKIERA 2010, S. 37 f.). Fortan waren Exkursionen im Naturraum wichtige Bestandteile des Geographieunterrichts, deren Entwicklung in Lehrkonzepten und Curricula vertiefend unter anderem von LÖßNER (2011, S. 15-21) und HEYNOLDT (2016, S. 30-33, 40-45) beschrieben werden. Eine Stärkung im schulischen Alltag erfuhr die Exkursion in den 1970er Jahren, bedingt durch den lerntheoretischen Paradigmenwechsel der deutschen Geographiedidaktik vom Leitbild der Länderkunde hin zur Allgemeinen Geographie. NIEMZ (1980, S. 3) führt an, dass in einem länderkundlich dominierten Geographieunterricht Exkursionen nur möglich und sinnvoll waren, wenn der Nahraum explizit den räumlichen Schwerpunkt des länderkundlichen Durchgangs bildete. Im Ansatz der Allgemeinen Geographie sei es hingegen weitaus besser vertretbar Exkursionen durchzuführen, da Themen im Nahraum nun als exemplarische Vergleichs- und Anschauungsobjekte für übertragbare räumliche Ordnungsmuster genutzt werden konnten (LÖßNER 2011, S. 21). Zudem prägt die Lehr-Lerntheorie des Konstruktivismus mit seinen Leitlinien einer hohen Schüleraktivität und Handlungsorientierung die Exkursionsdidaktik (NEEB 2012, S. 8-12). Die Klassifikation von Exkursionen gemäß der Schüleraktivität als wichtiger Einfluss zur Gestaltung von Lernumgebungen findet daher im folgenden Kapitel eine vertiefte Betrachtung. Im Sinne einer Wissenschaftspropädeutik können Exkursionen im Schulunterricht zudem zu einer Heranführung an fachlichen geographischen Arbeitsweisen dienen (DGFG 2020, S. 19). Dabei steht vor allem die Vermittlung von anwendungsbezogenem Wissen durch die Arbeit im realen Raum im Vordergrund (FEULNER 2020, S. 48).

2.1.2 Klassifikation von Exkursionen nach der Schüleraktivität

Exkursionen mit Schülergruppen und im schulischen Kontext können eine Vielzahl von unterschiedlichen Gestaltungsmerkmalen aufweisen. Die Lehrperson muss in der Vorbereitung der Exkursion Entscheidungen über die Zielsetzung und den Aufbau der Exkursion tätigen. Aus diesem Grund existieren, wie bei der Planung von Unterricht im Klassenraum, verschiedene Klassifikationsaspekte von Exkursionen. Dazu zählen unter anderem die Betrachtung des didaktischen Ortes, der Zeitdauer sowie der Methoden und Sozialformen. Zur selbstständigen Auseinandersetzung mit den aufgeführten weiteren Klassifikationsaspekten empfehlen sich unter anderem Ohl und Neeb (2012, S. 259-271), Falk (2015, S. 150-153), Rinschede und Siegmund (2020, S. 233-248) sowie Meurel et al. (2023, S. 120). Aufgrund ihrer Relevanz für die spätere Gestaltung eigener Exkursionskonzepte (Kap. 5.3) und der häufigen didaktischen Beiträge in der Fachliteratur (u. a. Böing, Sachs 2007, S. 36; Ohl, Neeb 2012, S. 261; Hemmer, Mehren 2014, S. 19; Falk 2015, S. 152; Stolz, Feiler 2018, S. 13, Hiller et al. 2019, S. 24; Ciprina et al. 2022, S. 2), erfährt die Klassifikation nach dem Grad der Schüleraktivität in diesem Kapitel eine vertiefte Betrachtung.

Die Stärkung der eigenständigen Aktivität von Lernenden auf Exkursionen lässt sich auf die Aufwertung der unterrichtlichen Handlungsorientierung im Zuge der Kritik an Lernziel- und Wissenschaftsorientierung ab den 1980er Jahren zurückführen (Kroß 1991, S. 9). Grundlegend für die Klassifikation nach Schüleraktivität sind die in der Geographie verbreitete Unterscheidung von Raumkonzepten sowie die Lehr-Lerntheorien des Kognitivismus und Konstruktivismus. Letztere werden an dieser Stelle in ihren wesentlichen Annahmen und Eigenschaften vorab skizziert. Für eine vertiefende Betrachtung der vier Raumkonzepte Raum als Container, Raum als System von Lagebeziehungen, wahrgenommener Raum sowie Raum als Konstrukt und ihrer Bedeutung für Exkursionskonzeptionen empfehlen sich die Ausführungen von Wardenga (2002, S. 8-11) und Feulner (2020, S. 50-62).

Der Kognitivismus weist der Lehrperson als „Primat der Instruktion" (Reinmann, Mandl 2006, S. 618) die entscheidende Rolle innerhalb des Lernprozesses zu. Dementsprechend ist die Gestaltung des Lernprozesses von großer Bedeutung, da die Lernenden im Wesentlichen fremdbestimmt lernen und den passiven Part der Lehrer-Schüler-Interaktion einnehmen. Die Lehrperson hingegen ist aktiv, gestaltet den gesamten Fortschrittsprozess und liefert systematisch Anregungen zum Lernen (Reinmann, Mandl 2006, S. 618 f.).

Die Lehr-Lerntheorie des Konstruktivismus lässt sich in den moderaten und radikalen Konstruktivismus untergliedern. Dem moderaten Konstruktivismus liegt die besondere Bedeutung der Kombination aus Instruktion und Konstruktion für einen erfolgreichen Lernprozess zugrunde (Reinmann, Mandl 2006, S. 638 f.). Die Lehrperson besitzt während des Lernprozesses die entscheidende Rolle, Lernumgebungen zu gestalten und zu konstruieren, in denen sich die Lernenden frei bewegen sollen. Anschließend zieht sich die Lehrperson mehr und mehr zurück, sodass die Schüler:innen innerhalb des Unterrichtsgeschehens ihren Lernprozess aktiv und eigenständig gestalten. Die Lehrperson fungiert weiterhin als Unterstützer und Initiator des Lernens und begleitet das Geschehen in einer passiveren Rolle. Nach Reinfried (2007, S. 19) ist das Lernen in der konstruktivistischen Auffassung ein „selbstgesteuerter Prozess", in dem die Schüler:innen eigenverantwortlich und frei handeln. Des Weiteren wird das Lernen als „konstruktiver Prozess" beschrieben, der auf Vorwissen aufbaut und deswegen sehr individuell zu betrachten ist. Jeder einzelne Lernende besitzt eigenständige und kreative Lösungsideen zur Bewältigung von Problemstellungen, die respektiert und genutzt werden sollten.

Der radikale Konstruktivismus hingegen lehnt die Instruktion innerhalb des Lernprozesses ab. Hier soll der Lernfortschritt ohne Instruktion von außen stattfinden und ist als ergebnisoffen zu charakterisieren, sodass ein hohes Maß an Eigeninitiative, Kreativität und Selbstständigkeit auf Seiten des Lernenden gefordert ist (REINMANN, MANDL 2006, S. 630 f.). Somit würde das schulische Lernen überflüssig werden. Im radikalen Konstruktivismus besitzt die lernende Person eine maßgeblich aktive Rolle, die ohne äußere Einflüsse der Lehrperson und die Lernumgebung stattfindet. Für eine detaillierte Beschreibung der Entwicklung einer kognitivistisch bzw. konstruktivistisch orientierten Exkursionsdidaktik empfiehlt sich NEEB (2012, S. 4-12).

Zur Unterscheidung der verschiedenen Exkursionstypen nach dem Grad der Schüleraktivität wird Abbildung 2 nach OHL UND NEEB (2012, S. 261) herangezogen.

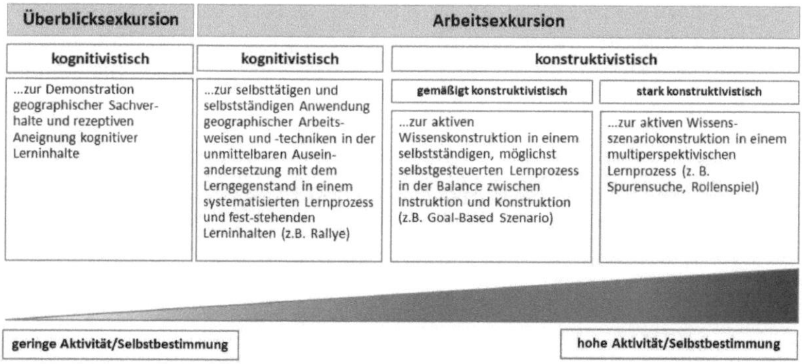

Überblicksexkursion		Arbeitsexkursion	
kognitivistisch	kognitivistisch	konstruktivistisch	
		gemäßigt konstruktivistisch	stark konstruktivistisch
...zur Demonstration geographischer Sachverhalte und rezeptiven Aneignung kognitiver Lerninhalte	...zur selbsttätigen und selbstständigen Anwendung geographischer Arbeitsweisen und -techniken in der unmittelbaren Auseinandersetzung mit dem Lerngegenstand in einem systematisierten Lernprozess und fest-stehenden Lerninhalten (z.B. Rallye)	...zur aktiven Wissenskonstruktion in einem selbstständigen, möglichst selbstgesteuerten Lernprozess in der Balance zwischen Instruktion und Konstruktion (z.B. Goal-Based Szenario)	...zur aktiven Wissensszenariokonstruktion in einem multiperspektivischen Lernprozess (z. B. Spurensuche, Rollenspiel)

geringe Aktivität/Selbstbestimmung — hohe Aktivität/Selbstbestimmung

Abb. 2 | Klassifikation von Exkurisonen nach dem Grad der Schüleraktivität (eigene Darstellung nach OHL, NEEB 2012, S. 261)

Die kognitivistische Überblicksexkursion

„Die kognitivistische Lerntheorie aufgreifend, stellt die Überblicksexkursion eine stark lehrerzentrierte Exkursionsform dar, in der die Lernenden rezeptiv Informationen aufnehmen, sodass ihre selbstständige Aktivierung gering ist" (CIPRINA et al. 2022, S. 2). Gemäß STOLZ und FEILER (2018, S. 19) liegt bei der Überblicksexkursion somit lediglich eine geringe Lehrer-Schüler-Interaktion vor, da das Lernen maßgeblich von der Lehrperson geprägt wird. Auch HEMMER und UPHUES (2009, S. 43) unterstützen diese Eigenschaft der kognitivistischen Lehrform, da „die passive rezeptive Rolle des Zuhörers" im Gesprächsverlauf nur durch mögliche Rückfragen unterbrochen wird. Dementsprechend findet das Lernen in geplanten Mustern und Umgebungen statt (Hiller et al. 2019, S. 24). Aufgrund der rezeptiven Rolle bei der Wissensvermittlung können die Teilnehmenden nur bedingt Informationen aufnehmen und nachhaltig speichern, sodass die Exkursionsform in der Fachliteratur kritisch betrachtet wird. Trotzdem ist diese Art der Lehrveranstaltung weit verbreitet und verfügt über einen „überschaubaren organisatorischen wie methodisch-didaktischen" (Ohl, Neeb 2012, S. 262) Planungsaufwand.

Die kognitivistische Arbeitsexkursion
Den zweiten Exkursionstyp stellt gemäß Abbildung 2 die kognitivistisch geprägte Arbeitsexkursion dar. Durch die Vermittlung von Inhalten mithilfe eines Wechselspiels von Aufgabenformaten und Informationen werden die Teilnehmenden aktiver als bei der Überblicksexkursion in den Lernprozess eingebunden (Hiller et al. 2019, S. 24). Jeder einzelne räumliche Standort der kognitivistischen Arbeitsexkursion sollte nur einen thematischen Schwerpunkt besitzen, um die Schüler:innen nicht zu überfordern. Außerdem sollten regelmäßige räumliche Verortungen (z. B. mithilfe von Karten) stattfinden, damit sich die Teilnehmer:innen im unbekannten Gebiet orientieren können (Hemmer, Uphues 2009, S. 45). Anknüpfend an die räumliche Orientierung werden oftmals typisch geographische Denk- und Arbeitsweisen auf den Exkursionen integriert. So fördern beispielsweise Messungen, Befragungen, Kartierungen oder Beobachtungen die aktive Auseinandersetzung mit dem Raum, die meist einer problemorientierten Fragestellung der Exkursion untergeordnet sind (Ohl, Neeb 2012, S. 262 f.). Durch die Verwendung von empirisch physisch-geographischen und in der wissenschaftlichen Forschung verbreiteten Methodiken wird dieser Exkursionstyp in der englischsprachigen Literatur als „field work" bezeichnet (Heynoldt 2016, S. 35). Untergliedert und abgeschlossen wird die kognitivistische Arbeitsexkursion meist durch (Zwischen-)Sicherungen der Erarbeitungen, sodass sich die Lehrkraft mit einem größeren Aufwand bei der Planung und Durchführung des Exkursionsablaufs konfrontiert sieht (Stolz, Feiler 2018, S. 19). Insgesamt lässt sich festhalten, dass die kognitivistische Arbeitsexkursion über eine gegliederte Struktur verfügt, von der vor allem lernschwache Schüler:innen profitieren, und sich gut mit den curricularen Vorgaben vereinbaren lässt (Ohl, Neeb 2012, S. 266). Die beiden kognitivistisch geprägten Exkursionstypen entsprechen jeweils den Raumkonzepten des Raumes als Containers bzw. des Raums als System von Lagebeziehungen, da in ihnen Phänomene der Physio- und Humangeographie sowie ihre Zusammenhänge im Realraum beobachtet werden können (Wardenga 2002, S. 8; Feulner 2020, S. 52 f.). Die teilweise auf den Exkursionen genutzten Arbeitsweisen helfen dabei, den Exkursionsraum in seinen verschiedenen Ausprägungen und Wirkungsweisen zu analysieren und zu verstehen.

Die gemäßigt konstruktivistische Arbeitsexkursion

Die Selbstständigkeit der Schüler:innen sowie ihre Kontrolle über ihren eigenen Lernprozess steigt beim Exkursionstyp der gemäßigt konstruktivistischen Arbeitsexkursion an. Wie bei den Ausführungen zum Konstruktivismus aufgezeigt, nimmt das Verhältnis von Instruktion seitens der Lehrenden und Konstruktion seitens der Lernenden einen hohen Stellenwert für eine erfolgreiche Lernerfahrung ein. Den Exkursionsteilnehmenden werden dabei wesentlich mehr Freiräume als bei den kognitivistischen Klassifikationen eröffnet, sodass das selbstständige und eigenverantwortliche Lernen gefördert wird (HILLER et al. 2019, S. 24 f.). Oftmals findet die Exkursionsarbeit in Kleingruppen, angeleitet durch eine wissenschaftliche Problemstellung, statt. Die Lehrperson bereitet die Lernenden auf die Exkursion vor, indem zu Beginn gemeinsam eine Problemstellung aufgeworfen wird und die Schüler:innen angeleitet werden, passende Hypothesen zu bilden. Anschließend sind die Lernenden gefordert, die Hypothesen eigenständig mit Hilfsmitteln und geographischen Arbeitsweisen zu prüfen. Aufgrund der Selbstständigkeit und der eigenverantwortlichen Kreativität beim Bearbeiten der Aufgabenstellungen wird der Lernverlauf durch eine Ergebnisoffenheit charakterisiert (OHL, NEEB 2012, S. 263).

Die stark konstruktivistische Arbeitsexkursion

Innerhalb der stark konstruktivistischen Arbeitsexkursion erfahren die Selbstständigkeit und die eigenverantwortliche Lernaktivität ihr Höchstmaß. Die Exkursionsteilnehmenden sind unter geringer Instruktion eigenständig gefordert, den Untersuchungsraum zu erkunden und Arbeitsergebnisse zu ermitteln. Einen wichtigen Unterscheidungsfaktor zwischen der gemäßigt konstruktivistischen und der stark konstruktivistischen Arbeitsexkursion bilden die im Gelände angewendeten Arbeitsweisen. Zwar können weiterhin geographische Methoden (Messen, Kartieren etc.) genutzt werden, jedoch konzentriert sich der stark konstruktivistische Ansatz auf Arbeitsformen der multiperspektivischen und multisensorischen Wahrnehmung (STOLZ, FEILER 2018, S. 38). Der Exkursionsraum unterliegt der konstruktivistisch geprägten Prämisse eines Konstrukts, welches durch diverse äußere Einflüsse und Akteure geprägt wird. Deshalb wird mithilfe der verwendeten Exkursionsmethoden versucht, die Mehrperspektivität des Raums zu beleuchten und verschiedene Perspektiven aufzuzeigen. Die Wahrnehmung des Raums kann dabei zwischen den Lernenden sehr unterschiedlich und subjektiv ausfallen (HILLER et al. 2019, S. 25). Aus diesen genannten Argumenten lassen sich konstruktivistisch dominierte Exkursionen den Raumkonzepten Raum als Wahrnehmung bzw. Raum als Konstrukt zuordnen (WARDENGA 2002, S. 9 f.; FEULNER 2020, S. 53-58). Nach OHL und NEEB (2012, S. 269 f.) eröffnen konstruktivistische Exkursionen vielfältige Lösungsmöglichkeiten, jedoch müssen subjektive und eigenständige Arbeitsformen bereits vorher eingeführt und angewendet worden sein, um Lernerfolge zu erzielen.

Andernfalls könnten die Schüler:innen überfordert werden, sodass der Lernverlauf stagniert und die Exkursion nicht zum gewünschten Ziel führt. Des Weiteren ist der Zeitaufwand der stark konstruktivistischen Arbeitsexkursion im Vorfeld schwierig zu planen, da die Schüler:innen durch ihre subjektiven Herangehensweisen unterschiedlich viel Zeit benötigen.

Welcher der verschiedenen Exkursionstypen, im Spannungsfeld zwischen Kognitivismus und Konstruktivismus, am besten zur Förderung geographischer Kompetenzen geeignet ist, ist nicht vollends belegbar. OHL und NEEB (2012, S. 271 f.) erachten eine Kombination aus den verschiedenen Ansätzen als gewinnbringend und formulieren abschließend: „Die Entscheidung, eine Exkursion schwerpunktmäßig unter einer kognitivistischen oder einer konstruktivistischen Auffassung von Lernen zu gestalten, obliegt dem Lehrenden und ist in Abhängigkeit von den vorliegenden Rahmenbedingungen und Intentionen mit jeder Exkursion erneut zu fällen".

2.1.3 Stärken und Hindernisse schulischer Exkursionen vor dem Hintergrund verschiedener empirischer Studien

Beginnend mit den Stärken der Schülerexkursion lässt sich der in der Fachliteratur verbreitete Aspekt der „originalen Begegnung" der Lernenden und die Konfrontation mit der Wirklichkeit anführen (z. B. DICKEL, GLASZE 2009, S. 3; RINSCHEDE, SIEGMUND 2020, S. 235 f.). Demnach profitieren Schüler:innen im Exkursionsraum von einer direkten Erfahrung mit den Lerninhalten durch verschiedene Methoden und Arbeitsweisen, die sie anwenden. Dabei werden nach STOLZ und FEILER (2018, S. 11) alle Lernkanäle zur Verarbeitung von Wissen (auditiv, visuell, haptisch) angesprochen. Besonders die gleichzeitige Kombination der Anwendung von mehreren Lernkanälen fördere nach Ansicht der Autor:innen (ebd.) die originale Begegnung im Gelände.

Bereits in einer Fallstudie 1997 untersuchte Rinschede das verbreitete Meinungsbild von Lehrerinnen und Lehrern im Hinblick auf die Vorteile von Exkursionen. 43,5% der befragten Personen gaben an, im Gelände eine „stärkere Motivation als durch ‚normalen' Unterricht" (RINSCHEDE 1997, S. 20) bei Schüler:innen wahrzunehmen. OHL und NEEB (2012, S. 260) unterstützen die Bedeutung der erhöhten Motivation auf Exkursionen, da die Behaltensleistung von Inhalten bei begeisterten Lernenden merkbar höher ausfällt. Außerdem führen sie an, dass die Wissenszuwächse bei motivierten Lernenden weitaus langfristiger sind und sich die Schüler:innen tiefgründig mit den Inhalten auseinandersetzen. Des Weiteren eignen sich Exkursionen für Formen des gemeinschaftlichen Arbeitens, da sich kooperative Lern- und Sozialformen integrieren lassen. So kann auch das Klassenklima am nicht alltäglichen Unterrichtsort durch eine Exkursion gefördert werden (OHL, NEEB 2012, S. 260).

FALK (2015, S. 152) gibt die Förderung der Metareflexion als einen weiteren Vorteil von Schülerexkursionen an. Die Lernenden wenden heuristische Denk- und Arbeitsweisen während der Erkenntnisgewinnung im Gelände an, die im Anschluss an die Exkursion reflektiert werden sollen. Dies fördert das eigenständige und selbstbestimmte Lernen der Schüler:innen, indem sie ihr Vorgehen reflektieren und sich ihres Lernprozesses bewusstwerden.

Aufgrund der Durchführung von Exkursionen im direkten Nahraum und Lebensumfeld der Schüler:innen weisen die Lehrausflüge eine hohe Authentizität und einen Realitätsbezug auf. Somit kann im Untersuchungsraum durch die gesammelten Primärerfahrungen an die Lebenswelt der Schüler:innen unterrichtlich angeknüpft werden (NIEMZ 1980, S. 6). Oftmals steht eine motivierende Problemstellung im Vordergrund, die die Lernenden aktivieren soll. Durch die unmittelbaren Erfahrungen auf Exkursionen setzen sich die Schüler:innen aktiv mit ihrem Lebensumfeld auseinander und stärken ihre Identität mit dem Nahraum (OHL, NEEB 2012, S. 260). Nach SCHOCKEMÖHLE (2011, S. 85) kann durch Exkursionen die Partizipation der Schüler:innen im Nahraum erhöht werden. Dabei treten die Lernenden oftmals mit regionalen Akteuren in Kontakt, die ihr Interesse an den authentischen Inhalten im direkten Lebensumfeld fördern. Auch SCHNEIDER et al. (2017, S. 79) heben die Bedeutung des Lernens mit hohem Ortsbezug hervor und sprechen diesem große Potentiale in der BNE sowie Umweltbildung zu.

Exkursionen zählen bei Schüler:innen zu den beliebtesten unterrichtlich eingesetzten Methoden im Geographieunterricht (HEMMER, HEMMER 2010, S. 132). Dabei ist nach BETTE et al. (2015, S. 62) das selbstständige Arbeiten mit verschiedenen geographischen Arbeitsweisen ein zentraler Grund für die positive Einstellung gegenüber Exkursionen. Beispielsweise gehören das eigenständige Erkunden unter einer bestimmten Fragestellung, die Orientierung mit Navigationssystemen im Untersuchungsraum, die Passantenbefragung oder das Dokumentieren von Themen mithilfe eigener Fotos zu den beliebtesten Arbeitsweisen. Negativer konnotiert sind hingegen Arbeitsweisen, die in der Regel auch häufiger im Unterricht im Klassenraum eingesetzt werden (Textarbeit, Referate, Diagrammarbeit) (ebd.).

Der Durchführung von Exkursionen im Geographieunterricht wird nach MEUREL et al. (2023, S. 119) zudem ein hoher Stellenwert für die Vermittlung fachspezifischer Kompetenzen zugesprochen, die sich am Kompetenzmodell der Bildungsstandards des Unterrichtsfachs Geographie (DGFG 2020, S. 9) orientieren.

Trotz der zahlreichen Argumente für Exkursionen wird deren Umsetzung durch verschiedene, meist organisatorische Herausforderungen des Schulalltags limitiert. Bereits RINSCHEDE (1997, S. 23) ermittelte 1997 in einer Befragung von Lehrkräften, dass Zeitmangel, oftmals bedingt durch Stofffülle und umfassende Vorgaben durch den Lehrplan, die Umsetzung von Exkursionen einschränkt. Diese Aspekte sind dato weiterhin relevant und verschärfen sich insbesondere in der gymnasialen Oberstufe, in der aufgrund des Kurssystems ganztägige Exkursionen nur erschwert möglich sind. Bedingt durch den Stundenplan und den Unterrichtsausfall, sowohl bei Lehrenden als auch Lernenden, unterliegen Exkursionen starken organisatorischen Restriktionen. Je nach Zeitdauer der Exkursion und den Stundenplänen der Schüler:innen können die Exkursionen auch in die unterrichtsfreie Zeit hineinragen (STOLZ, FEILER 2018, S. 12). Daher ist auch die Zustimmung der Schulleitung bei der Planung einer Exkursion erforderlich.

Der Arbeitsaufwand, mit dem sich die Lehrenden bei der Planung, Durchführung und Nachbereitung konfrontiert sehen, wird von SIEGMUND und RINSCHEDE (2020, S. 236) als wichtiger Hindernisfaktor bei schulischen Exkursionen angeführt. Des Weiteren unterliegen viele Exkursionsziele einer Wetterabhängigkeit, sodass die Lehrkraft Vorbereitungen für verschiedene Wettersituationen vornehmen muss. Die Gewährleistung der Aufsichtspflicht auf der Schülerexkursion stellt eine weitere Herausforderung für die Lehrkräfte dar. Insbesondere bei großen Lerngruppen kann die Aufsicht daher nur mit zusätzlichen Lehrkräften gewährleistet werden. Für das eigenständige Arbeiten der Schüler:innen auf Exkursionen sollten daher gemeinsame Verhaltensregeln vereinbart und durch die Erziehungsberechtigten bestätigt werden, sodass sich die Lernenden beispielsweise in Kleingruppen von drei Personen auf eigene Verantwortung im Raum bewegen dürfen.

Die im Folgenden dargestellten empirischen Studien zur Exkursionsdidaktik weisen eine stärkere Ausrichtung auf den deutschsprachigen Raum auf. Dies ist damit begründet, dass die deutschsprachige Geographiedidaktik über eigene charakteristische Leitideen, zum Beispiel die Abgrenzung von kognitivistisch oder konstruktivistisch dominierten Exkursionen nach der Schüleraktivität (Kap. 2.1.2), verfügt, die innerhalb der späteren Planung von Exkursionseinheiten in dieser Studie von Relevanz sind. Die vorliegende Arbeit besitzt den Anspruch einen Beitrag zur deutschsprachigen Geographiedidaktik zu liefern, sodass die Darstellung bisheriger exkursionsdidaktischer Forschungsarbeiten essenziell ist.
Die Forschung zur Exkursion als typische Arbeitsform des Geographieunterrichts lässt sich zur Übersicht in zwei übergeordnete Bestandteile gliedern. Zum einen bilden Befragungen von Lehrer:innen als Initiatoren von schulischen Exkursionen, beispielsweise hinsichtlich ihrer Erfahrungen, der Häufigkeit und den Hemmnissen der Arbeitsform, eine wichtige Erkenntnisgrundlage für die vorliegende Arbeit. Deshalb soll zu Beginn ein Überblick aus ausgewählten Beiträgen gegeben werden. Bedeutsam für das eigene Forschungsvorhaben sind zum anderen vor allem empirische Evaluationen konkreter Exkursionskonzeptionen der Geographiedidaktik, in denen zum Beispiel die Arbeit im Gelände mit herkömmlichem Unterricht im Klassenraum verglichen wird. Oftmals sind dabei die Vermittlung von Fachwissen und die Erzeugung von Motivation typische Untersuchungsschwerpunkte, die auch im vorliegenden Forschungsvorhaben von zentraler Bedeutung sind. Daher bilden

diese empirischen Studien, mit ihren jeweiligen Resultaten den Schwerpunkt des weiteren Kapitels.

Eine erste Analyse zur Verbreitung und Durchführung von Exkursionen im Geographieunterricht lieferte die Studie von RINSCHEDE (1997), in der 751 Lehrkräfte im Bundesland Bayern nach ihren Erfahrungen mit der Arbeitsform befragt wurden. Die unmittelbare und originale Begegnung mit der Wirklichkeit stellte den am häufigsten genannten Vorteil für den Einsatz von Exkursionen dar. Zudem gaben die befragten Lehrkräfte eine gesteigerte Motivation, eine bessere Erinnerungsleistung und das Erkunden des Nah- und Heimatraums als für sie wichtige Eigenschaften von Schülerexkursionen an (RINSCHEDE 1997, S. 19 ff.). Rinschede kennzeichnet auf der Grundlage seiner Datenanalyse die Klassenstärke, Finanzierungsprobleme, Zeitmangel und organisatorische Probleme als wesentliche Gründe gegen die Durchführung von Exkursionen (RINSCHEDE 1997, S. 23 ff.)

Auch LÖßNERS (2011) Dissertation widmete sich der Untersuchung von Exkursionen im Geographieunterricht aus der Perspektive von Lehrkräften. Dabei umfasste das Forschungsvorhaben in Form einer Lehrkräftebefragung die Analyse der hemmenden Ursachen und der allgemeinen Hindernisse bei der Durchführung von Exkursionen im schulischen Kontext, die sich bezüglich der methodischen Struktur an RINSCHEDES (1997) Arbeit orientiert. Zudem wurden neben Lehrkräften auch Schüler:innen bezüglich ihrer Erwartungen gegenüber Exkursionen und den Bedingungen für eine erfolgreiche Umsetzung befragt. Damit setzt die Dissertation an vorherige Untersuchungen an, in denen lediglich die positive Einstellung von Schüler:innen gegenüber Exkursionen festgestellt und nicht die dafür bedeutsamen Gründe beleuchtet wurden. Der damalige Zustand und die Verbreitung von Exkursionen im Schulunterricht wird von LÖßNER (2011, S. 160) als „mangelhaft" beschrieben, da nur 50 Prozent der Befragten Lernenden innerhalb der Sekundarstufe I an einer Exkursion teilgenommen haben, sodass weiterhin Hemmnisse für die Exkursion als unterrichtliche Methode existieren. Besonders systembedingte Hindernisse wie Zeitmangel, Stofffülle des Lehrplans oder Klassengröße wurden von den befragten Lehrern als Gründe angeführt (LÖßNER 2011, S. 160). Die befragten Schüler:innen sind der Methode Exkursion gegenüber sehr positiv eingestellt und schätzen die Anwendungsorientierung im Gelände. Eine hohe Selbsttätigkeit vor, während und nach der Exkursion wurde von Schüler:innen als Aspekt für einen gewinnbringenden Ablauf angeführt, sodass sie ihren eigenen Lernprozess gestalten können (LÖßNER 2011, S. 161).

Einen aktuelleren Beitrag zur Untersuchung der Verbreitung von Exkursionen im schulischen Unterrichtsalltag lieferte HEYNOLDT (2016). Innerhalb seiner Dissertation verwendete der Autor (ebd., S. 30) den Begriff „Outdoor Education", der „jegliche Formen von Unterricht außerhalb des Schulgebäudes" und damit auch die Arbeitsform Exkursion einbezieht. HEYNOLDT (2016, S. 3) schreibt den Lehrkräften als Initiatoren des Lernprozesses eine wichtige Rolle in der Outdoor Education zu, sodass er mithilfe seines qualitativ-rekonstruktiven Studiendesigns, bestehend aus Experten- und Leitfadeninterviews, exemplarische Fallstudien und Handlungsmustern ableitet. Dabei sind die Analysen nicht nur auf den deutschsprachigen Raum begrenzt, sondern sollen verschiedene Kulturräume, Bildungssysteme und Schultypen explorativ beleuchten (HEYNOLDT 2016, S. 77). Gemäß der Erkenntnisse HEYNOLDTS (2016, S. 211) wirken sich sowohl curriculare Vorgaben als auch persönliche Eigenschaften und Präferenzen der Lehrkräfte im Unterrichtsalltag auf die Umsetzung von Outdoor Education aus. Die Analysen resultieren in einer Typisierung von Lehrkräften, die von HEYNOLDT (2016, S. 169-196) vertiefend ausgeführt werden. Auch in dieser Studie werden schulorganisatorische Rahmenbedingungen als hindernde Faktoren für die Durchführung von Exkursionen ermittelt, sodass die Ergebnisse von RINSCHEDE (1997) und LÖßNER (2011) gestützt werden können (HEYNOLDT 2016, S. 206).

Erste quantifizierte Ergebnisse zur empirischen Evaluation von durchgeführten Exkursionskonzepten lieferten FÜLDNER und GREIPEL (1969), indem sie eine mehrwöchige Alpenexkursion mit 30 Geographiestudierenden mithilfe eines Fragebogens analysierten (ebd., S. 93 ff.). Im Mittelpunkt der empirischen Analyse standen dabei die subjektiven Wirkungen verschiedener Exkursionsobjekte/-standorte, die insbesondere geschlechterspezifisch, allerdings ohne signifikante Unterschiede, betrachtet wurden. Des Weiteren ergaben die Untersuchungen, dass äußere Einflüsse in Form von Witterungsbedingungen oder verschiedene Unterkünfte deutliche Auswirkungen auf die Wahrnehmung der Exkursionsteilnehmer:innen hatten (FÜLDNER, GREIPEL 1969, S. 96 ff.). Als limitierende Faktoren der Übertragbarkeit der Studie werden die einmalige Durchführung der Exkursion sowie die geringe Stichprobenanzahl angeführt. Jedoch fungierten Füldners und Greipels Ergebnisse als Anstoß für weitere exkursionsdidaktische Forschungen. Beispielsweise griffen KOHL und SCHULZE (1971) das empirische Forschungsdesign FÜLDNER und GREIPELS (1969) auf und ergänzten das Design um einen weiteren Testzeitpunkt, sodass sich potentielle Veränderungen der Wahrnehmung der Proband:innen ermitteln ließen, deren Deutung nach Meinung der Autoren allerdings nur erschwert möglich war. Ähnlich wie bei FÜLDNER und GREIPEL (1969) sind auch die Ergebnisse und Folgerungen KOHL und SCHULZES (1971) vor dem Hintergrund einer geringen Stichprobe (N = 25) vorsichtig zu betrachten.

WATZKA (1977) stellte erstmals den Zusammenhang von Motivation und Lernerfolg in den Mittelpunkt exkursionsdidaktischer Forschungen. Innerhalb eines Unterrichtsexperiments wurden Schüler:innen der elften Klasse (N = 78) in zwei Gruppen unterteilt. Beide Untersuchungsgruppen erhielten den identischen Klassenraumunterricht zum Thema „City", wobei die Unterrichtsreihe bei einer Gruppe durch eine mehrstündige Exkursion erweitert wurde (WATZKA 1977, S. 283 f.). Mithilfe eines zweifach durchgeführten Tests, vor und nach dem Treatment, kann

WATZKA (1977, S. 396) die oft formulierte Aussage des positiven Einflusses von Exkursionen auf die Motivation von Schüler:innen für seine Untersuchungsgruppe nicht bestätigen. Im Verlauf der Unterrichtseinheit verzeichneten beide Untersuchungsgruppen einen Lernzuwachs, jedoch war der Anstieg bei der Exkursionsgruppe signifikant höher. WATZKA (1977, S. 399) deutet die Ergebnisse wie folgt: „Draußen im Raum können die Prozesse, die dort ablaufen, viel besser beobachtet werden, und Maßnahmen, die zur Steuerung von Prozessen angewendet werden oder angewendet werden könnten, viel besser demonstriert, interpretiert und diskutiert werden als dies im Klassenzimmer, selbst mit den besten Dias und Folien, möglich ist".

Die Auseinandersetzung KESTLERS (2005) besaß „das zentrale Anliegen […], Handlungsanleitungen für die optimale Gestaltung von geowissenschaftlichen Exkursionen zu überprüfen und zu erkunden" (KESTLER 2005, S. 127). Ziel der quasiexperimentellen Studie war es, durch eine, im Vergleich zu beispielsweise FÜLDNER und GREIPEL (1969), hohe Stichprobenanzahl von 159 Probanden, die Wahrscheinlichkeit für die Bestätigung von Forschungshypothesen zu erhöhen (KESTLER 2005, S. 138). Dabei wurde die konzipierte Exkursion mit geomorphologischem Schwerpunkt mit insgesamt zehn Lerngruppen (Schüler:innen, Studierende und Erwachsene) durchgeführt. Aus der Exkursionsevaluation in Form eines Fragebogens und qualitativen Einzelbefragungen lassen sich Empfehlungen für die Gestaltung geodidaktischer Exkursionen ableiten (KESTLER 2005, S. 211 ff.). Ein wichtiges, zu berücksichtigendes Ergebnis ist beispielsweise der signifikante Einfluss von Medien für die Wissensvermittlung auf Exkursionen, jedoch benötigen unterschiedliche Lerngruppen wie Studierenden, Schüler:innen und Laien, auch aufgrund ihrer individuellen Lernvoraussetzungen, verschiedene Unterstützungen bei der Exkursionsdurchführung.

Grundlage der Dissertation von SCHOCKEMÖHLE (2009) war die Leitidee des „Regionalen Lernens 21+", die Elemente der BNE und des Regionalen Lernens verknüpft. Die Ergebnisse der empirischen Arbeit zeigen, dass Exkursionen mit einer erhöhten Handlungsorientierung sowohl die regionale Identität der Proband:innen als auch ihre Gestaltungskompetenz im Sinne der BNE fördern können (SCHOCKEMÖHLE 2009, S. 266 ff.). Das Studiendesign beinhaltete neben quantitativen Fragebogenauswertungen auch qualitativ analysierte Leitfadeninterviews. Eine zentrale Erkenntnis weist der „Originalbegegnung und der selbstständigen sowie selbsttätigen Erkundung" (SCHOCKEMÖHLE 2009, S. 283) eines regionalen Raumausschnitts eine besondere Bedeutung zu, die bei eigenen Exkursionsplanungen aufgegriffen werden kann. Der regionale Nahraum von Lernenden eignet sich nach den Erkenntnissen der Arbeit zur Kompetenzförderung auf Exkursionen. Hervorzuheben ist die große Stichprobenanzahl von 2134 Personen, mit der die Ergebnisse der empirischen Evaluationsstudie des Regionalen Lernens 21+ stärker generalisiert und validiert werden können.

Mithilfe eines triangulativen Studienaufbaus in Form von quantitativ statistisch ausgewerteten Fragebögen und qualitativen Leitfadeninterviews ergründete Streifinger (2010) die optimale Gestaltung von Exkursionsplanungen, indem er eine glazialmorphologische Untersuchung mit Schüler:innen und Studierenden durchführte und evaluierte. Mit seiner Dissertation knüpfte Streifinger (2010) an die Ergebnisse Kestlers (2005) an und erweiterte diese durch moderne, statistische Analyseverfahren der Datenverarbeitung (N = 249). Im Rahmen der empirischen Studie wurde die durchgeführte Exkursion im Realraum mit einer von Streifinger als „virtuelle Exkursion" bezeichneten Unterrichtseinheit, die inhaltlich dieselben Phänomene und Objekte wie im Gelände behandelt und durch eine PowerPoint Präsentation strukturiert wurde, verglichen. Dabei lassen sich wichtige Resultate, die auch Auswirkungen auf die methodischen und planerischen Überlegungen der eigenen Exkursionsplanung haben, zusammenfassen. Streifinger (2010, S. 274 ff.) hält fest, dass die reale Wissensvermittlung vor Ort im Gelände, auch aufgrund eines ermittelten langfristigen Wissenszuwachs der Proband:innen, dem virtuellen Ausflug ins Exkursionsgebiet vorzuziehen ist. Außerdem gaben die Teilnehmenden die individuelle Selbsttätigkeit als einen motivierenden Faktor an, der zu einem hohen Lernzuwachs führte (ebd., S. 276 f.). Besonders die Regionalität der Inhalte wirkte sich positiv auf das Interesse der teilnehmenden Schulklassen aus und förderte die Motivation der Proband:innen (ebd., S. 281 f.). Das Endprodukt Streifingers (2010, S. 288) bildet, basierend auf seinen Analyseergebnissen, ein Maßnahmenkatalog mit Empfehlungen für die erfolgreiche und adressatengerechte Exkursionsplanung. Untergliedert sind die Vorschläge in Optimierungsvorschläge der Vorbereitungs-, Durchführungs-, und Nachbereitungsphase von Exkursionen.

Einen bedeutsamen Beitrag zur empirischen Ergründung von Exkursionskonzeptionen lieferte Neeb (2012), indem sie die Analyse der methodischen Anlage von Exkursionen als kognitivistische bzw. konstruktivistische Exkursionen (Kapitel 2.1.2) in einem Moor in den Vordergrund rückt und diese mit Unterricht im Klassenraum vergleicht. Insgesamt nahmen 130 Schüler:innen an den Untersuchungen teil. Neeb verwendete für ihre Forschungen ein triangulatives Design, das sowohl quantitative als auch qualitative Methoden vereint. Ziel der Arbeit war es einerseits, zwei verschiedene Exkursionsformate mit ihren spezifischen Lernprozessen im Hinblick auf die Schwerpunkte der Kompetenz des Fachwissens, der Motivation und der Intensität bzw. Art der Auseinandersetzung mit dem Exkursionsraum quantitativ zu vergleichen und andererseits das Verhältnis von Instruktion und Konstruktion innerhalb konstruktivistischer Exkursionskonzeptionen durch eine qualitative Analyse zu ergründen (Neeb 2012, S. 133 ff.). Die Ergebnisse eröffnen den Zusammenhang, dass der Lernzuwachs auf kognitivistisch orientierten Exkursionen im Vergleich zum Unterricht im Klassenraum im Anforderungsbereich I geringer ausfällt, sich jedoch Kompetenzen im Anforderungsbereich III deutlich

langfristiger und auf höherem Niveau erhalten werden können. Eine Motivationsanalyse ergibt, dass die Schüler:innen sowohl auf den Exkursionen als auch im Unterricht überdurchschnittlich intrinsisch motiviert gewesen sind und sich keine signifikanten Unterschiede hinsichtlich der Motivation zwischen den beiden Treatments feststellen lassen (NEEB 2012, S. 240). Bezüglich konstruktivistischer und
kognitivistischer Exkursionen wird angeführt, dass die Teilnehmenden des konstruktivistischen Treatments im direkten Anschluss an die Exkursion höhere Kompetenzen im Bereich Fachwissen aufgewiesen haben, jedoch der Kompetenzzuwachs bei Teilnehmenden der kognitivistischen Alternative weitaus länger und ge-
festigter stattgefunden hat (NEEB 2012, S. 241). Letztendlich wird konstatiert, dass
sowohl kognitivistische als auch konstruktivistische Ansätze der Exkursionsdidaktik über Stärken und Schwächen verfügen, die bei der Lehrperson für die Konzeption und Durchführung berücksichtigt werden müssen. Ausführliche Explikationen
dazu finden sich bei NEEB (2012, S. 249 ff.).
Insgesamt lässt sich festhalten, dass viele der Ergebnisse aus empirischen evalu-
ierten Exkursionen nur begrenzt zu verallgemeinern sind. Jede Exkursionskonzep-
tion mit ihren unterschiedlichen Zielen, Planungsentscheidungen und auch Unter-
suchungsräumen bzw. -gegenständen ist als sehr individuell zu betrachten, sodass
nur eine geringe Übertragbarkeit von Ergebnissen zu gewährleisten ist. Jede Exkursion obliegt zudem, wie in den Analysen zum Forschungsstand dargestellt, äußeren Einflüssen und Störfaktoren (z. B. Wetter, Zeitrahmen, Ablenkungen, durchführende Person), die teilweise nicht komplett vermindert werden können und
somit in einem gewissen Maße empirisch akzeptiert werden müssen. Die ersten
Forschungsversuche im Feld der geographischen Exkursionsdidaktik umfassen zudem meist nur geringe Stichprobenzahlen. Für das eigene Forschungsvorhaben ist
es daher ein Ziel, eine erhöhte Stichprobenanzahl zu gewährleisten, um statistisch
belastbarere Ergebnisse aufbereiten zu können. Auch im Hinblick auf das Forschungsdesign können Schlussfolgerungen für die eigene Studie gezogen werden,
indem beispielsweise die wissenschaftlichen Standards quasi- bzw. experimenteller Studien beachtet werden und neben Experimental- und Vergleichsgruppen
auch neutrale Kontrollgruppen verwendet werden. Die aufgezeigten Ergebnisse
der Exkursionsforschungen sind im Allgemeinen nicht als repräsentativ zu betrachten, sondern liefern nur einen kleinen, begrenzten Ausschnitt der Exkursionsdidaktik. Allerdings ist es für die geographiedidaktische Forschung bedeutsam, viele
Ausschnitte und unterschiedliche Prägungen von Exkursionen zu untersuchen, damit Ergebnisse vergleichbar und übertragbar gemacht werden können.
Die Notwendigkeit der weiterführenden empirischen Erforschung geographischer
Exkursionen verdeutlicht LÖßNER (2011, S. 15): „Die Erkenntnis, dass Exkursionen
eine positive Bereicherung des Unterrichts darstellen und einen positiven Effekt
auf die Bildung der Schüler haben, ist kaum durch empirische Befunde belegt, sondern vielmehr historisch gewachsen".

Die im Rahmen dieses Kapitels dargestellten verschiedenen Studienergebnisse verdeutlichen die gefestigte Tradition der exkursionsdidaktischen Forschung, insbesondere hinsichtlich der Untersuchungsschwerpunkte Fachwissen und Motivation. Aufgrund der zunehmenden Verbreitung von mobilen Endgeräten und digitalen Medien, nicht nur im täglichen Leben, sondern auch im Schulalltag, erfährt die Geographiedidaktik Impulse, die das Lernen auf Exkursionen beeinflussen. Diese Impulse bündeln sich im Lehr-Lernansatz des mobilen ortsbezogenen Lernens (MOL), das mit seinem zugehörigen Forschungsstand den zentralen fachdidaktischen Hintergrund dieser Arbeit bildet. Bevor eine Auseinandersetzung mit dem mobilen ortsbezogenen Lernen stattfindet, werden die Einflüsse der Digitalisierung bzw. die Verwendung von digitalen Medien im Geographieunterricht erläutert.

2.2 Digitale Medien im Geographieunterricht

Die Digitalisierung von Bildungsprozessen stellt ein gesellschaftlich und (fach-)politisch stark diskutiertes Themenfeld dar (u. a. KMK 2016; GFD 2018; HGD 2020; SCHRÜFER, ECKSTEIN 2022, S. 77), dessen Relevanz insbesondere infolge der steigenden Verbreitung von tragbaren, digitalen Medien (z. B. Smartphones, Tablets) seit den 1990er Jahren gestiegen ist (EICKELMANN 2018, S. 12). Aufgrund der stetigen Weiter- und Neuentwicklungen von Technologien ist die Digitalisierung dabei keineswegs als abgeschlossen anzusehen und liefert vielmehr dauerhaft neue Impulse für schulisches Lernen, beispielsweise zugunsten eines orts- und zeit-unabhängigen Lernens.

Innerhalb des Diskurses um Digitalisierung und digitale Medien in der Fachdidaktik kritisiert ECKSTEIN (2022, S. 5) die „Unbestimmtheit von Schlüsselbegriffen" bei ihrer Verwendung, unter anderem aufgrund fehlender Abgrenzungen und Transparenz, als Stolperstein und hemmenden Faktor eines Wandels der (geographischen) Bildung. Daher werden in Kapitel 2.2.1 die in dieser Arbeit verwendeten Begriffe der Digitalisierung und digitalen Medien begrifflich abgegrenzt und das in dieser Arbeit zugrundeliegende Verständnis festgelegt.[1] Im Anschluss werden in Kapitel 2.2.2 verschiedene Ansätze und Spezifika des Geographieunterrichts mit digitalen Medien aufgezeigt. Aufgrund der im Rahmen dieser Forschungsarbeit bewusst ge-

---

[1] Für die Begriffsabgrenzungen der Digitalisierung und digitaler Medien ist die Analyse von ECKSTEIN (2022) zentral und zur vertieften Auseinandersetzung zu empfehlen. Auf die von STALDER (2016) begründete „Kultur der Digitalität" mit den von ihm identifizierten drei Facetten Referentialität, Gemeinschaftlichkeit und Algorithmizität wird infolge des Kapitels nicht vertieft eingegangen, jedoch ausdrücklich zum weiteren Studium empfohlen.

wählten Fokussierung des fachdidaktischen Hintergrunds auf das mobile ortsbezogene Lernen als der empirischen Studie zugrundeliegendem Lehr-Lernansatz, soll das Kapitel lediglich einen Überblick der Einflüsse digitaler Medien im Geographieunterricht geben.

2.2.1 Begriffsabgrenzungen & Entwicklungen

Aufgrund der hohen gesellschaftlichen Relevanz des Begriffs der Digitalisierung existieren verschiedene, oftmals umgangssprachlich verwendete Definitionen, die im Folgenden im Rahmen der Unterscheidung zwischen einem engen und einem weiten Begriffsverständnis erläutert werden. Das enge Begriffsverständnis der Digitalisierung fundiert auf der Idee einer reinen Umwandlung von analogen in digitale Formate (SCHRÜFER, ECKSTEIN 2022, S. 77). Diese Umwandlung stellt den Kern des Ansatzes dar, indem ein Austausch eines analogen Mediums zu einer digitalen Repräsentation stattfindet. Beispielsweise können traditionelle Schultafeln nach dem Verständnis dem Einsatz von Smartboards im Schulalltag weichen. Dass dieses Begriffsverständnis limitiert zu sein scheint und den weitreichenden Auswirkungen eines als Prozess verstandener Digitalisierung nicht gerecht wird, führt unter anderem MACGILCHRIST (2019, S. 18) an.

Das weite Begriffsverständnis entgegnet dieser Kritik und begreift die Digitalisierung als fundamentalen, gesellschaftlichen Wandel, der die Idee des engen Begriffsverständnisses als Voraussetzung des Prozesses ansieht (ECKSTEIN 2022, S. 9; STALDER, KUTTNER 2022, S. 4). Die vorliegende Arbeit orientiert sich an der Definition der Kultusministerkonferenz (KMK 2016, S. 8) im Strategiepapier zur Digitalisierung, die dem weiten Begriffsverständnis entspricht und zudem die grundlegende Idee des engen Begriffsverständnis inkludiert: „Die Digitalisierung unserer Welt wird hier im weiteren Sinne verstanden als Prozess, in dem digitale Medien und digitale Werkzeuge zunehmend an die Stelle analoger Verfahren treten und diese nicht nur ablösen, sondern neue Perspektiven in allen gesellschaftlichen, wirtschaftlichen und wissenschaftlichen Bereichen erschließen.“

Neben der Definition des Digitalisierungsbegriffs ist zudem eine Ausschärfung der Bezeichnung der *digitalen Medien* für diese Arbeit wichtig. Nach Ecksteins Analyse (2022, S. 6) dominiert in der deutschsprachigen Geographiedidaktik das enge Verständnis digitaler Medien als Träger von Informationen, die vom Sender zum Empfänger überführt werden sollen (sog. Trägerbegriff). Dieses Verständnis ist eng verzahnt mit verschiedenen Klassifikationen von Medien des Faches (u. a. BRUCKER 1986, S. 3 f.; KRAUTTER 2015, S. 213). Beispielsweise bezeichnen RINSCHEDE und SIEGMUND (2020, S. 297) Medien wie folgt: „Medien sind Träger von subjektiv ausgewählten und gespeicherten Informationen. Im unterrichtlichen Lernprozess haben sie eine Mittlerfunktion zwischen der Wirklichkeit und dem Adressaten/Lernenden.“

Ein wiederum weites Medienverständnis liegt dem formenden Medienbegriff zugrunde, das davon ausgeht, „dass die jeweilige vorherrschende mediale Rahmung unserer Gesellschaft Auswirkungen auf Konzepte wie Lernen und Wissen hat und damit auch unser Handeln und die Art und Weise, wie wir kommunizieren und zusammenleben, (mit-)prägt" (ECKSTEIN 2022, S. 7). Für die vorliegende Arbeit werden digitale Medien primär im Sinne des engen Begriffsverständnisses angesehen, da das in Kapitel 5 dargestellte Studiendesign der vorliegenden Arbeit auf den Vergleich zweier sich medial verschiedener Exkursionsformate abzielt und diese sich maßgeblich durch ihren Träger unterscheiden.

Für Schüler:innen heutiger Generationen stellen digitale Medien längst Alltagsgegenstände dar. So besitzen über 96 % der befragten 12- bis 19-Jährigen gemäß der repräsentativen JIM-Studie (MPFS 2022, S. 8) ein eigenes Smartphone und weisen eine vielfältige Nutzung digitaler Medien in ihrer Freizeit auf (ebd., S. 14). Neben der alltäglichen Nutzung digitaler Medien sollen diese auch im Schulalltag integriert werden, um so eine gesellschaftliche, von der Digitalisierung geprägte Transformation zu ermöglichen. Einen bedeutsamen Meilenstein der Digitalisierung in Schulen stellt die 2016 von der KMK (2016) verabschiedete Strategie zur Bildung in der digitalen Welt dar, in der unter anderem innerhalb der Handlungsfelder Infrastruktur und Ausstattung, die Aus-, Fort- und Weiterbildung von Lehrenden aufgegriffen und Anforderungen und Ziele des Einsatzes von Bildungsmedien ausgeschärft werden. Im Jahr 2021 veröffentlichte die KMK (2021) zudem eine Ergänzung zur Strategie 2016, in der unter anderem die Einflüsse der Corona-Pandemie auf das digitalisierte schulische Lernen ausgeführt werden. Neben Strategiepapieren existieren zudem verschiedene Studien (u. a. BITKOM 2015; EICKELMANN et al. 2019; MUßMANN et al. 2021; OECD 2021), die den Stand der Digitalisierung an deutschen Schulen insgesamt noch als unzureichend charakterisieren, Problemfelder der digitalen Transformation im Bildungssystem identifizieren und entsprechende Vorschläge zur Lösung unterbreiten.

Zur Konkretisierung der von der KMK (2016) formulierten Anforderungen und Ziele der Digitalisierung haben verschiedene fachdidaktische Verbände, wie die Gesellschaft für Fachdidaktik (GFD) oder der Hochschulverband für Geographiedidaktik (HGD), Positionspapiere veröffentlicht, die die Arbeit mit digitalen Medien bzw. die Digitalisierung aus ihrer fachspezifischen Sicht beleuchten. Die Ausführungen des HGD dienen im Folgenden als Ansätze zur Herausstellung von Spezifika und Alleinstellungsmerkmalen des Geographieunterrichts mit digitalen Medien.

2.2.2 Spezifika beim Geographieunterricht mit digitalen Medien

Aufgrund des traditionellen Verständnisses als Unterrichtsfach mit einer intensiven Medien- und Methodennutzung (DGFG 2020, S. 6), erfährt die Geographie auch durch den Einsatz von digitalen Medien neue Impulse. Ein Alleinstellungsmerkmal im Vergleich zu anderen Unterrichtsfächern ergibt sich für die Geographie beim Umgang mit digitalen Medien aus der Arbeit mit geoinformationsbasierten Daten. Diese werden unter anderem in Karten visualisiert, deren digital gestützte Verwendung beispielsweise längst durch zahlreiche Apps (z. B. Navigationsdienste) in der alltäglichen Gesellschaft nicht mehr wegzudenken sind. Seit den 1990er Jahren ist die Nutzung Geographischer Informationssysteme (GIS) in der fachwissenschaftlichen geographischen Arbeit etabliert, die als Ausgangspunkt der Diskussion und Forschung zu digitalen Medien im Geographieunterricht angesehen wird (SCHULZE, GRYL 2022, S. 143). Aufgrund der stetigen Weiterentwicklung von Geoinformation- und Kommunikationstechnologien (Geo-IKT) erfährt auch die geographische Fachwissenschaft stetig neue Impulse für Forschung und Nutzung, die unter anderem im Sammelband von BORK-HÜFFER et al. (2021) (auch in SCHULZE, GRYL 2022, S. 145 f.) vertiefend analysiert und dargestellt werden.

Einen zentralen Begriff im Diskurs der geographiedidaktischen Auseinandersetzung mit digitalen Medien stellen die sogenannten digitalen Geomedien (engl. new spatial media) dar (u. a. GRYL 2012, S. 161; SCHULZE 2015, S. 96; ECKSTEIN 2022, S. 6; SCHULZE, GRYL 2022, S. 144). Diese sind nach DÖRING und THIELMANN (2009, S. 13) wie folgt definiert: „Geomedien sind [...] globale [Informations- und] Kommunikationsmedien [...], deren Nutzung und Verwendung an konkrete physische Orte gebunden sind". Die digitalen Geomedien erweitern somit den im vorangegangenen Kapitel definierten Begriff der digitalen Medien um eine konkrete raumbezogene Komponente. SCHULZE und GRYL (2022, S. 153) bezeichnen das Konzept der Geomedien im Geographieunterricht als relativ weit gefasstes Begriffsverständnis, das „alle medialen Formen und Formate der digitalen Speicherung und Übertragung von Geoinformation berücksichtigt".

Für die geographische, räumlich geprägte Bildung unterscheiden KANWISCHER und GRYL (2022, S. 40) zwischen a) dem Lernen über digitale Geomedien, b) dem Lernen mit digitalen Geomedien und c) dem Lernen durch digitale Geomedien, die in ihren Facetten im Folgenden kurz dargestellt werden.

Das Lernen über digitale Geomedien beinhaltet, neben Basiswissen über digitale Medien in geographischen Kontexten, grundlegende digitalisierungsbezogene Fähigkeiten, die beispielsweise POKRAKA et al. (2021, S. 223) als „Aspekte des Erstellens" mithilfe der Geomedien bezeichnen. So bildet beispielsweise die fachliche Auseinandersetzung mit Smart Cities viele inhaltliche Anknüpfungspunkte der Digitalisierung unter denen sich die Stadtentwicklung verändert (BAURIEDL, STRÜVER 2018, S. 11-17). Digitalisierungsbezogene Fähigkeiten im Kontext des Lernens über Geomedien umfassen nach KANWISCHER und GRYL (2022, S. 40) unter anderem den fachlichen Umgang mit Geographischen Informationssystemen (GIS), der Kompetenzen der digitalen Karten- und Datenbearbeitung erfordert.

Unter dem Lernen mit digitalen Geomedien verstehen POKRAKA et al. (2021, S. 223) das fachliche Anwenden von Geomedien, mit dem das raumbezogene Lernen mit geographischen Kompetenzen gefördert wird. Digitale Geomedien ermöglichen nach Kanwischer und Gryl (2022, S. 41) beispielsweise die Anreicherung von realen Exkursionsorten mit ergänzenden Bedeutungslayern. Dies kann zum Beispiel über digitale Karten oder ergänzende Informationsmedien wie interaktive Diagramme oder Virtual-Reality-Anwendungen stattfinden.

Dem Lernen <u>durch</u> digitale Geomedien liegt die Intention der Ausbildung reflexiver und partizipativer Fähigkeiten zugrunde, mit denen Personen zur gesellschaftlichen Teilhabe unter Zuhilfenahme digitaler Geomedien befähigt werden sollen. Unter anderem Gryl (2012, S. 165) hebt die Notwendigkeit eines reflexiven Umgangs mit digitalen Geomedien als sog. reflexive Geomedienkompetenz hervor: „Reflexive Geomedienkompetenz ist […] die Fähigkeit, Geomedien im Sinne einer didaktisch reduzierten Variante der Dekonstruktion unter Bewusstsein der sozialen Konstruktion des Raumes zu reflektieren und hierbei reflexiv hinsichtlich des eigenen Konsumierens von Geomedien, des Handelns auf der Basis von Geomedien und des Schaffens von Geomedien sowie der sich daraus ergebenden Konsequenzen zu sein". Eng verknüpft mit diesem Verständnis der reflexiven Geomedienkompetenz ist zudem das Konzept des *spatial citizenships*, das von Gryl und Jekel (2012) begründet wurde und auf die Befähigung zur gesellschaftlichen Partizipation unter Zuhilfenahme digitaler Geomedien abzielt (Schulze, Gryl 2022, S. 160). Der spatial citizenship-Ansatz erfährt dabei einen vielfältigen Aufgriff in der Fachdidaktik, beispielsweise hinsichtlich der Entwicklung von fachübergreifenden Kompetenzmodellen der Lehrkräftefortbildung (z. B. Schulze et al. 2015). Zusammenfassend formulieren Schulze und Gryl (2022): „Es zeigt sich, dass zusätzlich zum technisch-methodisch ausgerichteten […] Lernen ‚über' Geo-IKT und dem anwendungsorientierten Bezug im fachlichen Lerngeschehen ‚mit' Geo-IKT die gezielte Förderung kognitiver und überfachlicher Fähigkeiten ‚durch' Geo-IKT bedeutsam geworden ist".

Insbesondere aus dem zuletzt dargestellten Lernen durch Geomedien und dessen intendierten reflexiven Umgang mit digitalen Geomedien hat sich der aktuell diskutierte Forschungsstrang im Kontext der mündigen Verwendung von Geomedien entwickelt. Diesbezüglich sind beispielsweise die Arbeiten von Schulze et al. (2020) oder Dorsch (2022) empfehlenswert.

In Anlehnung an die Klassifikation des Lernens über, mit und durch digitale Geomedien nach Kanwischer und Gryl (2022, S. 40) stellt der HGD (2020, S. 4) zusammenfassend fest, dass Geo-IKT einen gesellschaftlichen Bedeutungswandel „von der technologischen Wissensproduktion hin zu einem Medium sozial-kommunikativer Handlungspraktiken" vollziehen. Als Beispiel im Kontext der in Kapitel 2.1 dargestellten Exkursionsdidaktik führen die Autor:innen (HGD 2020, S. 4) des Positionspapiers an, dass „Exkursionsorte, analog zur alltäglichen Raumaneignung mittels Smartphone, mithilfe digitaler Endgeräte standortbasiert durch Lernmaterialien annotiert werden. Nach konstruktivistischen Raumtheorien sind die medialen Annotationen ebenso real und relevant wie ihre materiellen Bezugspunkte".

Im Hinblick auf die konkrete unterrichtspraktische Nutzung von digitalen Geomedien werden an dieser Stelle exemplarisch Anwendungen und Arbeitsweisen aus dem Unterrichtsfach dargestellt. Aufgrund der verbreiteten Arbeit mit Karten als eines der Leitmedien des Geographieunterrichts (DGFG 2020, S. 6), werden auch ihre digitalen Repräsentationen häufig im Unterricht verwendet. Durch die Verwendung von digitalen Karten, auch im Lebensalltag, können verschiedene Kompetenzen des Kompetenzbereichs der räumlichen Orientierung, beispielsweise hinsichtlich ihrer Erstellung oder realräumlichen Orientierung im Gelände, gefördert werden (DGFG 2020, S. 16). Mitunter scheinen klassische Kompetenzen der Kartenarbeit, wie die Selbstverortung im Gelände, aufgrund der häufig in digitalen Karten integrierten Standortbestimmung per GPS, sich in ihrer Bedeutung zu verändern und teilweise obsolet zu werden (HGD 2020, S. 4). Auch die Erstellung von Karten, als eigentlich geoinformatische, fachliche Arbeitsweise, lässt sich in den Geographieunterricht integrieren. Dabei bieten beispielsweise anfängerfreundliche (Web)GIS-Anwendungen zugängliche und grundlegende Möglichkeiten der eigenständigen Kartenerstellung und Nutzung räumlicher Analyseverfahren (z. B. Diercke WebGIS)[2]. Digitale Globen (z. B. Google Earth) beinhalten neben verschiedenen Grundprojektionen (z. B. Satellitenbilder oder topographische Karten) auch diverse Funktionen, wie das Anlegen von Höhenprofilen oder die Messung von Distanzen oder Flächen zwischen markierten Punkten. Somit können auch digitale Globen im Unterricht zur Arbeit mit raumbezogenen Daten herangezogen werden. Digitale Simulationen, die über verschiedene Applikationen oder Websites abrufbar sind, ermöglichen im Geographieunterricht die Darstellung von zeitlich ablaufenden Prozessen. So lassen sich beispielsweise mithilfe des interaktiven Atlas des Intergovernmental Panel on Climate Change (IPCC) (GUTIERREZ et al. 2021) verschiedene Klima-szenarien und ihre prognostizierten globalen Auswirkungen unter Einflussparametern sowie Wahrscheinlichkeiten modellieren. Zudem bieten Simulationsspiele, wie die Anwendung Keep Cool, Möglichkeiten für Schüler:innen sich mit verschiedenen Handlungsszenarien innerhalb des Klimawandels auseinanderzusetzen (EISENACK et al. 2017). Andere digitale Spiele wie die Anwendung GeoGuessr, bei der Spieler:innen über ein 360°-Bild in Google Street View an einen beliebigen Standort auf der Welt „ausgesetzt" werden und anhand dessen ihre Position auf einer Weltkarte verorten sollen, besitzen einen weniger ausgeprägten bilden-

---

[2] Unterrichtspraktische Beispiele für die Anwendung von GIS finden sich bei KISSER, WEISSENRIESER (2020) sowie PIENING (2022).

den Charakter. Trotzdem können auch beim Beispiel GeoGuessr verschiedene humangeographische (z. B. Merkmale der Stadtentwicklung) sowie physiogeographische Informationen (z. B. Art der Pflanzen oder Bodenfarbe) als Strategien zur räumlichen Verortung angewendet werden (BERGER 2016). 360°-Bilder lassen sich nicht nur zu spielerischen Zwecken, wie im Beispiel GeoGuessr, als digitale Geomedien einsetzen, sondern eröffnen Schüler:innen auch Möglichkeiten der digitalen Raumerkundung. So können zum Beispiel Stadtviertel über GoogleStreet View virtuell erkundet und ihre Merkmale mit geographischen Arbeitsweisen (z. B. Kartierungen) erfasst werden.

Neben virtuellen Raumerkundungen lassen sich auch reale Raumerkundungen, also in der Regel Exkursionen (Kap. 2.1), mit digitalen Geomedien anreichern und gestalten. Dies geschieht unter anderem unter Verwendung von verschiedenen Apps wie City Poker (FEULNER 2020, S. 105), Actionbound (HILLER et al. 2019, S. 18) oder Biparcours. Letztgenannte App wird auch in der vorliegenden Studie als Plattform einer digital gestützten Exkursion genutzt und in Kapitel 5.3.3.1 näher spezifiziert. Die Verwendung von digitalen Geomedien auf Exkursionen wird in der Fachdidaktik innerhalb des Lehr-Lernansatzes des mobilen ortsbezogenen Lernens (MOL) erforscht, der den zentralen geographiedidaktischen Hintergrund dieser Arbeit bildet.

2.3 Der Lehr-Lernansatz des mobilen ortsbezogenen Lernens

Zur Annäherung an den Lehr-Lernansatz des mobilen ortsbezogenen Lernens ist es notwendig, die einzelnen didaktischen Bestandteile des Konzepts näher zu untersuchen. Nachdem im vorangegangenen Kapitel 2.2 die Einflüsse der digitalen Medien für den Geographieunterricht dargestellt wurden, wird in Kapitel 2.3.1 das mobile (elektronische) Lernen als Grundlage des mobilen ortsbezogenen Lernens spezifiziert, indem digitale Medien hier einen zentralen Stellenwert einnehmen. Anschließend wird der Ortsbezug in das Konzept des mobilen (elektronischen) Lernens integriert und schließlich als zentrales Charakteristikum des mobilen ortsbezogenen Lernens in einer Begriffsklärung ausgeschärft (Kap. 2.3.2). Den Abschluss von Kapitel 2.3 bildet die Auseinandersetzung mit Einflüssen des spielbezogenen Lernens, dessen Ansätze häufig im MOL integriert werden.

2.3.1 Mobiles (elektronisches) Lernen (ML)

Mobiles Lernen (engl. mobile Learning oder m-learning, Abk. ML) „ist ein Sammelbegriff für unterschiedliche Lehr-Lern-Prozesse in formalen und informalen Bildungskontexten, die zielgerichtet durch mobile Informations- und Kommunikationstechniken unterstützt und ergänzt werden" (DÖRING, MOHENSI 2018, S. 2 nach TRAXLER 2007, S. 1). HILLER et al. (2019, S. 15) formulieren vereinfacht, dass ML „als ein Lernen mit irgendwelchen tragbaren Lerngegenständen" beschrieben werden kann. Gemäß diesem eher weitgefassten Begriffsverständnis fungieren jegliche mobil transportierbaren, auch analogen, Lerngegenstände (z. B. Broschüren, Messgeräte oder Karten) als Medien des ML (KUKULSKA-HULME et al. 2011, S. 158 f.). Unter anderem SEIPOLD (2018, S. 14) weist darauf hin, dass bis dato keine einheitliche Begriffsdefinition des ML existiert. Dies begründet sie mit der jungen Historie des Forschungsfelds, das sich durch verschiedene explorative Ansätze und neu genutzte Medien stetig weiterentwickelt. Daher wirkt das ML mitunter bislang noch nicht ausreichend didaktisch strukturiert, sodass oftmals beispielsweise unterrichtliche und praxistaugliche Konzepte fehlen (ebd.).

Im Sinne einer engeren Begriffsklärung und für diese Arbeit entscheidend stellt das ML eine Erweiterung des elektronischen Lernens (auch electronic learning oder e-learning, Abk. EL) dar, indem die tragbaren mobilen Hilfsmittel als elektronische Geräte charakterisiert sind und im ML als vermittelnde Plattform zur Visualisierung von Inhalten fungieren (u. a. DÖRING, KLEEBERG 2006, S. 71; FEULNER, OHL 2014, S. 5). Laut SEIPOLD (2018, S. 14) wird das ML oftmals weiterhin als „Anhängsel" des EL angesehen. Sie plädiert daher für eine Systematisierung des ML als eigenständiges Forschungsfeld.

Bei der Betrachtung verschiedener Definitionen im Rahmen der Entwicklung des ML lassen sich prägende Perspektiven und Denkeinflüsse herausfiltern. So wurden zu Beginn des aufkommenden Forschungsinteresses Schwerpunkte aus dem Blickwinkel einer technischen Perspektive gesetzt, die sich auf reine technologische Fortschritte mobiler Geräte fokussierten (CROMPTON 2013, S. 4). Anschließend rückten die lernenden Personen in den Mittelpunkt des ML, ehe abschließend das kontextuelle Lernen, zum Beispiel in formellen und informellen Bildungskontexten, berücksichtigt wurde (SEIPOLD 2018, S. 15). Auch die Art der Fortbewegung stellt laut FEULNER und OHL (2014, S. 5) einen Bestandteil des derzeitigen Begriffsverständnisses des ML dar. DIACOPOULOS und CROMPTON (2020, S. 1) weisen diesbezüglich auf das Charakteristikum hin, dass ML in seiner Grundidee unabhängig von räumlichen und zeitlichen Faktoren ist, sodass traditionelle Lernkonzepte aufgebrochen werden und orts- bzw. zeitunabhängig gelernt werden kann. Deshalb finden unter anderem die Begriffe des „ubiquitären Lernens" oder „anyone", „anywhere" und „anytime" häufig im Kontext des ML eine Verwendung (FEULNER 2020, S. 15). Durch die Ortsunabhängigkeit ist es beispielsweise möglich, Lerneinheiten räumlich zu verlagern und traditionelle Lernorte wie Schulen oder Universitäten zu entlasten. SEIPOLD (2018, S. 20) hebt insbesondere die Vernetzung zwischen Medium und Lernenden im ML hervor, da die „Technologie […] unmittelbare und jederzeit verfügbare Interaktionsmöglichkeiten mit sich [bringt]", die in Bildungskontexten genutzt werden können.

TRAXLER (2007, S. 3 f.) sowie DÖRING und MOHENSI (2018, S. 4) unterscheiden sechs Typen des ML, die sich in ihren spezifischen Ausgestaltungen (u. a. medientechnisch, didaktisch oder organisatorisch) unterscheiden. Zur Vereinfachung werden diese in Tabelle 1 nach Döring und Mohensi (2018, S. 4) mit Hervorhebungen ihrer zentralen Eigenschaften dargestellt.

Das eigene und im weiteren Verlauf der Arbeit näher beschriebene Dissertationsprojekt ist anhand von Tabelle 1 im Schnittfeld der ausgewiesenen Bereiche Typ 1 und Typ 5 einzuordnen, da im Rahmen einer empirischen Studie mit Schüler:innen die Potentiale digital gestützter, mobiler Lernumgebungen für ein situiertes Lernszenario in Form einer standortbezogenen Exkursion zur Klimaanpassung untersucht werden. Der Aspekt der Situiertheit wird im folgenden Kapitel als räumlicher Ortsbezug des ML näher konkretisiert.

Zur Charakterisierung verschiedener Lernumgebungen des ML haben Lude et al. (2013, S. 9) eine schematische, tabellarische Klassifikation entwickelt, die sich in sechs Dimensionen untergliedert Tabelle 2. So können sich Lernarrangements beispielsweise in ihrer Sozialform unterscheiden, sodass im ML sowohl individuelle, personalisierte als auch kooperative und kollaborative Lerneinheiten denkbar sind. Insbesondere die Direktivität kann mit dem Aspekt der Sozialform verbunden werden, da es möglich ist, sowohl selbstgesteuerte als auch programm- oder personengestützte Lerneinheiten zu konzipieren. Selbstgesteuerte Lernprozesse im ML haben mitunter das Potential, Lernenden auch individuelle Rückmeldung und Feedback zu ihrem Lernfortschritt zu geben. Eine vertiefte Betrachtung der in der Klassifikation aufgeführten Kategorie „Ort“ findet im folgenden Kapitel 2.3.2 statt.

Den Abschluss der Ausführungen zum ML bildet das zusammenfassende Zitat nach Ching et al. (2009, S. 28): „The anytime, anywhere availability of mobile devices has potential to promote a seamless 360-degree learning experience that breaks down the barriers between formal and informal educational environments". Das Zitat beinhaltet die maßgebliche Unterscheidung zwischen ML und mobilem ortsbezogenen Lernen, da ML „anywhere", also ohne konkreten Ortsbezug durchgeführt werden kann, während der Ort im mobilen ortsbezogenen Lernen einen wichtigen kontextuellen Bestandteil bildet und daher im Folgenden vertiefend aufgegriffen wird.

Tab. 1 | Typisierung des mobilen Lernens (verändert nach DÖRING, MOHENSI 2018, S. 4; TRAXLER 2007, S. 3 f.)

Typ 1: **Technology-Driven M-Learning**	"Eine spezifische <u>technische Innovation</u> im Bereich mobiler Informations- und Kommunikationstechniken wird im <u>akademischen Kontext</u> eingesetzt, um die Brauchbarkeit <u>für Bildungszwecke zu erproben</u> (z. B. wird in einem Pilotprojekt an einer Pädagogischen Hochschule der Einsatz Digitaler Fitness-Tracker im Sportunterricht erprobt).
Typ 2: **Miniature but Portable E-Learning**	Konventionelle Formen des E-Learning werden <u>auch für Mobilgeräte verfügbar</u> gemacht (z. B. greifen Lehrende und Lernende auf die moodle-App zurück, um die E-Learning-Plattform ihrer (Hoch-)Schule mobil zu nutzen).
Typ 3: **Connected Classroom Learning**	Mobilgeräte werden im <u>Unterricht</u> verwendet, um <u>kollaboratives Lernen</u> zu fördern (z. B. nutzen Arbeitsgruppen beim problembasierten Lernen im Klassenraum Mobilgeräte für Online-Recherchen und Expertenkonsultationen, um gemeinsam die Aufgaben zu lösen).
Typ 4: **Mobile Training / Performance Support**	Mobilgeräte werden zu <u>Bildungszwecken in Arbeitskontexten</u> eingesetzt, um die <u>Effizienz und Produktivität</u> der Beschäftigten durch Just-in-Time Information und Unterstützung zu steigern (z. B. greift medizinisches Personal in der Ausbildung während der Visite zwecks Training der Diagnosestellung per Smartphone auf Datenbanken zurück).
Typ 5: **Informal, Personalized, Situated M-Learning**	Das Spektrum reicht hier von der Nutzung <u>individueller Lernprogramme</u> auf dem Mobilgerät (z. B. merkt sich ein Vokabeltrainer individuell gelernte Vokabeln) bis zu aufwendig gestalteten <u>situierten Lernszenarien</u> (z. B. werden bei einem Museumsbesuch oder historischen Stadtrundgang interaktive Hintergrundinformationen und Quizze zu den Exponaten bzw. Sehenswürdigkeiten mobil zugänglich gemacht).
Typ 6: **Remote / Rural / Developmental M-Learning**	Mobilgeräte werden zu <u>Bildungszwecken</u> eingesetzt, wo in ländlichen Regionen, in Entwicklungs- und Schwellenländern oder in Krisen- und Kriegsregionen <u>andere Bildungsmöglichkeiten fehlen</u>."

Tab. 2 | Dimensionen des mobilen Lernens (LUDE et al. 2013, S. 9).

Individuelle Nutzung	← Sozialform →	Kooperative Nutzung
Alle Nutzer an einem Ort	← realer Ort →	Nutzer an verschiedenen Orten
Information lokal auf mobilem Endgerät	← virtueller Raum →	Informationen über Netzwerk
Gleiche Zeit (synchron)	← Zeit →	Verschiedene Zeiten (asynchron)
Lernprozesse von Person oder Programm gesteuert	← Direktivität →	Nutzer organisiert Lernprozess selbst
Wissen wird von Nutzern gleichberechtigt weitergegeben	← Symmetrie →	Wissen wird von Experten zum Lerner weitergegeben

2.3.2 Mobiles ortsbezogenes Lernen (MOL)

Neben den Ansätzen des ML und des EL besitzt auch das ortsbezogene Lernen (engl. location-based learning, place-based learning, Abk. OL) eine Popularität im wissenschaftlichen und unterrichtlichen Diskurs, insbesondere in der Geographie(-didaktik) als Raumwissenschaft. Dabei konstatieren LUDE et al. (2013, S. 11): „Ortsbezogenes Lernen an sich ist nichts Neues und knüpft an ein Lernverständnis an, bei dem der Aufbau von Erkenntnissen und ein Verstehen von Sachverhalten stets an die Umgebungsbedingungen, an Kontexte oder reale Situationen gebunden sind". Demnach sind Lerneinheiten, die über einen konkreten Raumbezug verfügen, Bestandteile des OL. Nach HILLER et al. (2019, S. 15) müssen Aufgaben des OL so gestellt sein, dass das Aufsuchen eines Orts zur Beantwortung zwingend erforderlich ist. Die in Kapitel 2.1 dargestellten Grundlagen der Exkursionsdidaktik stellen den Ortsbezug von Lerneinheiten als traditionelles geographiedidaktisches Forschungsfeld heraus. Das Aufsuchen eines Orts in der Exkursionsdidaktik ist zur Informationsgewinnung und zur Auseinandersetzung mit räumlichen Ordnungsmustern essenziell. Somit sind Exkursionen ein wichtiger Bestandteil des OL (AGUADO-MORALEJO et al. 2020, S. 6015).

Ausgehend von den drei bereits aufgegriffenen Ansätzen des ML, EL und OL ergeben sich bei der jeweiligen Verknüpfung vier Schnittfelder der Lernansätze, die in den folgenden Ausführungen anhand von Abbildung 3 mit Beispielen voneinander abgegrenzt werden. Überschneidung 1 verbindet das OL mit dem EL. So kann beispielsweise über geographische Informationssysteme oder Analysesoftware ein direkter Raumbezug zu einem Untersuchungsstandort hergestellt und mithilfe der elektronischen Medien visualisiert werden. Raumbezogene Daten werden indes digital mit Hilfsmitteln aufbereitet und präsentiert, sodass zum Beispiel 3D-Modelle von Räumen detailgetreu erstellt werden können. Sind Lerneinheiten so konzipiert, dass diese einen konkreten Raumbezug aufweisen und im Untersuchungsraum mobil verfügbar sind, befindet man sich in Schnittfeld 2. Die mobil genutzten Medien sind indes gemäß des traditionellen Begriffsverständnisses des ML nicht elektronisch. Hier lassen sich beispielsweise Flyer oder Broschüren anführen, die Lernenden unter anderem an außerschulischen Lernorten wie Museen aufbereitete, standortbezogene Informationen liefern. Wie in Kapitel 2.3.1 beschrieben, bildet das ML in seiner engeren Begriffsdefinition eine Erweiterung des EL, indem mobil genutzte Lernunterstützungen als elektronische Geräte charakterisiert sind. Somit lassen sich in Schnittfeld 3 beispielsweise Lernapps für Vokabeln, mit denen individuell sowie zeit- und ortsunabhängig gelernt werden kann, verorten.

Das Schnittfeld 4 verknüpft die Grundzüge des EL, ML und OL innerhalb des Konzepts des mobilen ortsbezogenen Lernens (engl. location-based mobile learning, Abk. MOL), in dem das zentrale Erkenntnisinteresse der vorliegendlen Arbeit verortet ist. LUDE et al. (2013, S. 12) definieren: „Beim mobilen ortsbezogenen Lernen werden […] durch mobile Endgeräte Informationen und Lehr-Lern-Angebote für den jeweiligen physikalischen Raum zur Verfügung gestellt und miteinander verknüpft". So können Lernende innerhalb des MOL mithilfe der digitalen Medien, zum Beispiel durch visualisierte raumbezogene Daten oder das eigene Aufnehmen von Fotos, mit ihrer Umgebung interagieren (FEULNER 2020, S. 22). Durch den hohen Ortsbezug wird in der Literatur auch vom mobilen situierten Lernen gesprochen, indem den Lernenden, „abhängig von [ihrem] aktuellen Aufenthaltsort und den dort befindlichen Objekten, Lernmaterialien mit Bezug zum Aufenthaltsort oder (Lern-)Objekt zur Verfügung gestellt werden" (RENSING, TITTEL 2013, S. 122). Innerhalb der Umweltbildung und BNE erfährt das MOL ein gesteigertes Interesse (SCHAAL, LUDE 2015, S. 10153; SCHNEIDER et al. 2017, S. 80), obwohl die Verwendung von Computern bzw. digitalen Technologien und der Wahrnehmung und Erkundung der natürlichen Umgebung traditionell als komplementäre Gegensätze erachtet wurden (RUCHTER et al. 2010, S. 1054).

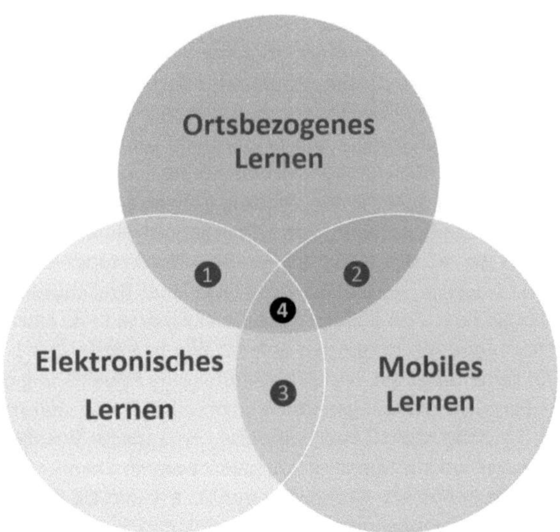

Abb. 3 | Schnittfelder des mobilen, ortsbezogenen und elektronischen Lernens (eigene Darstellung nach HILLER et al. 2019, S. 15)

Der Einsatz von mobilen Endgeräten im Gelände und auf Exkursionen wurde bereits Ende der 1990er Jahre als Bestandteil des MOL empirisch erprobt (PARSONS 2014, S. 3). Durch die fortschreitende Digitalisierung und Weiterentwicklung mobiler Endgeräte haben sich die Informationsträger im MOL stetig verändert. DÖRING und KLEEBERG (2006, S. 72 f.) bilden in ihrem Aufsatz den Stand portabler Endgeräte aus dem Jahr 2006 ab, der portable Computer, elektronische Notizbücher (sog. Handhelds) und mobile Telefone als damalige zentrale Medienträger des MOLs hervorhebt. Unter anderem besaßen Smartphones zum damaligen Zeitpunkt noch keine gesellschaftliche Verbreitung, ein Aspekt, der die rapide technologische Weiterentwicklung des MOL bis heute verdeutlicht. Auch die damalige technische Ausstattung portabler Computer ist mittlerweile überholt. Die als Notebooks oder Laptops klassifizierten Geräte verfügten damals beispielsweise über ein Gewicht von einem bis drei Kilogramm mit Anschaffungskosten zwischen 1.200 und 3.000 Euro, sodass unter anderem deren mobile Handhabbarkeit und flächendeckende Verbreitung eingeschränkt waren (ebd.).

Insbesondere in der aufkommenden Entwicklung des Forschungsfelds wurden Finanzierungsprobleme als Hindernisgründe für den Einsatz von MOL an Schulen angegeben. Durch die rapide Entwicklung digitaler Medien und Technologien befürchteten Bildungsträger eine rasche Alterung der Geräte, sodass diese bereits nach kurzer Zeit nicht mehr den aktuellen technischen Stand abbilden könnten

(LUDE et al. 2013, S. 10). In der schulischen Bildung schreitet die technologische Ausstattung mittlerweile flächendeckend voran (Kap. 2.2.1), sodass mit steigender Tendenz auf Tablets oder Laptops im Unterricht zurückgegriffen werden kann. Auch in empirischen Studien des MOL lässt sich eine deutliche Zunahme der Nutzung von Tablets und Smartphones seit 2012 erkennen (STYMNE 2020, S. 68). Einen weiteren vielversprechenden Ansatz innerhalb der Bildungspraxis ist das sogenannte BYOD (bring your own device), bei dem private Geräte der Teilnehmenden (z. B. Smartphones) für den Unterricht genutzt werden.

Die Potentiale aktueller digitaler Medien im MOL hebt der HGD (2020, S. 4) in seinem Positionspapier zur Digitalisierung des Geographieunterrichts hervor: „Exkursionsorte [können], analog zur alltäglichen Raumaneignung mittels Smartphone, mithilfe digitaler Endgeräte standortbasiert durch Lernmaterialien annotiert werden. Nach konstruktivistischen Raumtheorien sind die medialen Annotationen ebenso real und relevant wie ihre materiellen Bezugspunkte". Innerhalb des Positionspapiers wird das MOL demnach als ein für die Geographiedidaktik relevantes Forschungsfeld ausgewiesen, das in der unterrichtlichen Praxis und der wissenschaftlichen Empirie als Teil der fortschreitenden Digitalisierung Berücksichtigung finden soll.

Für die Geographie sind mobile Endgeräte insbesondere durch ihre integrierte GPS-Funktion von Relevanz. Im MOL kann auf standortbezogene Daten zurückgegriffen werden, sodass „die physische Position der Lernenden zum Auslöser von Lernsituationen und zum Kontext des Lernens wird" (FEULNER 2020, S. 22). Auch das eigenständige Navigieren im Untersuchungsraum kann im Sinne der räumlichen Orientierung, als eine der sechs zentralen Kompetenzen der Bildungsstandards in der Geographie, gefördert werden. Dabei sollen Schüler:innen u. a. die Kompetenz erlernen „sich mit Hilfe von Karten und anderen Orientierungshilfen (z. B. [...] Kompass, Diensten zur Routenplanung, [...]) im Realraum [zu] bewegen" (DGFG 2020, S. 18). Auch der HGD (2020, S. 3) hebt die Karte als fachspezifisches Leitmedium hervor, die in digitaler Ausprägung, „als Hilfsmittel zur realräumlichen Orientierung", genutzt werden soll. Trotz der Akzeptanz und Bedeutung von Karten für den Geographieunterricht führen FÖGELE et al. (2014, S. 336) an, dass digitale Kartenanwendungen (z. B. GIS) als Softwareprogramme für Computer meist eine hohe Komplexität besitzen. Daher sehen sie in Apps für Tablets und Smartphones, wie sie im MOL genutzt werden, wesentlich einfacher handhabbarere und kostengünstigere Alternativen für Lehrer:innen und Schüler:innen. Aufgrund der vielfältigen Möglichkeiten zur Nutzung standortbezogener Daten sind laut SIEGMUND et al. (2013, S. 20) „auch bei Jugendlichen veränderte Raumvorstellungen und Denkweisen sowie die Entwicklung neuer raumbezogener Kompetenzen zu erwarten, die es noch näher zu untersuchen gilt".

Durch die breite Verfügbarkeit von Smartphones bei den Schüler:innen gewinnt das BYOD im MOL an Bedeutung. Die Nutzung mobiler Geräte der Lernenden entlastet Schulen finanziell. Allerdings kommt es zu verschiedenen organisatorischen Hürden, wie der flächendeckenden Installation und Instandhaltung von Apps, wenn private Geräte genutzt werden. In der späteren Studie wird die Idee des BYOD durch den erhöhten organisatorischen Aufwand verworfen und daher in den Ausführungen an dieser Stelle nicht weiter betrachtet. Für eine vertiefende Auseinandersetzung zur BYOD-Bewegung in Bildungskontexten mit Herausforderungen und Chancen empfehlen sich KLEINER und DISTERER (2018).

Aufgrund der zunehmenden flächendeckenden Digitalisierung von Bildungseinrichtungen etablieren sich auch Tablets im Schulalltag. Sowohl Smartphones als auch Tablets vereinen Werkzeuge und Hilfsmittel der klassischen geographischen Exkursionsdidaktik in einem Gerät (FEULNER, OHL 2014, S. 4). Neben der bereits angesprochenen Karten- und GPS-Funktion sind unter anderem eine Kamerafunktion (Foto und Video), ein Mikrofon, Lautsprecher oder ein Kompass in den meisten mobilen Endgeräten verfügbar. Ergänzt werden die integrierten Funktionen durch zahlreiche verfügbare Apps, die von geographischem Interesse im MOL sein können. Darunter zählen beispielsweise Apps zur Bestimmung von Pflanzen oder zur Messung von Lärm oder Kartierungshilfen. Insgesamt umfassen die mobilen Endgeräte im MOL somit „die Möglichkeiten der Kommunikation, der Informationsgewinnung, der Informationsaufnahme und der Informationserstellung" (FEULNER 2020, S. 22).

Für ihre Nutzung im Geographieunterricht, im Speziellen auf Exkursionen, sprechen BRENDEL UND SCHRÜFER (2014, S. 43) Tablets ein hohes Potential zur Förderung des selbstständigen und individuellen Arbeitens gemäß konstruktivistischen Lernansätzen zu. Auch FEULNER (2020, S. 32) bezeichnet die Selbsttätigkeit der Lernenden mitunter als sehr hoch, „wenn Schülerinnen und Schüler alleine oder in Kleingruppen Inhalte selbstständig erarbeiten, wenn sie eigenverantwortlich zu bestimmten Standorten navigieren und dabei die Route frei wählen können". Durch die hohe Aktivität der Schüler:innen nimmt die Lehrkraft dabei oftmals eine moderierende Rolle ein, in der diese nur wenige Instruktionen vornimmt und so eine selbstgesteuerte Lernprogression der Lernenden ermöglicht. LUDE et al. (2013, S. 12) sprechen diesbezüglich von einer „Flexibilisierung und Individualisierung" von Lernprozessen, die durch das MOL gefördert werden können. Die Chancen zur Förderung des selbstbestimmten Lernens innerhalb des MOL korrelieren somit mit den Ausführungen der geographischen Exkursionsdidaktik (Kap. 2.1), im Speziellen mit der Klassifikation von Exkursionen gemäß der Schüleraktivität (Kap. 2.1.2). SCHAUMBURG (2018, S. 34) führt ergänzend an, dass sich das Lernen mit mobilen Endgeräten im Rahmen problemorientierten Lernens anbietet, das auch in Form schulischer Projekte stattfinden kann. Für die geplante Studie sind die Potentiale zur Vermittlung von Fachwissen und zur Erzeugung von Motivation im Kontext des

MOL von gesondertem Interesse. Daher werden diese Aspekte verstärkt in Kapitel 2.4 vor dem Hintergrund des aktuellen Forschungsstands und unter Berücksichtigung empirischer Erkenntnisse diskutiert.

Neben den dargestellten Chancen des MOL, weist der Ansatz, gerade im Schulalltag, auch Herausforderungen auf, die sich hemmend auf die flächendeckende Implementation in Bildungskontexten auswirken können und daher in ausgewählten Argumenten an dieser Stelle dargestellt werden. Eine im Schulalltag sehr präsente Herausforderung für das MOL ist die ausreichende Verfügbarkeit von nutzbarer Hard- und Software in Form von mobilen Endgeräten bzw. Anwendungen. Aufgrund erhöhter Anschaffungs- und Wartungskosten existiert keine ganzheitliche und flächendeckende Ausstattung von Schulen mit mobilen Endgeräten. Daher variiert die technische Ausstattung zwischen einzelnen Schulen stark (FEULNER 2020, S. 28).

BRESGES (2018, S. 614) führt die bisher noch unzureichende Akzeptanz seitens der Eltern, bezüglich der unterrichtlichen Nutzung digitaler Medien als hemmenden Faktor für die Umsetzung von M(O)L an Schulen, an. Dabei greift er (ebd., S. 615) entkräftend die Gegensätze der Mediennutzung im außerschulischen Alltag und in der Schule auf und hebt die in der Schule mögliche Förderung eines reflexiven und bewussten Umgangs mit digitalen Medien im Sinne einer Medienkompetenz als wichtiges Argument hervor.

Eine noch unzureichende didaktische Aufbereitung bei der Nutzung digitaler Medien charakterisiert SEIPOLD (2018, S. 14) als weiteren hemmenden Aspekt für den schulischen Einsatz des M(O)L. Insbesondere neu aufkommende Medien benötigen strukturierende didaktische Konzepte, die von Lehrkräften zur einfachen Implementierung im Unterricht genutzt werden können. Ein aktuelles Beispiel für ein didaktisches Handbuch für Lehrer:innen liefert die Veröffentlichung von HILLER et al. (2019), die für die App Actionbound unterrichtliche Leitlinien und Klassifikationen von Aufgabenformaten des MOL entwickelt haben. Mithilfe von Praxistipps und Anwendungsbeispielen beabsichtigt das didaktische Handbuch, Lehrende von Ansätzen und Ideen des MOL für die eigene unterrichtliche Nutzung zu begeistern und Hilfestellungen zu geben. SEIPOLD (2018, S. 21 f.) führt an, dass Lehrkräfte für die Implementierung des M(O)L in Schulen zentral sind und daher für sie hemmende Faktoren abgebaut werden müssen (z. B. Zeitaufwand, fehlende didaktische Konzepte). Limitiert wird die Einsatzfähigkeit mobiler Endgeräte im MOL zudem durch ihre „Outdoor-Fähigkeit" (HILLER et al. 2019, S. 17), die unter anderem durch die Akkulaufzeit, die Bedienbarkeit bei Regen und Hitze, die Sichtbarkeit des Displays bei direkter Sonneneinstrahlung oder die Genauigkeit des GPS-Empfangs bestimmt wird.

Ergänzende, einschränkende Gründe des Einsatzes von M(O)L im Schulunterricht, wie Probleme des Datenschutzes, finden sich unter anderem bei LUDE (2013, S. 10), SEIPOLD (2018, S. 21-24) oder DÖRING und KLEEBERG (2006, S. 85-87).

2.3.3 Einflüsse des spielbezogenen Lernens

Durch die vielfältigen Möglichkeiten mit denen Lernumgebungen durch digitale Medien gestaltet werden können, erfährt das MOL verschiedenste lerntheoretische Einflüsse von denen im Folgenden das spielbezogenen Lernen (engl. game-based learning) gesondert aufgegriffen wird. Aufgrund des Forschungsinteresses der Arbeit werden an dieser Stelle nur die für das MOL relevanten Ansätze spielbezogenen Lernens in den Fokus gerückt.

RINSCHEDE und SIEGMUND (2020, S. 260 f.) definieren nach PFRIEM (1999, S. 148 f.), dass Spiele im Geographieunterricht zielorientierte Unterrichtsmethoden sind, die mit der Absicht eingesetzt werden, Wahrnehmen, Denken, Entscheiden und Handeln zu fördern. Auch durch das Alter der Definition bedingt, ist die Begriffserklärung des Spiels als Unterrichtsmethode nicht im Hinblick auf digitale Medien, respektive auf das MOL, zugeschnitten, sondern allgemeingültig für eine Vielfalt von unterrichtlichen Spielen formuliert.

Innerhalb der geographischen Exkursionsdidaktik dominieren sogenannte Erkundungsspiele (RINSCHEDE, SIEGMUND 2020, S. 262), deren Einflüsse, durch den hohen Ortsbezug, für das MOL von Relevanz sind. Die meistens als Rallyes bezeichneten Erkundungsspiele erfahren durch die Nutzung von GPS-Geräten digital gestützte Einflüsse, zum Beispiel beim sog. Geocaching. Auf der GPS-Technologie basierende Spiele rufen auch in der breiten Gesellschaft, beispielsweise in Form der App Pokémon Go, ein reges Interesse hervor (AHLQVIST, SCHLIEDER 2018, S. 1). Solche Spiele, die mobil, ortsbezogenen und durch Technologien lokal verortet sind, werden auch als Geogames bezeichnet (SCHAAL 2016, S. 24). Als typisches Charakteristikum formuliert SCHLIEDER (2014, S. 567) daher: „Die Position des Spielers im geografischen Raum wird zum Spielelement". ADANALI (2021, S. 220 f.) greift folgende vier Charakteristika von Geogames auf:

„1. Based on a specific location where the game environment and spatial components can be represented and visualized;
2. Focusing on solving a spatial problem with the citizens of the chosen place;
3. Inclusion of rules and elements of pleasure to attract citizens to continue playing and returning to the game;
4. Ensuring citizens' participation in the urban planning process".

Anwendungen, in denen nicht das Spiel an sich, sondern die bildende Vermittlung von Lerninhalten im Vordergrund steht, werden mitunter als Serious Games bezeichnet (WOUTERS et al. 2013, S. 249; HILLER et al. 2019, S. 16). Innerhalb der Serious Games werden spielerische Elemente, sogenannte Gamification-Elemente, genutzt, um Inhalte und Aufgabenstellungen motivierend und anschaulich aufzubereiten. Findet das Lernen indes in einem Untersuchungsraum mit mobilen Endgeräten statt, kann laut GERLICHER und JORDINE (2018, S. 171) auch vom mobile game-based learning gesprochen werden, das im Kontext dieser Arbeit eine Spezialform des MOL mit spielbezogenen Elementen darstellt. Nach ADANALI (2021, S. 219) ist der pädagogische Zugang in Serious Games oftmals problembasiert, sodass die Lernumgebung motivierend gestaltet ist und ein Lernzuwachs ermöglich wird. Die in der späteren Studie verwendete App Biparcours lässt sich ebenfalls der Klassifikation des Serious Game zuordnen, da in der Anwendung ein Punkte- und Belohnungssystem integriert ist, mit dem die Lernenden eine direkte Rückmeldung über ihren Lernfortschritt erhalten. Zudem interagiert die App mit Belohnungsgeräuschen für das erfolgreiche Absolvieren von Aufgaben mit den Nutzer:innen, sodass einzelne, wenige Gamification-Elemente in der App integriert sind, jedoch die bildende Auseinandersetzung im Vordergrund der Exkursionen steht.

Die Intention der Nutzung von spielbezogenen Elementen im MOL bringt FEULNER (2020, S. 128) auf den Punkt: „Mit spielerischen oder spielbasierten Vermittlungsformen ist die Hoffnung verbunden, dass Unterrichtsinhalte leichter, mit Freude und einem höheren Grad an intrinsischer Motivation vermittelt werden können und das Lernen auf diese Weise eher ‚nebenbei‘ und unterbewusst stattfindet". Inwiefern Anwendungen im MOL, auch unter Berücksichtigung spielbezogener Elemente, tatsächlich zu einer gesteigerten Motivation der Lernenden führen, wird in Kapitel 2.4 im Rahmen des aktuellen Forschungsstands, nach einer kurzen Einführung in das Konzept der Motivation, näher betrachtet.

2.4 Forschungsstand mobilen ortsbezogenen Lernens

Empirische Studien zum MOL weisen sowohl in ihrer methodischen Gestaltung als auch in ihrem Forschungsinteresse eine große Vielfalt auf. Für die Geographiedidaktik empfehlen DIACOPOULOS und CROMPTON (2020, S. 12) die Ausschärfung von „core areas of [...] geography education" bei der Nutzung von mobilen Endgeräten auf Exkursionen in empirischen Studien. Nach Durchsicht der aktuellen Fachliteratur lassen sich die Untersuchungsschwerpunkte des Lernzuwachses und der Motivation als zentrale Interessen der MOL-Forschung identifizieren. Insbesondere die empirische Untersuchung des Wissenszuwachses, unter Berücksichtigung verschiedener Medien und Lehr-Lernkonzepten wie dem MOL, bildet ein etabliertes und verbreitetes Erkenntnisinteresse der Unterrichts- und Medienforschung. Im Folgenden wird daher ein vertiefender Einblick in empirische Studien des MOL gegeben, die insbesondere von geographiedidaktischem Interesse sind. Digitalen Medien unterliegen einem stetigen technologischen Fortschritt, sodass die vorliegenden Studien das derzeitige Abbild des MOL-Forschungsstands zeigen. Deshalb formulieren DIACOPOULOS und CROMPTON (2020, S. 1) dieszbezüglich: „research is often limited because technological innovations occur rapidly".

2.4.1 Förderung von Motivation im mobilen ortsbezogenen Lernen

Sowohl Exkursionen als auch digitalen Medien und spielbezogenen Elementen werden im Unterricht motivationsfördernde Potentiale für Lernende zugesprochen, die bereits in den vorangegangenen Kapiteln angeklungen sind. Dass die Motivation ein bedeutsamer Einflussfaktor für schulische Lernleistung ist, wurde unter anderem durch die Metastudie von HATTIE (2017, S. 278), nachgewiesen, in der für die Motivation eine Effektstärke d = .48[3] hinsichtlich schulischer Leistungen ermittelt wurde. Bevor daher die empirischen Erkenntnisse zur Motivationsförderung durch Studien des MOL genauer dargestellt werden, ist eine kurze Einführung in das Konstrukt der Motivation mit zentralen Begrifflichkeiten notwendig.

Für das Verständnis des Motivationsbegriffs wird sich auf die Definition von RHEINBERG und VOLLMEYER (2018, S. 17) bezogen: Motivation bezeichnet „die aktivierende Ausrichtung des momentanen Lebensvollzuges auf einen positiv bewerteten Zielzustand bzw. auf das Vermeiden eines negativ bewerteten Zustandes". Dabei gilt es zu beachten, dass der Begriff der Motivation keine feste, natürliche Verhaltensweise umfasst, sondern eher eine konstruierte Abstraktion darstellt, die sich aus verschiedenen individuellen Prozessen und Einstellungen zusammensetzt (ebd., S. 16).

Eine gängige Differenzierung der Motivation ist die Unterscheidung der extrinsischen und der intrinsischen Motivation. Die extrinsische Motivation wird maßgeblich durch äußere Anreize bestimmt, die auf das Individuum einwirken. Das Individuum richtet dabei Aktivitäten insbesondere hinsichtlich ihres Nutzens oder möglicher Belohnungen aus (HECKHAUSEN, HECKHAUSEN 2018, S. 6), wohingegen intrinsisch motiviertes Handeln durch positive „Erlebnisqualitäten" (SCHIEFELE, SCHAFFNER 2020, S. 166) begleitet werden und so Bedürfnisse und Emotionen einer Person befriedigt werden (WILDE et al. 2009, S. 32). Bei der Untersuchung von Lernprozessen wird die intrinsische Motivation im Allgemeinen als überlegen angesehen, da die lernende Person aus eigenem Interesse handelt und weniger an der „Erreichung äußerer Zwecke" interessiert ist (SCHLAG 2013, S. 22).

Für das später eingesetzte Messinstrument der Kurzskala intrinsischer Motivation (KIM) (Kap. 5.4.4) ist die Betrachtung der motivationalen Selbstbestimmungstheorie (engl. self-setermination-theory) notwendig. Deshalb erfolgt an dieser Stelle eine Beschränkung auf die relevanten theoretischen Grundlagen des verwendeten Erhebungsinstruments. Vorrangig durch DECI und RYAN (u. a. 2000, 2002) geprägt, werden in der Selbstbestimmungstheorie drei Grundbedürfnisse menschlichen Handelns mit der intrinsischen Motivation in Verbindung gesetzt: Kompetenzerleben (competence), Autonomieerleben (autonomy) und soziale Eingebundenheit

---

[3] Effektstärke d nach COHEN (1988, S. 40) mit d=(|mA - mB)/σ   als kleiner Effekt ≥ .20, mittlerer Effekt ≥ .50, großer Effekt ≥ .80.

(relatedness) (Rohlfs 2011, S. 98; Jeno et al. 2019, S. 671; Neumann 2019, S. 105 f.).
Für das Kompetenzerleben in der Schule eignen sich nach Wilde et al. (2009, S. 33)
unter Rückbezug auf Ryan und La Guardia (1999) herausfordernde Aufgaben, die
etwas über dem Kompetenzniveau der Lernenden liegen und so die intrinsische
Motivation fördern. Das Autonomieerleben berücksichtigt in besonderem Maße
das Bedürfnis nach Selbstbestimmung, sodass Handlungen aus eigenem Antrieb
verfolgt werden und beispielsweise Schüler:innen eine eigenständige Auseinandersetzung mit dem Lerngegenstand ermöglicht wird (Wilde et al. 2009, S. 33).
„Insbesondere außerschulische Lernorte bieten eine Fülle von Möglichkeiten,
Schüler an selbstbestimmtes Handeln heranzuführen" (ebd.). Sogenannte soziale
Milieus (z. B. Lernumgebungen), in denen sich eine Person eingebunden, akzeptiert und wertgeschätzt fühlt, fördern die intrinsische Motivation im Sinne der sozialen Eingebundenheit (Rohlfs 2011, S. 98).

Für das Lernen mit digitalen Medien im MOL existieren diverse, meist internationale Studien, die die Motivation als eine Untersuchungsvariable identifizieren. Daher können Meta-Studien einen Überblick über die potentielle Motivationsförderung im ML geben. Sung et al. (2016, S. 257) ermitteln in ihrer Meta-Studie, dass
die Motivation in Lernumgebungen des ML mit einer Effektstärke von g = .43[4] das
Lernen mit mobilen Endgeräten positiv beeinflusst. Ihre Analysen beruhten dabei
auf 22 Studien des ML, aus denen die mittlere Effektstärke der Motivation abgeleitet wurden. Die Autoren (ebd., S. 263) führen an, dass die motivationalen Effektstärken beim Lernen mit mobilen Endgeräten in Outdoor-Umgebungen, also
dem MOL, höher ausfallen als in traditionellen ML-Umgebungen. Zum Teil führen
sie dies auf die meist informell stattfindenden Lernangebote zurück, die sich vom
klassischen räumlichen Schulumfeld unterscheiden: „Students are keen to go outside or to a museum to learn, and combining this with the use of novel learning
tools can facilate learners' motivation" (Sung et al. 2016, S. 263).
Diacopoulos und Crompton (2020, S. 11) untersuchten unter anderem den Einfluss
von „Engagement" im ML mit besonderem Schwerpunkt auf gesellschaftswissen-
schaftliche Unterrichtsfächer (hier: social studies), die die Geographie ihrer Auffassung nach explizit inkludieren. Dabei ist zu berücksichtigen, dass das Konstrukt
Engagement als Bestandteil und Einflussgröße der Motivation aufgefasst werden
kann (Sailer, Homner 2020, S. 85). Die untersuchten geographischen Studien zeich-
net ein hoher Ortsbezug der Untersuchungssettings aus, da 80 % der Studien ML
auf Exkursionen, also im MOL durchgeführt worden sind (Diacopoulos, Crompton

---

[4] Effektgröße Hedges g mit kleinen Effekten bei g ≥ .2; mittleren Effekten bei g ≥ .5 und großen Effekten
bei g ≥ .8.

2020, S. 5). Insbesondere MOL-Lerneinheiten, die Gamification-Elemente enthalten, scheinen laut den Autor:innen (ebd., S. 11) das Engagement bzw. die Motivation zu erhöhen.

Daran anknüpfend lässt sich die Meta-Analyse zu den Potentialen von Serious Games von WOUTERS et al. (2013, S. 249) anführen, die zur Erkenntnis gelangt, dass digital gestützte Lernumgebungen, die spielerische Elemente enthalten, aber im Wesentlichen zu bildenden und nicht unterhaltenden Zwecken konzipiert sind, statistisch nicht signifikant motivierender als konventionelle Lernzugänge angesehen werden können. SAILER und HOMNER (2020, S. 92) gelangen zum Teil zu komplementären meta-gestützten Ergebnissen und ermitteln, dass Serious Games mit einer Effektstärke von g = .36 die Motivation positiv beeinflussen. Im Hinblick auf die Ergebnisse WOUTERS et al. (2013) führen SAILER und HOMNER (2020, S. 83) an, dass vorherige Meta-Analysen oftmals methodische Mängel aufgewiesen haben, die in ihrer Analyse behoben wurden. Beispielsweise inkludierten die Autor:innen (2020, S. 83) nur quasi- und experimentelle Studien, die mindestens mit einem Pre-Post-Design und mehreren Messzeitpunkten arbeiten. Zudem lässt sich an dieser Stelle darauf hinweisen, dass sich die technologischen Möglichkeiten für das Lernen im MOL und mit Serious Games weiterentwickelt hat (z. B. durch gesellschaftliche Verbreitung von Smartphones) und daher Ergebnisunterschiede zwischen verschiedenen Autor:innen auftreten können. Anhand ausgewählter untersuchter Faktoren können indes zentrale Schlüsse für die Gestaltung eigener Lernumgebungen abgeleitet werden. So konnten bei Verwendung kompetitiv-kollaborativer Lernformate die signifikant größten Potentiale zur Motivationsförderung festgestellt werden (SAILER, HOMNER 2020, S. 96). Auch ein Wechsel zwischen aktiven und passiven Phasen der Lernenden führte auf Grundlage der Analyse zu höheren Motivationswerten beim Lernen mit integrierten Gamification-Elementen (ebd.). Der Wechsel aus aktiv konstruktiven und instruierenden Phasen als Eigenschaft der Lernumgebung deckt sich demnach mit den vorangegangenen Ausführungen zur Schüleraktivität innerhalb der Exkursionsdidaktik für die Gestaltung von Lerneinheiten (Kap. 2.1.2).

Neben der vorangegangenen Analyse von Meta-Studien für einen generellen Überblick zu den motivationsfördernden Potentialen mobiler ortsbezogener bzw. spielbezogenen Lernumgebungen, werden an dieser Stelle ausgewählte empirische Einzelstudien im MOL aufgeführt, die sich maßgeblich in der Geographie- und Biologiedidaktik verorten lassen.

SCHAAL (2016) untersuchte innerhalb des Projekts BioDiv2Go das spielbezogene Enjoyment von Schüler:innen für das biologiedidaktische Smartphone Spiel „Finde Vielfalt" mit Schüler:innen zwischen der sechsten und elften Jahrgangsstufe (N = 206). Die Ergebnisse der Educational Design Research Studie zeigen, basierend auf verschiedenen Interviews, Tests und teilnehmenden Beobachtungen, dass das verwendete Geogame unter anderem das Interesse der Proband:innen an der Natur steigern kann (ebd., S. 98 f.). Die Motivation wurde im Rahmen der Studie, unter Berücksichtigung der Selbstbestimmungstheorie und geeigneter Messinstrumente (IMI und KIM), als Teil des spielbezogenen Enjoyments aufgefasst. Insgesamt konnte mithilfe des Geogames das spielbezogene Enjoyment gefördert und als „bedeutsamer Mehrwert" (ebd., S. 99) beim Lernen bezeichnet werden. Gemäß der Ergebnisse Schaals existieren zudem signifikante Korrelationen zwischen dem wahrgenommenen Enjoyment und der Zunahme an Naturwertschätzung im Verlauf der Intervention (ebd., S. 90). Zudem bestätigt die Autorin (ebd., S. 103), dass sich schlechtes Wetter und technische Probleme beim Arbeiten mit mobilen Endgeräten beim MOL negativ auf die Spielfreude der Lernenden ausgewirkt haben.

Schneiders (2018) Dissertation griff die Erkenntnisse Schaals (2016) auf und befasste sich mit den Potentialen ortsbezogener, digitaler Spiele zur Förderung der Naturverbundenheit in der BNE aus dem Blickfeld der Biologie. Darin verglich der Autor das Lernen mit dem von Schaal (2016) genutzten mobilen Simulationsspiel („Finde Vielfalt") für Smartphones mit der App Actionbound, die ebenfalls Gamification-Elemente enthält, bei Schüler:innen verschiedener Jahrgangsstufen und Schulformen (N = 339). Der wesentliche Unterschied im Aufbau der verglichenen Lerneinheiten bestand darin, dass „Finde Vielfalt" zum Abschluss eine komplexe Simulationsaufgabe beinhaltete. Schneider (2018, S. 89) gelangt basierend auf Teilskalen des eingesetzten KIM-Fragebogens zur Erkenntnis, dass beide Lernumgebungen des MOL zu hohen Motivationswerten bei den Proband:innen geführt haben und statistisch keine signifikanten Unterschiede zwischen der Experimental- und Vergleichsgruppe zu ermitteln sind.

In drei verschiedenen Naturparks (wetland, prairie grassland und indoor tropical garden) untersuchten Crawford et al. (2016, S. 10) die Wirkung einer appgestützten Exkursion im Vergleich zu einer personengeleiteten Überblicksexkursion sowie einem nicht didaktisch aufbereiteten Parkaufenthalt als Kontrollgruppe (N = 747). Hinsichtlich der Variable „Spaß" gelangt die Studie zur Erkenntnis, dass die appgestützte Exkursion bei den Schüler:innen zwischen 9 und 14 Jahren zu signifikant mehr Spaß gegenüber den anderen Interventionsgruppen an allen drei Exkursionsorten geführt hat (ebd., S.14). Die Variable Spaß stellt dabei lediglich ein verwandtes Konstrukt der Motivation dar und ist beispielsweise in der in dieser Arbeit eingesetzten KIM in Items der Subskala Interesse/Vergnügen integriert. Die Autor:innen (ebd., S. 17) sehen die untersuchte Variable als eine Grundvoraussetzung für das Umweltengagement von Schüler:innen an, für dessen Förderung digital gestützte Lernumgebungen entsprechende Potentiale zu bieten scheinen.

Im Rahmen einer Intervention im Geographieunterricht untersuchten Kremer et al. (2013) anhand einer kleinen Stichprobe (N = 28) die Unterschiede verschiedener affektiver Variablen (u. a. Motivation, Navigationsverhalten) zwischen dem Geo-game CityPoker für Smartphones und einer Überblicksexkursion bei Schüler:innen. An je fünf Standorten erkundeten die Teilnehmenden den Untersuchungsraum entweder erst über das Geogame und anschließend fünf weitere Standorte in Form einerÜberblicksexkursion oder andersherum. Die Überblicksexkursion wird im Artikel von KREMER et al. (2013) nicht weiter spezifiziert und wurde von Studie-renden der Universität Augsburg geleitet. Basierend auf der Selbstbestimmungs-theorie nach DECI und RYAN (2000, 2002) konnten anhand des eingesetzten KIM-Fragebogens keine signifikanten motivationalen Unterschiede zwischen dem Ge-ogame und der Überblicksexkursion festgestellt werden. Lediglich bei zwei der zwölf Items lassen sich innerhalb der Sub-Skalen des KIM-Fragebogens leicht sig-nifikante Unterschiede aufzeigen, deren Aussagekraft jedoch aufgrund der gerin-gen Stichprobenzahl relativiert werden muss. Beim Geogame verspürten die Pro-band:innen bei einem Item mehr Wahlfreiheit über ihren Lernverlauf („In the excursion / CityPoker game, I was able to choose how to do it“) und mehr Druck („In the exkursion / CityPoker game, I felt tense“) als bei der Überblicksexkursion. FEULNER (2020) griff die Erkenntnisse von KREMER et al. (2013) im Rahmen ihrer Dis-sertation als Vorstudie auf und untersuchte weiterführend verschiedene Eigen-schaften des Geogames CityPoker im MOL. Auf Grundlage der von ihr eingesetzten Messinstrumente (KIM- und PENS-Fragebogen) gelangt sie zur Erkenntnis, dass die Motivation bei Schüler:innen durch das von ihr eingesetzte Geogame im MOL ge-fördert werden kann. (ebd., S. 429) Auch die mit einzelnen Teilnehmer:innen und Gruppen geführten qualitativen Interviews stützen diese Erkenntnis (ebd., S. 337-341).

RUCHTER et al. (2010, S. 1060) ermittelten in einer Interventionsstudie zwischen ei-ner mobil gestützten Exkursion (PDA und GPS-Gerät), einer personengeleiteten Frontalexkursion und analog gestützten, materialbasierten Exkursion, dass das analog gestützte Format bei Erwachsenen (N = 76) zu einer signifikant höheren Motivation im Vergleich zur digital gestützten Variante führt. Die personengelei-tete Exkursion lässt sich motivational zwischen den beiden Vergleichsgruppen an-ordnen. Bei der Durchführung der Exkursionseinheiten mit im Durchschnitt elfjäh-rigen Kinder konnten hingegen keine signifikanten motivationalen Unterschiede ermittelt werden.

HUIZENGA et al. (2009) entwarfen ein mobiles ortsbezogenes Spiel, das sich auf in-haltlicher Ebene mit der historischen Stadtentwicklung Amsterdams auseinander-setzt und dessen Durchführung quasi-experimentell mit projektbasiertem Unter-richt verglichen wurde. Bei der Gesamtstichprobe von 458 Schüler:innen (Durch-schnittsalter 13 Jahre) konnten zwischen Experimental- und Vergleichsgruppe, entgegen der formulierten Hypothesen, keine signifikanten Unterschiede hinsicht-lich der Motivation gefunden werden. Die Autor:innen (ebd., S. 339) begründen dies unter anderem mit technischen Problemen, die die Motivation einiger Exkursionsgruppen beeinflusst haben könnten. Zudem könnte die kurze Interventionsdauer (ein Exkursionstag) ein weiterer Grund für die Messwerte mit geringen Merkmalsausprägungen gewesen sein (ebd., S. 341).

2.4.2 Vermittlung von Wissen im mobilen ortsbezogenen Lernen

„Ein wesentliches Ziel der Forderung nach einem verstärkten Einsatz digitaler Medien im Unterricht ist die Erwartung, dass sie zu einer Verbesserung des schulischen Lernens beitragen" (SCHAUMBURG 2018, S. 27).
Aufgrund der Fülle an Studien und des hohen Erkenntnisinteresses zur Lernwirksamkeit von digitalen Medien, wie es auch im angeführten Zitat deutlich wird, bilden Meta-Analysen eine wichtige Methodik, um die Ergebnisse einzelner Studien systematisch zu erfassen und Effekte beurteilen zu können (SCHAUMBURG, PRASSE 2019, S. 215). SCHAUMBURG (2018, S. 27 f.) ergänzt unter anderem folgende Vorteile von Meta-Analysen zur Beurteilung von digitalen Medien:
Verknüpfung von Einzelfallanalysen mithilfe statistischer Methoden (z. B. Effektstärke), Einbeziehen von Zeitschriften und „grauer Literatur" wie Doktorarbeiten, Subjektiv wahrgenommene Kompetenzgewinne werden ausgeschlossen, da lediglich Studien mit Vergleichs- oder Kontrollgruppen berücksichtigt werden, Berücksichtigung internationaler Forschungsergebnisse.
Daher werden an dieser Stelle zu Beginn Meta-Analysen zur Beurteilung der Eignung des MOL zur Wissensvermittlung angeführt, die anschließend durch die Erkenntnisse einzelner Fallstudien ergänzt werden.

Die Meta-Studie von SUNG et al. (2016) analysierte 110 experimentelle und quasi-experimentelle Studien im Zeitraum von 1993 bis 2013. Dabei ermitteln sie eine durchschnittliche Effektstärke von g = .52 für den Einfluss mobiler Endgeräte auf den Lernzuwachs von Proband:innen (ebd., S. 252). Viele der aufgeführten Studien verwendeten, durch ihr Alter und den technologischen Fortschritt bedingt (DIACOPOULOS, CROMPTON 2020, S. 1), sog. Handhelds, die als Vorgänger von Tablets zu beschreiben sind. In der Analyse wurden demnach lediglich acht Studien mit Tablets aufgegriffen, bei denen ein Effekt von g = .62 des digitalen Mediums auf den Lernzuwachs ermittelt wurde. Im Kontext dieser Arbeit ist besonders die nachgewiesene Effektstärke von g = .76 für das Lernen mit mobilen Endgeräten im Gelände interessant, sodass für das digital gestützte Lernen auf der geplanten Exkursionseinheit von einem Wissenszuwachs auszugehen ist (SUNG et al. 2016, S. 258). Auch bei Interventionen von einer Dauer von bis zu vier Stunden ist gemäß den Ergebnissen von mittleren Effektstärken zur Förderung des Wissenszuwachses auszugehen (g = .52). Des Weiteren deuten die Ergebnisse der Analyse darauf hin, dass eine schülerorientierte Arbeit mit den verschiedenen mobilen Endgeräten höhere

Effekte als lehrerzentrierte Ansätze hervorbringen. Ergänzend vermutet Schaumburg (2018, S. 27), basierend auf ihrer Durchsicht verschiedener Meta-Studien, dass konstruktivistisch orientierte Unterrichtsarrangements mit digitalen Medien (nicht nur im MOL) höhere Lernzuwächse ermöglichen können. Zusammenfassend für die ermittelten Potentiale für das Lernen mit mobilen Geräten formulieren Sung et al. (2016, S. 257): „69.95 % of learners using a mobile device performed significantly better in dependet variables related with cognitive achievement than those not using mobile devices".

Eine aktuelle Meta-Studie zu den Effekten MLs lieferte Talan (2020). Nach einer Analyse von 104 internationalen, empirischen Studien der Jahre 2009 bis 2019, bei denen Treatments des MLs eingesetzt wurden, kann eine hohe Effektstärke von g = .85 zwischen eingesetzten mobilen Lerneinheiten und dem Lernzuwachs der Teilnehmenden nachgewiesen werden (ebd., S. 87). Die positiven Lerneinflüsse des ML sind durchgängig in Grund- und weiterführenden Schulen sowie im universitären Kontext mit hohen Effektstärken messbar. Zudem eröffnen gemäß den Messergebnissen auch Studien, die über kurze Treatments verfügen (< 4h), eine hohe Steigerung der Lernzuwächse (g = .89) (ebd., S. 89), sodass die Effekte langfristig angelegter Studien (z. B. 1-4 Wochen) sogar überstiegen wurden. Durch den vorherrschenden Dualismus der Geographie als Fachdisziplin ist in Talans Studie (ebd.) nicht trennscharf zu erkennen, ob diese den Unterrichtsfächern „Science" (g = .71) oder „Social Sciences" (g = 1.02) zuzuordnen ist. Trotzdem sind die Effektstärken bzgl. des Lernzuwachses in beiden Kategorien als starke Zusammenhänge zu kennzeichnen, sodass sich auf Grundlage der Erkenntnisse der Studie Talans (2020) vermuten lässt, dass ML in der Geographie, auch in kurzen Treatments, in allen Bildungsstufen zu hohen Lernzuwächsen führen kann.

Die Systematic Review von Diacopoulos und Crompton (2020) fokussierte differenzierend ebendiese Social Studies des ML in weiterführenden Schulen, die den Geographieunterricht explizit inkludieren. Fünfzehn der 32 untersuchten Artikel entstammten dabei der Geographie, die damit den größten Fachanteil der untersuchten Studien einnahm. Zudem können mehr als die Hälfte der analysierten geographischen Lerneinheiten dem MOL zugeordnet werden (ebd.: 5). Neben quantitativen experimentellen und quasi-experimentellen Studien fanden auch qualitative Untersuchungen sowie Mixed-Methods Studien eine Berücksichtigung. Die Ausführungen von Diacopolous und Crompton (2020, S. 11) legen, unter anderem aufgrund der Häufigkeit von empirischen Studien, nahe, dass der Geographieunterricht im Vergleich zu anderen Unterrichtsfächern prädestiniert zu sein scheint, Lerneinheiten im MOL mit Schüler:innen durchzuführen.

Sailer und Homner (2020) widmeten ihre Analyse dem Lernen mit Serious Games bzw. mit Gamification-Elementen. Sie gelangen zur Erkenntnis, dass kompetitive Serious Games sich, ähnlich wie bei der Motivation, dazu eignen, Lernzuwächse zu fördern. Gemäß ihrer Analyse wirken sich auch Treatments von einem Tag oder

weniger hoch signifikant auf kognitive Lerneffekte aus und sind innerhalb schulischer Settings hoch signifikant förderlich (g = 1.12) (SAILER, HOMNER 2020, S. 95). Die
Autor:innen ermitteln, dass Lernzuwächse mit Serious Games sowohl innerhalb
experimenteller als auch quasi-experimenteller Studiendesigns höchst signifikant
sind und sich auch eigens erstellte Testinstrumente für die Messung von Wissen
eignen (ebd.).
HWANG und CHANG (2016) verglichen in ihrer Fallstudie (N = 57) die Einflüsse spielbezogener Elemente im MOL auf den Lernzuwachs sowie die Förderung verschiedener affektiver Varia-blen (z. B. kulturelle Identifikation). Die mit Schüler:innen
der fünften Jahrgangsstufe durchgeführten Lerneinheiten behandelten „local cultural activities", die nicht näher spezifiziert werden, aber mitunter auch Bestandteil einer geographischen Bildung sein können (ebd., S. 1220). Dabei konstatieren
sie, dass die Experimentalgruppe, die eine kompetitive digital gestützte Exkursion
mit Gamification-Elementen absolvierte, gegenüber der Vergleichsgruppe, die
ebenfalls digital gestützt über Tablets geleitet wurde, einen geringeren Cognitive
Load beim Lernen aufgewiesen hat. Dies begründen sie damit, dass die Experimentalgruppe innerhalb ihres Lernprozesses über unmittelbares Feedback durch den
spielbezogenen Ansatz des MOL verfügte (ebd., S. 1229). Auch gemäß der Meta-
Studie von HATTIE (2014, S. 206 f.) ist Feedback ein zentraler Einflussfaktor für schulisches Lernen mit einem Wert von d = .73, wodurch die angeführte Vermutung
von HWANG und CHANG (2016, S. 1220) unterstützt werden kann. Für eine vertiefende Ausein-andersetzung, zum Beispiel im Hinblick verschiedener Arten von
Feedback und deren Wirkweisen, empfiehlt sich HATTIE (2014, S. 206-211). Auch
im Hinblick auf den Einsatz von Serious Games, wie der später eingesetzten App
Biparcours, bei denen weniger das Spiel selbst, sondern die Vermittlung von Wissen mit Gamification-Elementen im Mittelpunkt steht, lassen sich laut der Meta-
Analyse von WOUTERS et al. (2013, S. 258) signifikant größere Wissenszuwächse im
Vergleich zu konventionellen Medien und Methoden feststellen (d = .29).

Neben den Meta-Analysen werden im Folgenden weitere Einzelstudien im Kontext
des explizit geographisch geprägten MOL angeführt. Dabei ist explizit darauf hinzuweisen, dass die dargestellten Studien jeweils ihren speziellen Ausgangsbedingungen unterliegen (z. B. Forschungsprojekte, Lehr-/ Lernumgebung), daher oftmals nur bedingt miteinander vergleichbar sind und keine generalisierbaren
Schlussfolgerungen zulassen.
In ihrer quasi-experimentellen Interventionsstudie mit Pre- und Post-Test verglichen RUCHTER et al. (2010) das Lernen mit mobilen Endgeräten mit zwei traditionellen exkursionsdidaktischen Ansätzen (geführte Frontalexkursion; broschüren-
geleitete Exkursion). Insgesamt partizipierten 185 Schüler:innen (durchschnittlich
11 Jahre alt) und 76 Erwachsene in der Studie im Forschungsfeld der Umweltbildung. Die Experimentalgruppe arbeitete mit einem PDA, einer damaligen Variante

eines kleinen Tablets, in Kombination mit einem externen GPS-Gerät. Verglichen wurde dieser Ansatz mit einer analog aufbereiteten Exkursionsführung, bestehend aus diversen Karten, Abbildungen und Texten. Die dritte Gruppe absolvierte eine personengeleitete Exkursion, bei der die Exkursionsleitung an ausgewiesenen Standorten mündliche Vorträge hielt. Die Ergebnisse von Ruchter et al (2010, S. 1058) zeigen, dass die teilnehmenden Schüler:innen signifikante Zuwächse an Wissen infolge der Exkursionen verzeichnen, jedoch keine Unterschiede zwischen den verschiedenen methodischen Anlagen der Lerneinheiten hinsichtlich des Wissenszuwachses existieren. Zudem besitzen das Alter der teilnehmenden Kinder sowie die Schulform signifikante Einflüsse auf den gemessenen Wissenszuwachs (ebd.). Auch bei den Erwachsenen konnten in jeder der Treatmentgruppen absolute, signifikante Lernzuwächse festgestellt werden, allerdings ebenfalls keine signifikanten Unterschiede zwischen den Treatmentgruppen (ebd., S. 1059 f.).

Huizenga et al. (2009, S. 339) ermittelten einen signifikant stärkeren Wissenszuwachs bei ihrer Experimentalgruppe (digital gestützte Exkursion) gegenüber projektbasiertem Unterricht hinsichtlich der historischen Stadtentwicklung Amsterdams. Die in der quasi-experimentellen Studie (N = 458) ermittelte Effektstärke kann dabei als groß (d =.62) eingeschätzt werden. Dabei beobachteten die Autor:innen (ebd., S. 340) zudem, dass ältere Schüler:innen (z. B. Oberstufe) größere Wissenszuwächse aufweisen konnten als jüngere Teilnehmende.

Eine äußerst aktuelle Studie zu den Potentialen des MOL in Geogames lieferte Feulner (2020). Ihre Arbeit setzte sich das Ziel, in einem DBR-Ansatz mehr „Wissen über die Wirkungsweisen und Einsatzmöglichkeiten von Geogames" (ebd., S. 4) für den Geographieunterricht zu generieren. In einer Vorstudie von Kremer et al. (2013) wurde unter anderem eine kleine Stichprobe (N = 28) im Anschluss an eine Lerneinheit mit einem Geogame bzw. einer personengeleiteten Überblicksexkursion nach ihren subjektiv eingeschätzten Lernzuwächsen befragt. Das MOL wurde indes als positiv zur Generierung von Wissen bewertet (ebd., S. 2). Auch Feulner (2020, S. 331) gelangt auf Grundlage von Einzel- und Gruppeninterviews zur Erkenntnis, dass ihr verwendetes Geogame dem Wissenserwerb dienen kann. Dies umfasst sowohl explizites als auch implizites Wissen, deren Erwerb durch die von ihr formulierten Gestaltungsempfehlungen intensiviert werden kann (ebd., S. 390).

Bengel und Peter (2023) wählten in ihrer Studie einen eher quantitativ dominierten Forschungsansatz, in dem die Effekte einer Lernumgebung des MOL mit Einflüssen des spielbasierten Lernens hinsichtlich der Ausbildung von Wissen zur Biodiversität und der persönlichen Einstellung von Proband:innen zum Thema untersucht wurden. Dabei wurde die Experimentalgruppe im MOL mit einer Kontrollgruppe ohne Treatment verglichen (N = 94). Insbesondere der Einfluss von personenbezogenen Merkmalen der Schüler:innen wie der Einstellung zu digitalen Medien, des Alters oder des Geschlechts auf den Wissenszuwachs sollten mithilfe der Studie ergründet werden. Die Autor:innen gelangen auf Grundlage ihrer statistischen Analyse zur Erkenntnis, dass die MOL Lernumgebung Wissen zur Biodiversität bei den Schüler:innen fördert und dieses Wissen auch acht Wochen nach der Intervention, mit geringem, nicht-signifikanten Rückgang, abrufbar ist (ebd., S. 8). Ein Messwert des Wissensstandes zum Testzeitpunkt des Follow-Up-Tests liegt in der Studie lediglich für die Experimental- und nicht für die Kontrollgruppe ohne Exkursion vor. Verschiedene Regressionsanalysen zeigen zudem, dass die erhobenen persönlichen Faktoren der Schüler:innen keinen Einfluss auf den Wissenszuwachs innerhalb der Studie besitzen. Die beiden Autor:innen (ebd., S. 12 f.) führen als Limitationen der Studie beispielsweise die geringe Stichprobenanzahl oder die Beschränkungen des Testinstruments aufgrund von Single-Choice Items an.

2.4.3 Zentrale Implikationen des Forschungsstands

Auf Grundlage des dargestellten Forschungsstands des MOL lassen sich einige Folgerungen für das eigene Forschungsvorhaben ableiten, die das vorliegende Forschungsdesiderat konkretisieren:

Innerhalb der deutschsprachigen Geographiedidaktik existieren bislang nur äußerst begrenzte quantitative Studien zur Untersuchung der Potentiale von MOL-Lernumgebungen (BENGEL, PETER 2023), da bisherige Arbeiten eher einer konzeptionellen Methodik entsprechen (z. B. Hiller et al. 2019) oder explorative, qualitativ dominierte Forschungsarbeiten sind (FEULNER 2020).

Von internationalem Interesse sind insbesondere Forschungen, die sich mit den Potentialen des MOL im Hinblick auf die Motivationsförderung und die Vermittlung von Wissen beschäftigen (DIACOPOULOS, CROMPTON 2020, S. 12).

Als gängige Vorgehensweise für Studien im MOL werden oftmals Interventionsdesigns gewählt, die jedoch häufig das MOL im Exkursionsgelände mit herkömmlichem Klassenunterricht (Huizenga et al. 2009) bzw. mit personengeleiteten Exkursionsformen (RUCHTER et al. 2010; KREMER et al. 2013) vergleichen.

Auffällig ist im Kontext des MOL ist zudem, dass Studiendesigns häufig quasi-experimentell angelegt sind und meist auf bestehende Klassen- oder Kursverbände, entgegen einer vollständigen Randomisierung der Proband:innen, zurückgegriffen wird.

Im Rahmen quantitativer Studien im MOL kritisieren unter anderem RUCHTER (2010, S. 1062) und DÖRING und MOHENSI (2018, S. 9) zudem, dass zur empirischen Untersuchung digital gestützter Lernumgebungen häufig Kontrollgruppen- oder Längsschnittstudien fehlen, die auch mittel- und langfristige Lerneffekte mit Referenzgruppen vergleichen.

Die bisher verglichenen Lernumgebungen unterscheiden sich insbesondere stark im Hinblick auf die Schüleraktivität. Bisweilen haben lediglich bei HILLER et al. (2019) und FEULNER (2020) explizit exkursionsdidaktische Leitideen und Methoden

(z. B. konstruktivistische Lernansätze) der Geographiedidaktik einen expliziten Aufgriff im empirischen MOL erfahren.

Aufgrund der skizzierten defizitären Befundlage können die Potentiale des MOL im Geographieunterricht, insbesondere im Hinblick auf den Wissenserwerb und die Motivationsförderung, bisweilen nicht zufriedenstellend beurteilt werden. Bisher ist beim MOL keine Studie bekannt, die eine digital gestützte Exkursion mit einer identisch geplanten analog gestützten Exkursion (u. a. hinsichtlich des fachlichen Inputs, der Exkursionsroute, der Arbeitsaufträge sowie der Schüleraktivität) vergleicht. Daher soll in der vorliegenden Arbeit ein entsprechender Fokus, unter Berücksichtigung der verschiedenen Charakteristika des Forschungsdesiderats, verfolgt werden. Da die untersuchten Studien des MOL zudem oftmals lediglich von „knowledge" (Wissen) als Untersuchungsschwerpunkt sprechen und dieser nicht weiter spezifiziert wird, wird in dieser Studie das Fachwissen[5] als geographiedidaktischer Kompetenzbereich (DGFG 2020, S. 10) zur vertieften Analyse und Spezifizierung ausgewählt.

---

[5] Eine inhaltliche Einführung in den Kompetenzbereich Fachwissen und seine Messung findet im Rahmen der Erstellung des zugehörigen Testinstruments der Studie in Kapitel 5.4.1 statt.

3 Fachwissenschaftliche Grundlagen der Klimaanpassung

Im Rahmen der geplanten Interventionsstudie im Forschungsfeld des MOL ist die Auswahl eines geeigneten fachwissenschaftlichen Schwerpunkts essenziell. Unter anderem GRAULICH et al. (2021, S. 16), WANKMÜLLER et al. (2022, S. 79) sowie SCHMALOR et al. (2022, S. 96) identifizieren die Klimaanpassung an die Folgen des Klimawandels als ein vielversprechendes Thema für MOL-Lernumbungen. Für die spätere Gestaltung eigener Lerneinheiten zur Klimaanpassung an Extremwetterereignissen und der verbundenen didaktisch-methodischen Aufbereitung ist es notwendig, eine dezidierte Klärung der fachlich relevanten Inhalte im Rahmen einer Sachanalyse vorzunehmen (ENGELHARD, OTTO 2015, S. 328). Daher werden zu Beginn von Kapitel 3 die fachlichen Grundlagen der Klimaanpassung an Extremwetterereignisse differenziert erläutert. Dazu ist es zu Beginn grundlegend notwendig, die Relevanz der Klimaanpassung, unter Berücksichtigung der zentralen Schlüsselbegriffe (z. B. als Abgrenzung zum Klimaschutz), zu begründen (Kap. 3.1). Im Anschluss wird eine kurze Einführung in die fachlichen Grundlagen, Ursachen sowie Folgen des Klimawandels gegeben (Kap. 3.2). Zudem bildet das Stadtklima mit seinen spezifischen Eigenschaften (u. a. städtischen Wärmeinsel) einen wichtigen Schwerpunkt der Sachanalyse (Kap. 3.3), indem zentrale klimatische Eigenschaften der Raumstruktur Stadt aufgeführt werden, die einen Einfluss auf die Umsetzung sowie Wirksamkeit einer Klimaanpassung besitzen. Im Rahmen der Ausführungen zu den Folgen des Klimawandels erfolgt eine Beschränkung auf die für urbane Räume und in Deutschland relevanten Ausprägungen in Form der Extremwetterereignisse Hitze und Starkregen (Kap. 3.4). Anschließend werden konkrete Anpassungsmaßnahmen von Städten an die Extremwetterereignisse Hitze und Starkregen in Städten dargestellt, die auch innerhalb der eigenen unterrichtspraktischen Exkursionsplanungen aufgegriffen werden sollen (Kap. 3.5). Zum Abschluss der fachwissenschaftlichen Auseinandersetzung wird in Kapitel 3.6 die Eignung der Klimaanpassung als geeigneter Inhalt einer Lernumgebung im MOL vor dem Hintergrund der fachwissenschaftlichen Analyse begründet. Der Aufgriff des Lerngegenstands der Klimaanpassung in Bildungskontexten wird innerhalb des Kapitels zudem im Kontext der Climate Change Education (dt. Klimabildung) eingeordnet.

3.1 Relevanz der Klimaanpassung und zentrale Schlüsselbegriffe

Extremwetterereignisse in Form von Hitze und Starkregen sind in Deutschland bereits derzeit regelmäßig auftretende Folgen des Klimawandels, deren Auswirkungen sich insbesondere in Städten konzentrieren und zukünftig noch häufiger und intensiver auftreten werden (IPCC 2021A, S. SPM-33). Daher muss sich die Gesellschaft auf ein Leben mit den eintretenden Folgen des Klimawandels einstellen. Auch durch ihre hohe Bevölkerungsdichte sind Städte dabei besonders gegenüber Extremwetterereignissen vulnerabel (LOZAN et al. 2019, S. 12 f.). So lassen sich in

Deutschland beispielsweise die durch Starkregen ausgelösten Überschwemmungen im Juli 2021 (WORLD WEATHER ATTRIBUTION 2021, S. 1) oder die Hitzewelle 2018 mit über 20.000 nach Modellrechnungen ermittelten Todesopfern (WATTS et al. 2021, S. 136) als rezente und intensive Extremwetterereignisse mit weitreichenden Folgen anführen. Für die fachliche Analyse der Klimaanpassung sind verschiedene Begriffsdefinitionen von Relevanz, die in der folgenden Tabelle 3 aufgeführt werden.

Tab. 3 | Zentrale, im Kontext der Klimaanpassung verwendete Begriffe (nach IPCC 2013/2014, S. WGII-5).

Vulnerabilität (Verwundbarkeit): Die Neigung oder Prädisposition, nachteilig betroffen zu sein. Vulnerabilität umfasst eine Vielzahl von Konzepten und Elementen, wie unter anderem Empfindlichkeit oder Anfälligkeit gegenüber Schäden und die mangelnde Fähigkeit zur Bewältigung und Anpassung.

Resilienz (Widerstandsfähigkeit): Die Fähigkeit von sozialen Wirtschafts- oder Umweltsystemen, ein gefährliches Ereignis bzw. einen Trend oder eine Störung zu bewältigen und dabei derart zu reagieren bzw. sich zu reorganisieren, dass ihre Grundfunktion, Identität und Struktur erhalten bleiben und sie gleichzeitig die Fähigkeit zur Anpassung, zum Lernen und zur Transformation bewahren.

Exposition: Das Vorhandensein von Menschen, Existenzgrundlagen, Arten bzw. Ökosystemen, Umweltfunktionen, -leistungen und -ressourcen, Infrastruktur oder ökonomischem, sozialem und kulturellem Vermögen in Gegenden und Umständen, die von negativen Auswirkungen betroffen sein können.

Risiko: Risiko wird häufig als Wahrscheinlichkeit des Auftretens gefährlicher Ereignisse oder Trends multipliziert mit den Folgen bei Eintreten dieser Ereignisse oder Trends dargestellt. Risiko resultiert aus der Wechselwirkung von Verwundbarkeit, Exposition und Gefährdung.

Das Intergovernmental Panel on Climate Change (IPCC), als zentraler Akteur und Institution der Klimawandelforschung, konstatiert, dass die Auswirkungen des Klimawandels unabwendbar sind und für viele Jahrhunderte bestehen bleiben — auch wenn die derzeitigen Treibhausgasemissionen sofort gestoppt werden würden (IPCC 2023, S. 33). Daher hat sich zur Auseinandersetzung und Bewältigung der Folgen des Klimawandels eine zweigeteilte Strategie in Wissenschaft und Politik, bestehend aus Klimaschutz (Mitigation) und Klimaanpassung (Adaption), etabliert (MARX 2017, S. 7).

Das maßgeblich übergeordnete Ziel des Klimaschutzes ist die Reduktion des menschlichen Einflusses als Ursache des Klimawandels. Dabei ist besonders die Verringerung von Treibhausgasemissionen von zentraler Bedeutung (GLASER et al. 2020, S. 1154). Als Sektoren, in denen Emissionen zugunsten der Mitigation eingeschränkt werden können, zählen unter anderem die Energiewirtschaft, die Landwirtschaft und das Verkehrswesen (SCHÖNWIESE 2019, S. 112). Die jüngste und derzeitig aktive Vereinbarung der Mitigation ist das Pariser Klimaschutzabkommen 2015, das auf den Meilensteinen der UN-Klimarahmenkonvention 1992 und dem Kyoto-Protokoll 2005 aufbaut. Im Pariser Abkommen vereinbarten die Unterzeichner als langfristiges Ziel die Begrenzung der globalen Durchschnittstemperatur auf unter 2 °C gegenüber dem vorindustriellen Niveau (MARX 2017, S. 8). Dabei ist die Pariser Vereinbarung zudem als dynamisches Abkommen konzipiert, das sich an aktuelle Entwicklungen des Klimawandels anpassen lassen soll (BERGER et al. 2018, S. 341). In Deutschland konkretisiert die Bundesregierung im Klimaschutzplan 2050 (BMU 2016) ihre zentralen Klimaschutzstrategien für eine Beschränkung des globalen Temperaturanstiegs. Trotz der global gemeinsam verankerten Ziele des Klimaschutzes, sind die bisherigen Fortschritte als unzureichend zu charakterisieren, sodass das 2 °C-Ziel nach derzeitigem Stand verfehlt wird (MARX 2017, S. 8; BERGER et al. 2018, S. 342; SCHÖNWIESE 2019, S. 115). Durch die hohe Verweildauer von Spurengasen in der Atmosphäre (Kap 3.2) werden Klimaschutzmaßnahmen voraussichtlich erst in mehreren Jahrzehnten ihre positive Wirkung zeigen. SCHÖNWIESE (2019, S. 110) bezeichnet diese Erkenntnis als „langen Bremsweg" des Klimas. In diesem Kontext fordert Klimaforscher Hans-Joachim Schellnhuber (ENDLICHER 2007, S. 119) „das Unbeherrschbare zu vermeiden und das Unvermeidbare zu beherrschen". Der Klimaschutz entspricht dabei der Vermeidung der unbeherrschbaren Folgen des Klimawandels.

Im Sinne der Beherrschung und Bewältigung bereits auftretender und unvermeidbarer Auswirkungen des Klimawandels, zum Beispiel in Form von Hitzewellen und Starkregen, gilt es zudem die Klimaanpassung gegenwärtig und zukünftig zu etablieren. Laut IPCC (2013/2014, S. WGII-5) ist die Adaption in Systemen des Menschen darauf ausgerichtet, Schäden zu vermindern, zu vermeiden bzw. die Resilienz betroffener Systeme zu erhöhen. Unter anderem innerhalb der Agenda 2030 wurde die Klimaanpassung von den UN-Mitgliedstatten in den Sustainable Development Goals 11 und 13 als gemeinsame Leitlinie für die zukünftige Entwicklung verankert (UN 2015, S. 27 f.). Somit wird die Klimaanpassung weltweit als ein wichtiges und gemeinsames Ziel für die nachhaltige Entwicklung anerkannt. Mithilfe der deutschen Anpassungsstrategie an den Klimawandel (DAS) verfolgt die BUNDESREGIERUNG (2008, S. 5) das Ziel, „die Verminderung der Verletzlichkeit bzw. [den] Erhalt und die Steigerung der Anpassungsfähigkeit natürlicher, gesellschaftlicher und ökonomischer Systeme an die unvermeidbaren Auswirkungen des globalen Klimawandels" innerhalb Deutschlands zu ermöglichen.

Aufgrund ihrer hohen lokalen Wirksamkeit in den betroffenen Regionen besitzen Anpassungsmaßnahmen einen stärkeren räumlichen Bezug als die Mitigation (MARX 2017, S. 9). Die Maßnahmen der Anpassungskonzepte variieren indes stark nach den jeweiligen örtlichen Voraussetzungen. Dementsprechend sieht auch die BUNDESREGIERUNG (2008, S. 60) Städte und Kommunen in der Pflicht, kleinräumig zugeschnittene Anpassungskonzepte zu entwickeln, die die lokalen Voraussetzungen berücksichtigen. Allerdings weisen nach MAHRENHOLZ und VETTER (2019, S. 222) bisher „fehlende kommunale Konzepte zur Vorsorge gegenüber Starkregenereignissen und Hitzeperioden darauf hin, dass hohe Schadensminimerungs-Potentiale noch unzureichend genutzt werden". Auch MARX (2017, S. 12) verweist auf einen als unzureichend zu charakterisierenden Fortschritt kommunaler Anpassungskonzepte. Für die Stadt Dortmund, in der die Interventionsstudie der vorliegenden Arbeit durchgeführt wurde, existiert sowohl ein auf den Stadtteil Hörde (STADT DORTMUND et al. 2017) zugeschnittenes als auch für die gesamte Stadt (STADT DORTMUND 2021) geltendes Anpassungskonzept. Mithilfe dieser beiden Planungsleitlinien können lokal gefährdete Gebiete sowie Anpassungsmaßnahmen für die späteren Unterrichtseinheiten der Intervention (Kap. 5.3) identifiziert werden.

3.2 Anthropogener Klimawandel – Grundlagen, Ursachen & Folgen

Der Begriff Klima ist für die folgende fachliche Auseinandersetzung von grundlegender Bedeutung. Dieser wird daher im Folgenden kurz definiert und vorab vom Begriff des Wetters abgegrenzt. BENDIX UND LUTERBACHER (2019, S. 17) definieren das Wetter als „den aktuellen Zustand der Atmosphäre, wie er sich zu einem bestimmten Zeitpunkt und an einem bestimmten Ort auf der Basis von messbaren Größen, den sogenannten Klimaelementen (z. B. Temperatur, Luftfeuchte, Luftdruck, Niederschlag, Wind etc.), beschreiben lässt".

Dem gegenüber ist das Klima „normalerweise definiert als das durchschnittliche Wetter, oder genauer als die statistische Beschreibung in Form von Durchschnitt und Variabilität relevanter Größen über eine Zeitspanne im Bereich von Monaten bis zu tausenden oder Millionen von Jahren. Wie von der Weltorganisation für Meteorologie definiert, umfasst der klassische Zeitraum 30 Jahre. Die relevanten Größen sind zumeist Oberflächenvariablen wie Temperatur, Niederschlage und Wind" (IPCC 2013/2014, S. A-14).

Für das Verständnis des Klimawandels ist es notwendig, die einzelnen Bestandteile des Klimasystems der Erde zu identifizieren. Die zentralen Komponenten des Systems, die sich in wechselseitigen Beziehungen beeinflussen und in denen die klimatischen Prozesse stattfinden, sind die Atmosphäre, Hydrosphäre, Kryosphäre, Lithosphäre, Pedosphäre und Biosphäre (SCHÖNWIESE 2019, S. 24). Zur näheren Betrachtung der Verteilung und Eigenschaften der verschiedenen Komponenten empfehlen sich WEISCHET und ENDLICHER (2018, S. 18). Um die wesentlichen Funktionsweisen und Prozesse des Klimasystems graphisch zu visualisieren und besser zu verstehen, wird Abbildung 4 nach SCHMIDT et al. (2017, S. 9) zur Hilfe genommen.

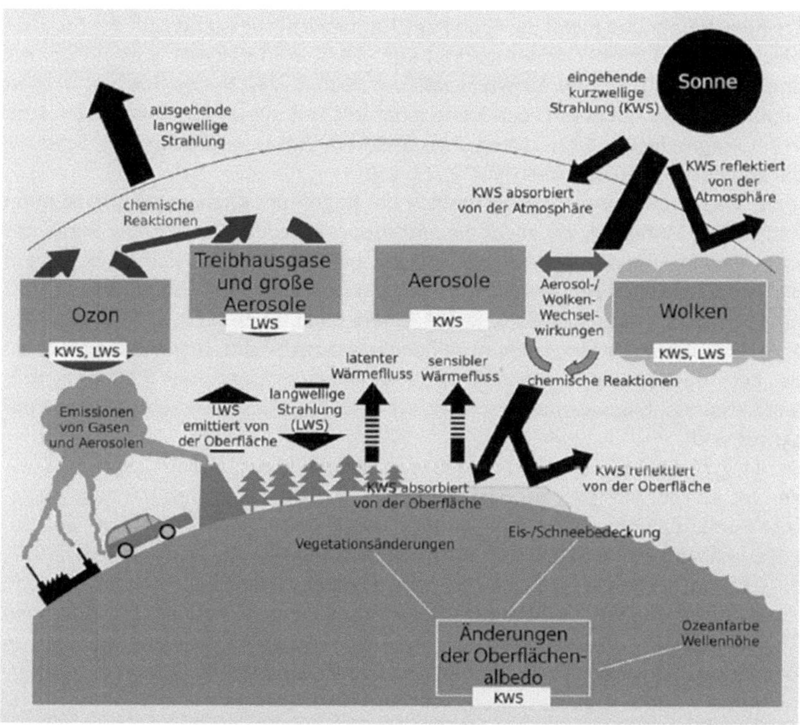

Abb. 4 | Funktionsweisen und Prozesse des Klimasystems (SCHMIDT et al. 2017, S. 9)

Ausgangspunkt für das Klimasystem ist die von der Sonne ausgehende kurzwellige Strahlung. Diese wird in Teilen von den Wolken in der Atmosphäre wieder reflektiert beziehungsweise trifft auf die Erde mit ihren verschiedenen Oberflächen. Zum einen werden große Teile der kurzwelligen Strahlung von der Oberfläche absorbiert und zum anderen wieder in die Atmosphäre reflektiert. Entscheidend für die Menge von absorbierter und reflektierter Strahlung ist die Albedo der jeweiligen Oberflächen, die als „Verhältnis von an der Erdoberfläche reflektierter zu einfallender Globalstrahlung" (WEISCHET und ENDLICHER 2018, S. 63) definiert wird. Durch die Absorption von Strahlung erwärmt sich die Erdoberfläche und langewellige Wärmestrahlung wird emittiert. Teile der Wärmestrahlung werden innerhalb der Atmosphäre durch die Treibhausgase zum Beispiel Wasserdampf (H_2O), Kohlenstoffdioxid (CO_2), Ozon (O_3) oder Methan (CH_4) absorbiert, sodass die Wärme gleichmäßig, zum Teil auch wieder an die Erdoberfläche, abgegeben wird (RAHMSTORF, SCHELLNHUBER 2019, S. 31). Dieser stattfindende Prozess ist der natürliche Treibhauseffekt und bildet die Grundlage für menschliches Leben auf der Erde, da ohne ihn eine Oberflächentemperatur von -18 °C vorherrschen würde (WEISCHET und ENDLICHER 2018, S. 79; UMWELTBUNDESAMT 2020, S. 74). Neben dem natürlichen Treibhauseffekt existieren auch weitere natürliche Auslöser für Klimaänderungen in der Erdgeschichte. Dazu zählen unter anderem Vulkanausbrüche, oder Schwankungen der Sonnenhelligkeit (IPCC 2023, S. 6).[6]

In der verbreiteten Verwendung umfasst der Begriff des Klimawandels neben den natürlichen Einflüssen vor allem die anthropogen bedingten Veränderungen des Klimasystems. Die auf den Menschen zurückzuführende Klimaänderung beginnt in der vorindustriellen Zeit bzw. in Folge der Industrialisierung und erstreckt sich bis heute (MEINKE, VON STORCH 2020, S. 317; UMWELTBUNDESAMT 2020, S. 74; IPCC 2023, S. 6). Grundlage der fachlichen Auseinandersetzung zu den Ursachen und Folgen des anthropogenen Klimawandels bilden Veröffentlichungen des IPCC als zentralem Akteur der Klimawandelforschung, die Grundlage des wissenschaftlichen Konsenses sind.

Der Eingriff des Menschen in das Klimasystem und dessen Auswirkungen sind insgesamt als sehr komplex zu charakterisieren, da sich aus dessen Handeln wiederum Rückkopplungseffekte ergeben (SCHÖNWIESE 2020, S. 337). Folgende anthropogene Eingriffe und Aktivitäten stehen unter anderem nach SCHMIDT et al. (2017, S. 10 f.) und SCHÖNWIESE (2020, S. 337 f.) in direkter Verbindung zum Klimawandel: Veränderung der Erdoberfläche durch Landnutzung (z. B. Rodung des tropischen Regenwaldes, Trockenlegung von Mooren), Emissionen für die Klimatisierung von Gebäuden, industrielle Produktionen und damit verbundene Abgase, motorisierter Verkehr und Energiegewinnung durch fossile Träger.

Die vom Menschen verursachten Treibhausgase, auch Spurengase genannt, besitzen in der Atmosphäre unterschiedliche Verbleibdauern und Wirksamkeiten. Während CH_4 nach Deutscher Umwelthilfe (DUH 2015, S. 2) etwa 28-mal wirksamer ist als CO_2, aber nur etwa 12 Jahre in der Atmosphäre verbleibt, kann CO_2 bis zu 500 Jahre lang klimawirksam aktiv sein. Deshalb wird besonders der Ausstoß von CO_2 als Referenzgröße aufgrund seiner langfristigen Auswirkungen und seines großen Beitrags zum anthropogenen Treibhauseffekt verwendet (SCHÖNWIESE 2019, S. 79).

---

[6] Für eine vertiefende Auseinandersetzung in den Themenbereichen Klimasystem, natürliche Klimaveränderungen, Klimamodelle oder Klimabeobachtungen empfehlen sich IPCC 2013/2014; WEISCHET & ENDLICHER 2018; SCHÖNWIESE 2019 sowie IPCC 2023.

Die wesentlichen sektoralen Verursacher der CO_2-Emissionen in Deutschland sind Abbildung 5 zu entnehmen. Vor allem der Energiesektor (z. B. Energiewirtschaft, Verkehr oder Haushalte) ist und war historisch der größte Emittent, indem dieser derzeit für circa 80 % des deutschen CO_2-Ausstoßes verantwortlich ist (UMWELTBUN-DESAMT 2020, S. 72). Insgesamt lässt sich auf Grundlage der Abbildung 5 konkretisieren, dass die Emissionsentwicklung von CO_2 in Deutschland seit 1990 als rückläufig zu kennzeichnen ist und von 1.050 Millionen Tonnen um etwa ein Drittel auf etwa 680 Millionen Tonnen reduziert wurde. Die Energiewirtschaft stellt dabei sowohl 1990 als auch 2022 den größten CO_2 emittierenden Sektor dar. Auffällig ist insbesondere der Rückgang der CO_2-Emissionen in allen Sektoren im Jahr 2020, der auf die Corona-Pandemie und ihre Einschränkungen (z. B. Lockdowns) zurückzuführen ist.

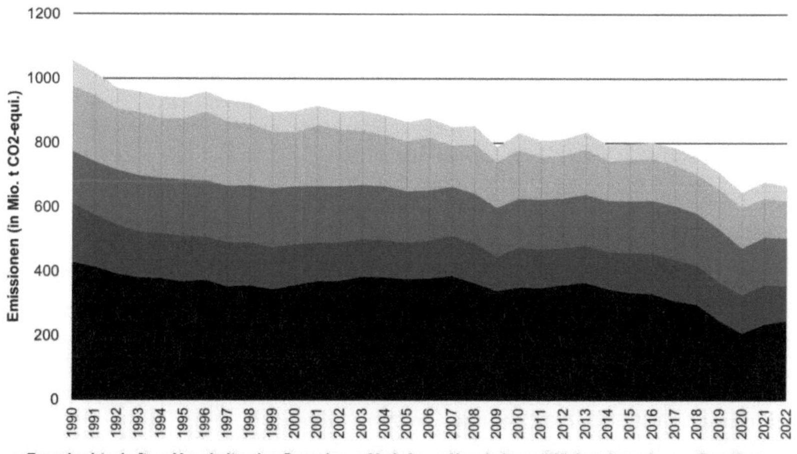

Abb. 5 | CO2-Emissionsentwicklung in Deutschland seit 1990 nach Sektoren (eigene Darstellung *nach UMWELTBUNDESAMT 2023*)

Eine äußerst hohe Relevanz als Treiber des anthropogenen Klimawandels besitzen nach KNIELING und KRETSCHMANN (2016, S. 18) die Städte. Zwar beanspruchen Städte lediglich 2 % der terrestrischen Erde, dennoch sind sie aber für 75 % des weltweiten Energiekonsums beziehungsweise 80 % der verursachten Treibhausgasemissionen verantwortlich. Deshalb nehmen sie innerhalb der Diskussion um die Ursachen des Klimawandels eine entscheidende Rolle ein. Im urbanen Raum sind Verbrennungsprozesse zur Energiegewinnung in Industrie, Haushalt und Verkehr als wesentliche Emissionsquellen von CO_2 konzentriert. GURNEY et al. (2015, S. 180) führen zur Verdeutlichung der Bedeutung von Städten ein Gedankenspiel an:

Wenn man die 50 größten Städte nach ihrer CO_2-Emission zusammenfassen und diese mit allen Ländern der Welt vergleichen würde, würden die Städte den dritten Platz hinter China und den USA belegen. Insgesamt können Städte also als Treiber des Klimawandels bezeichnet werden (HENNINGER, WEBER 2020, S. 33).[7] Besonders anhand der Entwicklung der Konzentration des Spurengases CO_2 als Bestandteil der Treibhausgase in der Atmosphäre lassen sich Auswirkungen der anthropogenen Beeinflussung des Klimasystems sowie Rückkopplungseffekte durch den Treibhauseffekt aufzeigen (IPCC 2013/2014, S. WGI-11). SCHÖNWIESE (2019, S. 78) führt an, dass die Konzentration von Kohlenstoffdioxid von der vorindustriellen Zeit mit 280 ppm (parts per million) bis 2017 auf über 400 ppm gestiegen ist. Die stetige Zunahme von CO_2 in der Atmosphäre wird durch die Keeling-Kurve (Abbildung 6) anhand der Standorte Hawaii (rot) und Südpol (schwarz) verdeutlicht. Durch die höhere Konzentration von Treibhausgasen in der Atmosphäre, gelangt weniger terrestrische langwellige Wärmestrahlung ins Weltall, weil die klimawirksamen Gase die Wärme absorbieren, streuen und somit Motor des anthropogenen Treibhauseffekts sind. Laut IPCC (2013/ 2014, S. WGI-15) ist es demnach „äußerst wahrscheinlich [mehr als 95 % Wahrscheinlichkeit], dass mehr als die Hälfte des beobachteten Anstiegs der mittleren globalen Erdoberflächentemperatur von 1951 bis 2010 durch den anthropogenen Anstieg der Treibhausgaskonzentrationen zusammen mit anderen anthropogenen Antrieben verursacht wurde".

Der IPCC (2018, S. 8) gibt an, dass menschliche Aktivitäten zu einer Erhöhung der globalen Mitteltemperatur von etwa 1 °C seit Beginn der Industrialisierung geführt haben und dass diese bis zwischen 2030 und 2052 unter Berücksichtigung der aktuellen Geschwindigkeit des Klimawandels wahrscheinlich 1,5 °C erreicht. Abbildung 7 ist zu entnehmen, dass die Zunahme der durchschnittlichen Temperatur vor allem über den Kontinenten stattfindet, während sich die Ozeane innerhalb des Intervalls 1901 bis 2012 geringer erwärmt haben.

---

[7] Für eine vertiefende Auseinandersetzung zur urbanen Treibhausgasemission siehe OKE et al. (2017, S. 365-374) oder HENNINGER und WEBER (2020, S. 89 f.).

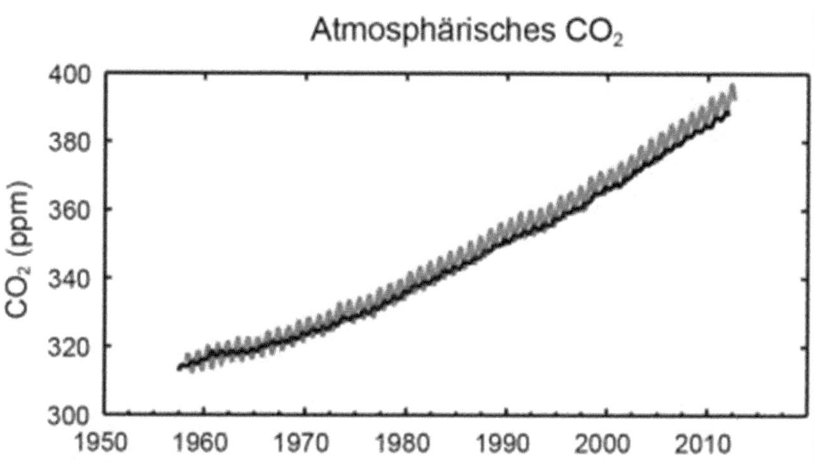

Abb. 6 | Keeling-Kurve der CO2-Konzentration am Mauna Loa auf Hawaii sowie am Südpol (*IPCC* 2013/2014, S. WG-10)

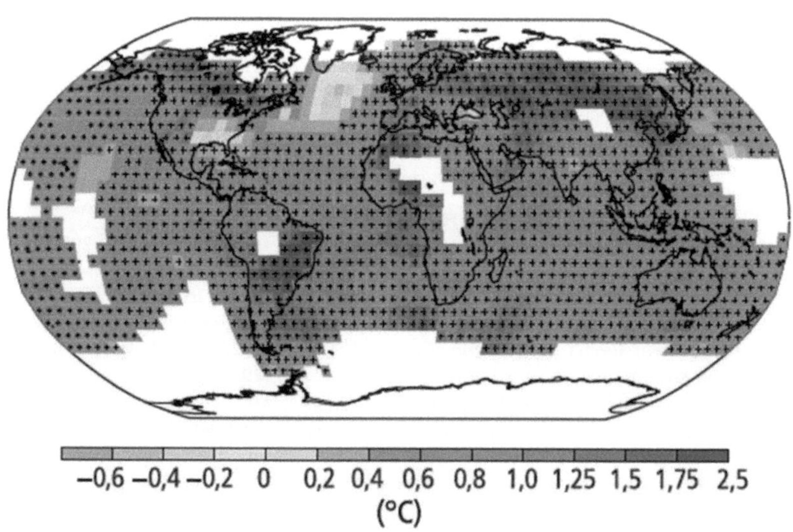

Abb. 7 | Beobachtete Veränderung der Oberflächentemperatur zwischen 1901 und 2012 (*IPCC* 2013/2014, S. WGI-4)

Die bisherigen Darstellungen der Folgen des Klimawandels beschränkten sich auf den Anstieg der globalen Temperatur seit dem vorindustriellen Niveau. Aufgrund der Komplexität des Klimasystems mit seinen verschiedenen Wechselwirkungen werden ausgewählte, weitere Folgen des Klimawandels geordnet nach den Bestandteilen des Klimasystems in Tabelle 4 präsentiert. Die Tabelle besitzt dabei keinen Anspruch auf Vollständigkeit, sondern soll einen Überblick über die vielfältigen Folgen des anthropogenen Klimawandels mit vertiefenden Quellen zum Selbststudium geben.

Tab. 4 | Ausgewählte Folgen des Klimawandels nach Bestandteilen des Klimasystems (eigene Darstellung)

Atmosphäre	
• Anstieg der globalen Jahresmitteltemperatur um ca. 1 °C seit 1850	IPCC (2018, S. 8); WMO (2020, S. 6)
• Besondere Zunahme der mittleren Jahrestemperatur seit 2000	Umweltbundesamt (2020, S. 75); WMO (2020, S. 7)
Kryosphäre	
• Rückgang der Eisschildmassen & Erhöhung der Geschwindigkeit (Grönland & Antarktis)	Shepherd et al. (2018, S. 223-229); WMO (2020, S. 16)
• Rückgang der Ausdehnung des arktischen Meereises (ca. 3,8 % pro Jahrzehnt seit 1979)	IPCC (2014A, S. 42); Umweltbundesamt (2020, S. 75); WMO (2020, S. 14)
• Verringerung der Schneebedeckung auf der Nordhalbkugel seit 1967 um 1,6 % pro Dekade	Umweltbundesamt (2020d, S. 75); IPCC (2014A, S. 42)
• Abschmelzen der Gletscher & Erhöhung der Geschwindigkeit	IPCC (2014A, S. 42); WMO (2020, S. 16) Umweltbundesamt (2020, S. 75)
Hydrosphäre	
• Erwärmung der oberen Wasserschicht des Ozeans um 0,11 °C pro Dekade seit 1971	Umweltbundesamt (2020, S. 75); IPCC (2014A, S. 40); WMO (2020, S. 9)
• Anstieg des globalen Meeresspiegels (0,19 m von 1901-2010) durch Gletscherschmelze und thermische Ausdehnung	IPCC (2014A, S. 42); WMO (2020, S. 11); Weiße, Menke (2017, S. 77-83.)
• Erhöhung der Geschwindigkeit des Meeresspiegelanstiegs (von 1,7 mm auf 3,2 mm pro Jahr in den letzten 20 Jahren)	IPCC (201A, S. 42); Umweltbundesamt (2020, S. 75)
• Versauerung der Ozeane (26 % Zunahme seit 1850) durch CO_2-Aufnahme	IPCC (2014A, S. 41); WMO (2020, S. 13)
Lithosphäre	
• Zunehmende Erosion durch Auftauen des Permafrostbodens	Hauck et al. (2019, S. 73)

• Zunehmende Erosion und Hangrutschungen in tropischen Gebirgen	HAUCK et al. (2019, S. 344)
Pedosphäre	
• Degradation und Abtauen der Permafrostböden (z. B. Rückgang Permafrosttiefe, Freisetzung CO_2 oder CH_4)	HAUCK et al. (2019, S. 17 f. bzw. 71 f.)
• Veränderung der Bodenstruktur in Deutschland	PFEIFFER et al. (2017, S. 203-211)
Biosphäre	
• Veränderung der Biodiversität in Deutschland	KLOTZ, SETTELE (2017, S. 151-161)
• Zerstörung von Korallenriffen	ALBRIGHT et al. (2018, S. 516-518); WMO (2020, S. 32)
• Veränderung der Vegetationszusammensetzung in der polaren Zone (durch Abtauen Permafrost)	HAUCK et al. (2019, S. 75-89.)
• Verschiebung der Vegetationsperioden	GERMANWATCH (2007, S. 8)
• Physiologische Anpassung und Migration von Pflanzen	HAUCK et al. (2019, S. 37-40)

3.3 Stadtklima als Faktor der Klimaanpassung

Um die späteren Funktionsweisen und Maßnahmen der Klimaanpassung an Hitze und Starkregen besser verstehen zu können, ist es notwendig, die für den städtischen Raum charakteristischen klimatischen Eigenschaften näher zu betrachten. Insbesondere Städten werden als vulnerabel gegenüber den Folgen des Klimawandels erachtet (u. a. LOZAN et al. 2019, S. 11 f.; IPCC 2023, S. 16). Beispielsweise bezeichnet KRELLENBERG (2017, S. 190) Städte als „Hotspots des Klimawandels", sodass eine Klimaanpassung als Umgang mit den auftretenden Folgen des Klimawandels hier essenziell erscheint. Das Stadtklima stellt dabei eine starke regionale Ausprägung der klimatischen Verhältnisse im urbanen Raum dar, das die Wirkungsweisen der Folgen des Klimawandels beeinflussen kann.

Obwohl Städte in den meisten Landschafts- und Ökozonen vorhanden sind, durch die das Makroklima (z. B. Oberflächenformen und -beschaffenheit oder Nähe zu Wasserflächen) bestimmt wird, bildet das Stadtklima eine eigenständige mikro- bzw. mesoklimatische Klassifikation (KUTTLER 2013, S. 215). Genauere mikroklimatische Aspekte zur Beeinflussung des Stadtklimas sind dabei die Einwohnerzahl, die flächenmäßige Stadtgröße, die Höhe des Versiegelungsgrads des Bodens, der physiognomische Aufbau oder die Emissionsabgabe (ebd.). Für BRÖNNIMANN (2018, S. 240) stellt die Stadt zudem aus physikalischer Perspektive eine besondere Oberfläche dar, die sich stark von ihrem Umland abgrenzt (z. B. Masse, Energie und Impuls) und dadurch die atmosphärischen Verhältnisse im Ortsgebiet beeinflussen kann.

Die auffälligsten Abweichungen des Stadtklimas gegenüber dem Umland lassen sich anhand verschiedener Klimaelemente tabellarisch (Tabelle 5) darstellen. Einige dieser Feststellungen werden im Anschluss vertiefend aufgegriffen, da sich nach MUNLV (2010A, S. 9) „aus den typischen Eigenschaften des Stadtklimas [...] unterschiedliche Probleme [ergeben], die sich durch den Klimawandel noch verstärken."

Tab. 5 | Abweichung des Stadtklimas gegenüber dem Umlandklima (eigene Darstellung nach HÄCKEL 2016, S. 352; HENNINGER, WEBER 2020, S. 62 & 110).

Klimaelement	Ausprägung Stadtklima gegenüber Umlandklima
Temperatur in Bodennähe	
am Tag	+0,5 K bis +2 K
in der Nacht	+2 K bis +10 K
Lufttemperatur in 2 m Höhe	
Jahresmittel	+0,5 K bis +1,5 K
Zahl der Tage ohne Frost	+10 %
Strahlung	
Globalstrahlung	-10 % bis -20 %
Albedo	-2 % bis -5 %
Relative Feuchte in Bodennähe	
im Winter	-2 %
im Sommer	-8 %
Niederschlag	
Niederschlagshöhe	+5 % bis +10 %
Zahl der Regentage	+10 %
Wolken und Nebel	
Bewölkungsgrad	+5 % bis +10 %
Windverhältnisse	
Windgeschwindigkeit	-10 % bis -30 %
Luftbeimengungen	
Kondensationskerne (Aerosole)	+10- bis +100-fach
Staub	+10- bis +50-fach

Wind / Oberflächenrauigkeit

BRÖNNIMANN (2018, S. 240) beschreibt die Oberflächeneigenschaften der Stadt als physikalisch rau. Durch die verschiedenen Oberflächen und Gebäudehöhen erhöht sich die Rauigkeit, sodass Winde größtenteils abgelenkt und verwirbelt werden (HENNINGER und WEBER 2020, S. 39). Wie in Tabelle 5 zu erkennen ist, verringert sich die Windgeschwindigkeit in Städten mit ihren Reibungsflächen gegenüber dem Umland in der Regel um bis zu 30 %. In Folge einer dichten Bebauung in Städten nimmt auch die Luftzirkulation ab, da die Luftmassen durch mangelnden Wind zwischen den Gebäuden gefangen bleiben und nicht durchmischt werden. Dies ist insbesondere im Hinblick auf die Schadstoffbelastung (z. B. durch Verkehr) oder die lufthygienische Belastung der Bewohner relevant (MUNLV 2010A, S. 9). Großflächige Windverhältnisse werden zudem von der Stadt abgeleitet und von ihrer Bebauung in höhere Lagen verdrängt (KUTTLER 2013, S. 219). Je nach Bebauungsstruktur der Gebäude und Straßen können lokale Wind-Flure auftreten, in denen auftretende Winde kanalisiert und zwischen Fassaden gefangen werden.

Strahlungs- und Energiehaushalt
Aus Tabelle 5 lässt sich ebenfalls erkennen, dass die Albedo der urbanen Flächen geringer ist und somit mehr kurzwellige Strahlung absorbiert wird. Jedoch ist die Globalstrahlung, die Strahlung, die kurzwellig von der Sonne auf die Erde trifft, in der Stadt um bis zu 20 % reduziert. Dies liegt nach KUTTLER (2013, S. 212) an der erhöhten Luftverschmutzung (städtische Dunstglocke) und der größeren Bevölkerungsdichte. HENNINGER und WEBER (2020, S. 61) geben darauf relativierend an, dass Städte periodischen lufthygienischen Belastungssituationen ausgesetzt sind und sich für die Jahressumme allerdings keine Effekte der Verminderung der ankommenden Globalstrahlung ergeben. Die langwellige Wärmestrahlung ist innerhalb der Stadt, auch durch die Absorption und Streuung an Aerosolen deutlich höher, sodass insgesamt eine städtische Erwärmung stattfindet. Besonders die dichte Bebauung ist nach HÄCKEL (2016, S. 354) ausschlaggebend für die Erwärmung, da Häuserfassaden, zum Beispiel aus Stahlbeton, sehr gute Wärmespeichervermögen besitzen und somit langfristig Wärmeenergie aussenden können.

Wasserhaushalt
Im Vergleich zum Umland ist die relative Luftfeuchte in der Stadt durch die eingeschränkte Evapotranspiration als geringer zu charakterisieren. Diese Beobachtungen sind besonders tagsüber ausgeprägt (MUNLV 2010B, S. 32). Aufgrund der hohen Bebauungsdichte und dem hohen Versiegelungsgrad in Städten, ist zudem der Abfluss von Niederschlag eingeschränkt, da nur wenig natürliche Grünflächen vorhanden sind, von denen der Niederschlag aufgenommen werden kann (HENNINGER, WEBER 2020, S. 88 f.). Resultierend aus dem hohen Versiegelungsgrad lässt sich demnach eine Gefährdung der Stadt gegenüber dem Auftreten von großen Regenmengen ableiten. Zur Vertiefung der Eigenschaften des urbanen Wasserhaushalts empfiehlt sich OKE et al. (2017, S. 238-253).

Städtische Wärmeinsel
Die städtische Wärmeinsel (engl. Urban Heat Island, UHI) ist die in der Fachliteratur am weitesten verbreitete Charakteristik des Stadtklimas und bezieht sich vor allem auf die Lufttemperaturdifferenz zwischen Stadt und Umland. In der Fachliteratur existieren verschiedene Typisierungen der Wärmeinsel (HENNINGER, WEBER

2020, S. 97-114; OKE et al. 2017, S. 197-236), wobei in dieser Arbeit die Wärmeinsel der Stadthindernisschicht als „klassische Wärmeinsel" (HENNINGER, WEBER 2020, S. 100) im Fokus steht. Dabei wird die Lufttemperatur in Bodennähe als bedeutende Messgröße verwendet. Die anderen Typen der Wärmeinsel fokussieren sich auf verschiedene horizontale Schichten des Stadtsystems, indem zum Beispiel die Überwärmung im Boden bzw. dem Grund- und Trinkwasser als subsurface urban heat island nachgewiesen wird (KUTTLER et al. 2017, S. 226).

Die in Tabelle 5 dargestellte erhöhte Lufttemperatur in der Stadt gegenüber dem Umland ist indes keine saisonale Ausprägung, sondern lässt sich sowohl im Winter als auch im Sommer nachweisen (PARLOW, SCHNEIDER 2020, S. 282). Besonders ausgeprägt ist der Effekt der Wärmeinsel zudem in der Nacht. Infolge einer erhöhten Erwärmung tagsüber speichern die Gebäude innerhalb der Stadt viel Wärme und halten diese. Auch in der Nacht findet dementsprechend nur eine geringe Auskühlung der dichten Bebauung statt, sodass weitaus höhere Temperaturen als im Umland nachweisbar sind (OKE et al. 2017, S. 211 f.).

Eine vereinfachte Darstellung der Lufttemperatur an einem Sommertag zwischen Stadt und Umland zeigt Abbildung 8. Maßgeblichen Einfluss auf die Ausprägung der Wärmeinsel haben nach HENNINGER und WEBER (2020, S. 101) die Bebauungsdichte, der erhöhte Versiegelungsgrad sowie die erhöhte Strahlungsabsorption und die verzögerte Wärmeabgabe städtischer Baumaterialien. Bereits kleinflächige Grünflächen oder Parks sorgen beispielsweise aufgrund höherer Verdunstungsraten oder Schattenzonen für eine unmittelbare Abkühlung der Lufttemperatur (RVR 2019, S. 43). SCHNEIDER und PAAS (2020, S. 289) bewerten das Planungsleitbild der kompakten Stadt bzw. der Stadt der kurzen Wege als stadtklimatisch negatives Konzept, das zu einer Verstärkung der Überwärmung im Kontext der Wärmeinsel führt und oftmals die konzeptionelle Grundlage zur Gestaltung von Innenstädten ist.

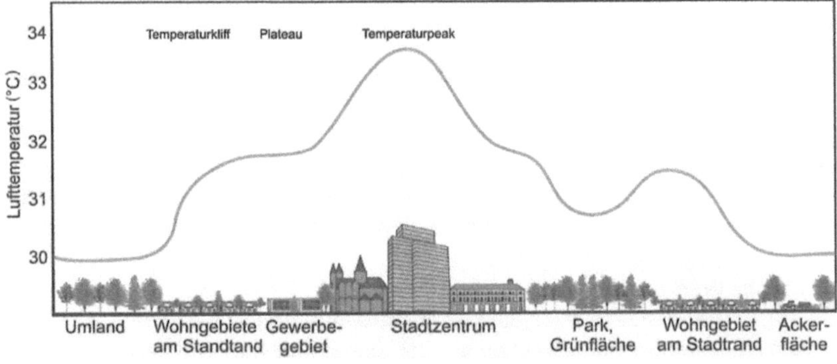

Abb. 8 | Lufttemperatur zwischen Stadt und Umwelt an einem Sommertag (HENNINGER, WEBER 2020, S. 103)

KUTTLER et al. (2017, S. 226) gehen davon aus, dass urbane Räume im Zuge des Klimawandels, zum Beispiel durch anhaltende Hitzewellen, zukünftig noch intensiver und häufiger von Überwärmung betroffen sein werden, sodass der Effekt der Wärmeinsel noch weiter verstärkt wird.

Die urbane Hitzebelastung besitzt auch im später gewählten Raumbeispiel der Stadt Dortmund eine hohe Relevanz (STADT DORTMUND 2021: 21). Besonders die Innenstadt Dortmunds, aber auch einzelne Stadtteilzentren wie Dortmund-Hörde, in der die geplante Studie stattfindet, sind zukünftig von einer sehr hohen Intensität der Wärmeinsel betroffen. Die prognostizierte Ausweitung der urbanen Wärmeinselflächen besitzt eine hohe Relevanz, da sich die Wärmebelastung beispielsweise auf die Gesundheit der Bevölkerung auswirken kann (RVR 2019: 89). GREIVING et al. (2011: 10) gehen davon aus, dass sich zukünftig nicht nur die städtischen Wärmeinseln intensivieren und ausweiten werden, sondern auch weitere der in Tabelle 5 dargestellten Parameter des Stadtklimas im Zuge des Klimawandels zukünftig beeinflusst werden, sodass die klimatischen Unterschiede zwischen Stadt und Umland zunehmend größer werden.

3.4 Extremwetterereignisse als Folgen des Klimawandels in Städten

„Urban climate change risks, vulnerabilities and impacts are increasing across the world in urban centers of all sizes, economic conditions and site characteristics" (IPCC 2014B, S. 538).

Wie im Zitat des IPCC beschrieben, nimmt die Gefährdung von Städten gegenüber den Folgen des Klimawandels stetig zu. Insbesondere Extremwetterereignisse bilden dabei eine in Deutschland relevante und allgegenwärtige Gefährdung, von denen im Folgenden nur die Hitze- und Starkregenereignisse betrachtet werden. Nach HENNINGER und WEBER (2020, S. 33-35) gelten Städte gleichzeitig sowohl als Treiber als auch als Betroffene des Klimawandels. Auch der IPCC (2013/2014, S. WGII-18) unterstützt die Wichtigkeit der Betrachtung von Klimafolgen in Städten: „Viele globale Risiken des Klimawandels konzentrieren sich in städtischen Räumen". Dabei charakterisiert der IPCC (2013/2014, S. WGII-6) die auftretenden und sich in Städten vermehrenden Folgen des Klimawandels als Extremwetterereignisse: „Die Folgen jüngster klimabedingter Extremereignisse, wie Hitzewellen, Dürren, Überschwemmungen, Wirbelstürme sowie Wald- und Flächenbrände demonstrieren eine signifikante Verwundbarkeit und Exposition einiger Ökosysteme und vieler Systeme des Menschen gegenüber den derzeitigen Klimaschwankungen". Auch der jüngste Klimabericht des IPCC (2023, S. 6, 12) stützt diese Aussage mit aktuellen wissenschaftlichen Erkenntnissen.

Die Entstehung und Zunahme von Extremwetterereignissen in Deutschland als Folge des Klimawandels werden an dieser Stelle kurz skizziert. Für eine ausführliche Auseinandersetzung empfehlen sich ausdrücklich KASANG (2005, S. 354-356), LOZAN et al. (2018, S. 11-20) und HAUCK et al. (2019, S. 19-22). Durch die starke relative Erwärmung der Arktis im Zuge des Klimawandels, gleicht sich der Temperaturgradient zwischen Nordpol und mittleren Breiten zunehmend an. In Folge dessen wird das von West nach Ost verlaufende Starkwindband des Jetstreams abgeschwächt. Aufgrund dieser Schwächung können sowohl Kaltluft der Arktis weiter in Richtung Süden und Warmluft in Richtung Norden vordringen, die sonst durch den Jetstream blockiert werden. Vermehrt treffen also Hoch- und Tiefdruckgebiete auf Höhe der mittleren Breiten aufeinander, blockieren sich teilweise gegenseitig und führen auf diese Weise vermutlich zu häufigeren, stärkeren und verlängerten Extremwetterlagen (HAUCK et al. 2019, S. 19 f.; LOZAN et al. 2018, S. 11 f.).

Wissenschaftliche Studien sind in der Regel mit gewissen Unsicherheitsfaktoren behaftet, sodass die dargelegte Ursachenkette von Extremwetterlagen im Rahmen des Klimawandels bisher nicht vollständig verifiziert werden kann. Auch der IPCC verwendet in seinen Veröffentlichungen Wahrscheinlichkeitsskalen, die seine Aussagen unterstützen und einordnen. Diese Skalenniveaus lassen sich auch in der dargestellten Tabelle 6 auffinden, in der ausgewählte Extremwetterereignisse in Verbindung zur Ursache des anthropogenen Klimawandels und zur Wahrscheinlichkeit[8] der prognostizierten weiteren Entwicklung gesetzt werden.

Die weitere fachliche Auseinandersetzung fokussiert die Extremwetterereignisse der Starkregenereignisse und Hitzewellen als besonders für Deutschland bedeutsame Folgen des Klimawandels, die insbesondere in Städten von Relevanz sind (u. a. LOZAN et al. 2019, S. 19). Deswegen werden in den folgenden Kapitel 2.4.1 sowie 2.4.2 beide Arten von Extremwetterereignisse näher definiert und die von ihnen ausgehende Gefährdung für den urbanen Raum und die ansässige Bevölkerung skizziert. KRELLENBERG (2017, S. 190) bezeichnet Städte in diesem Kontext als „Hotspots des Klimawandels", da sich Auswirkungen von Extremwetterereignissen im urbanen Raum konzentrieren.

---

[8] Angaben der Wahrscheinlichkeit nach IPCC (2021, S. 2): praktisch sicher 99-100 %, sehr wahrscheinlich 90-100 %, wahrscheinlich 66-100 %, etwa ebenso wahrscheinlich wie nicht 33-66 %, unwahrscheinlich 0-33 %, sehr unwahrscheinlich 0-10 %, besonders unwahrscheinlich 0-1 %

Tab. 6 | Ausgewählte Extremwetterereignisse als Folgen des Klimawandels und ihre zugehörigen Wahrscheinlichkeiten (nach IPCC 2021B).

Extremwetterereignis	Bisherige Veränderung seit 1950 ist auf anthropogenen Klimawandel zurückzuführen	Wahrscheinlichkeit weitere Veränderung im 21. Jahrhundert
Zunahme der Häufigkeit und Dauer von Hitzewellen	Praktisch sicher IPCC (2021B: 7)	Sehr wahrscheinlich IPCC (2021B: 16)
Zunahme der Häufigkeit, Intensität und Niederschlagsmengen von Starkregenereignissen	Wahrscheinlich IPCC (2021B: 8)	Sehr wahrscheinlich IPCC (2021B: 19)
Zunahme tropischer Wirbelsturmaktivität	Wahrscheinlich IPCC (2021B: 8)	-
Zunahme der Eintrittswahrscheinlichkeit von zusammengesetzten Extremwetterereignissen (z. B. Hitze und Dürre)	Wahrscheinlich IPCC (2021B: 8)	-

3.4.1 Starkregenereignisse

Der DEUTSCHE WETTERDIENST (DWD 2022, S. 16) spricht von einem Starkregenereignis mit der Warnung vor „markantem Wetter", wenn mindestens 15 bis 25 l/m² in einer Stunde oder 20 bis 35 l/m² in sechs Stunden Niederschlag an einem Standort überschritten werden. Mithilfe von drei Warnstufen konkretisiert der DWD die Ausmaße auftretender Starkregenereignisse (Tabelle 7).

Das UMWELTBUNDESAMT (2019, S. 22) beschreibt in den letzten 65 Jahren eine Zunahme von Starkregenereignissen in Deutschland, führt jedoch an, dass genaue Aussagen über entsprechende Trends durch die räumliche und zeitliche Auftrittsvariabilität der Niederschläge nur erschwert möglich sind. Zwar sind gewisse Regionen, zum Beispiel durch ihr Relief (Alpen und Erzgebirge) stärker von Starkregen betroffen, jedoch zeigen Analysen des UMWELTBUNDESAMTS (2019, S. 25), dass extreme Niederschläge aller Warnstufen des DWD (Tab. 7) räumlich verteilt im gesamten Bundesgebiet auftreten. Starkregen tritt dabei oftmals äußerst kleinräumig, insbesondere bei Ereignissen mit der höchsten Warnstufe, auf und ist für alle Regionen Deutschlands von Relevanz (UMWELTBUNDESAMT 2019, S. 25 f.). Das Bundesamt für Bevölkerungsschutz und Katastrophenhilfe (BBK 2015, S. 62) spricht in diesem Kontext davon, dass zwischen der Entstehung und Überflutung von schwerwiegenden Unwettern oftmals weniger als fünfzehn Minuten liegen und daher eine genaue Prognostizierbarkeit und Vorwarnung vor den Regenfällen nur äußerst erschwert möglich sind.

Tab. 7 | Definition von Starkregenereignissen nach Referenzdauer und zugehöriger Niederschlagsmenge (nach DWD 2022, S. 16).

Klassifikation des Starkregens[9]	Referenzdauer 1 Stunde	Referenzdauer 6 Stunden
Markantes Wetter (Stufe 2)	15 bis 25 l/m²	20 bis 35 l/m²
Unwetter (Stufe 3)	25 bis 40 l/m²	35 bis 60 l/m²
Extremes Unwetter (Stufe 4)	> 40 l/m²	> 60 l/m²

Als Beispiel für ein rezentes und besonders intensives Extremwetter lassen sich die Starkregenfälle in Teilen Deutschlands im Sommer 2021 anführen. Der Starkregen löste in Teilen Nordrhein-Westfalens und Rheinland-Pfalz Überschwemmungen von Flüssen aus, die durch das steile Relief verstärkt wurden und zu schwerwiegenden infrastrukturellen Zerstörungen sowie über 200 Todesfällen führten (WORLD WEATHER ATTRIBUTION 2021, S. 1). Gemäß Modellrechnungen der zugehörigen Studie (ebd.) erhöht der Klimawandel die Intensität derartiger Starkregenereignisse in Deutschland um 3 bis 19 %, verglichen zu einem vorindustriell 1,2 °C kühleren Klima.

Zukünftig ist weiterhin mit einer Verstärkung von Starkregenereignissen zu rechnen, da infolge des mittleren Temperaturanstiegs im Klimawandel Verdunstung begünstig wird. Die Wasserdampfkapazität in der Atmosphäre erhöht sich bei einem Temperaturanstieg um sieben Prozent pro Grad Celsius. Demnach ist die Atmosphäre infolge des vertikalen Aufstiegs von wassergesättigten Luftmassen feuchter, sodass häufigere und intensivere Niederschläge zu erwarten sind (KASANG 2005, S. 354). In einer aktuellen Studie der Strategischen Behördenallianz Anpassung an den Klimawandel formulieren BBK et al. (2021, S. 1 f.) ergänzend, dass ihre Ergebnisse darauf hindeuten, dass „die extremen Starkregen kurzer Dauer – typischerweise lokale Gewitter – mit steigenden Temperaturen deutlich großflächiger und intensiver werden, was zu einem höheren Gesamtniederschlag der Ereignisse [...] und einer potenziell höheren Schadwirkung führt". Besonders Städte scheinen nach LOZAN et al. (2019, S. 18) in den Sommermonaten von Starkregen gefährdet zu sein, da die Konvektion von wassergesättigten Luftmassen in

---

[9] Stufe 1 umfasst sogenannte Wetterwarnungen, die als gewöhnliche Niederschläge zu charakterisieren sind.

die Atmosphäre durch die verstärkte Erwärmung der Stadt begünstigt wird. Zudem erachten HO-HAGEMANN und ROCKEL (2018, S. 161-167) beispielsweise Änderungen von Wärmeflüssen an der Meeresoberfläche durch Wechselwirkungen zwischen Atmosphäre und Ozeanen als weiterer Faktor für das vermehrte Auftreten von Starkregen in Europa. Die Konzentration von Starkregenereignissen in den Sommermonaten lässt sich durch Abbildung 9 bekräftigen, die die Monate Mai bis September als in Deutschland regenreiche Monate mit häufigen Starkregen kennzeichnet. Ereignisse zwischen Juni und August fallen in der Regel zudem häufig stärker aus als in den anderen Sommermonaten (BBK et al. 2021, S. 4).

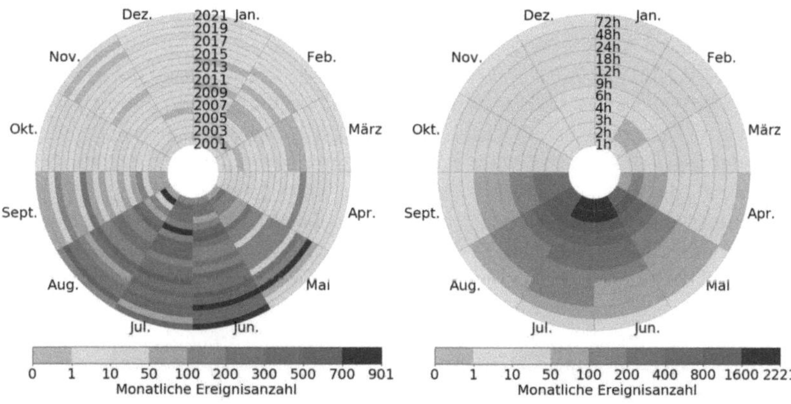

Abb. 9 | Monatliche Anzahl von Starkregenereignissen und ihre Dauer im Zeitraum von 2001 bis 2020 in Deutschland (BBK et al. 2021, S. 4)

Die Auswirkungen von Starkregenereignissen sind als vielfältig zu charakterisieren und werden vor allem durch die lokale Topographie und den Urbanisierungsgrad des jeweiligen urbanen Raumes bestimmt (BBK et al. 2021, S. 2). Durch den hohen Versiegelungsgrad in deutschen Städten von oftmals mehr als 30 %, kann auftretender Extremniederschlag nicht ausreichend versickern und sammelt sich an der Oberfläche. Die Flächenversiegelung ist daher zentral für die Entstehung von Überschwemmungen und die besondere Gefährdung von städtischen Räumen (LOZAN et al. 2019, S. 19). Als typische Eigenschaft des Stadtklimas (Kapitel 3.3) besitzen Asphalt- und Bodenflächen einen mittleren Abflussbeiwert von .85 (HENNINGER und WEBER 2020, S. 88). Somit tragen 85 % des auftretenden Niederschlags zum Abfluss bei. Die restlichen Niederschlagsmengen können beispielsweise versickern, verdunsten oder lokale Mulden im Gelände auffüllen. Im Kontrast dazu stehen Grünflächen mit einem Abflussbeiwert von circa .05 (ebd.).

PATT und JÜPNER (2013, S. 6 f.) heben als weiteren Faktor der Exposition gegenüber auftretenden Starkregenereignissen die vorliegende lokale Reliefstruktur hervor, da in Gebieten mit hoher Reliefenergie hangabwärts gerichtete Sturzfluten eine Folge sein können. Zudem können Hochwasser als Folge von kleinen, lokal überfluteten Fließgewässern entstehen. Hochwasser-ereignisse großer deutscher Flüsse (z. B. Rhein, Donau oder Elbe) treten hingegen meist infolge anhaltender verbreiteter Regenfälle und weniger nach plötzlichen, lokalen Niederschlagsextremen auf (UMWELTBUNDESAMT 2019, S. 52 f.). Sturzfluten offenbaren besonders für den urbanen Raum eine große Gefährdung. Als Folge von Starkregen kommt es daher auch zeitweise zu Todesfällen. Durch das plötzliche Auftreten sind Überschwemmungen nach Extremwettern oftmals gefährlicher als Flusshochwasser (BRONSTERT et al. 2017, S. 151).

KUTTLER et al. (2017, S. 228) führen an, dass Starkregenereignisse im urbanen Raum auch zu erheblichen Gebäude- und Infrastrukturschäden führen können, da beispielsweise Materialien (z. B. Steine oder Holz) von den Wassermassen transportiert werden. Durch die teilweise hohen Fließgeschwindigkeiten von Sturzfluten kann auch „die Wucht des fließenden Wassers" (BBK 2015, S. 28) Ursache für erhebliche Schäden sein. Zur Behebung dieser Schäden entstehen im Anschluss an die Extremereignisse hohe finanzielle Kosten. Langfristige Schäden an der Bausubstanz sind zum Beispiel die Durchfeuchtung von Wänden, die Schimmelbildung oder die Ablösung von Beschichtungen (UMWELTBUNDESAMT 2019, S. 257). Laut dem Deutschen Institut für Urbanistik (2017, S. 20) existieren drei potentielle Eintrittswege von Nässe ins Gebäude: a) Oberirdisch (z. B. Dach, Fenster, Kellerschacht); b) Rückstau aus der Kanalisation; c) Stauwasser und mangelhafte Abdichtung. Besonders vulnerabel sind durch ihre Tieflage urbane Standorte wie Keller, unterirdische Garagen oder U-Bahnstationen, in die das Wasser eindringen kann. Die Beeinträchtigung der Verkehrsinfrastruktur durch Starkregenereignisse ist eine weitere Folge, die die Vulnerabilität von Städten verdeutlicht. Schlechte Straßen- und Sichtverhältnisse erhöhen die Unfallgefahr (z. B. durch Aquaplaning) für sämtliche Verkehrsmittel im urbanen Raum. Teilweise werden Straßen auch durch Rutschungen oder sich anstauende Wassermassen temporär blockiert. Sowohl während als auch nach Überschwemmungsereignissen ist der Straßenbetriebsdienst gefordert, entstandene Schäden zu beseitigen und für einen geregelten Verkehrsfluss zu sorgen (UMWELTBUNDESAMT 2019, S. 186-189).

Ein weiterer zu berücksichtigender Aspekt der Gefährdung von städtischen Räumen ist, dass Entwässerungssysteme oftmals nicht für (zukünftig intensivierte) Starkregenereignisse dimensioniert sind. Somit können überlaufende Kanalisationen den Oberflächenabfluss verstärken (LOZAN et al. 2019, S. 19). Die Ablagerung von erodierten Materialien (z. B. Geröll, Äste, Blätter) führt an gefährdeten Standorten zeitweise zur Verstopfung von Abflusssystemen und kann daher die Entwässerung beeinflussen (LAWA 2018, S. 19). Ein überlastetes Entwässerungssystem trägt zur Verunreinigung der Wassermassen unter anderem mit Schlamm, Schmutz oder Fäkalien bei (UMWELTBUNDESAMT 2019, S. 157).

3.4.2 Hitzewellen

Eine Hitzewelle wird vom DWD (o. J.) als „eine mehrtägige Periode mit ungewöhnlich hoher thermischer Belastung" bezeichnet. Zudem muss eine Tagesmaximaltemperatur von über 28 °C und an drei aufeinanderfolgenden Tagen das mittlere Temperaturmaximum des 98. Perzentils der Referenzperiode von 1961-1990 als Schwellenwerte in Deutschland überschritten werden. International existieren aufgrund unterschiedlicher klimatischer Ausgangsbedingungen andere relative sowie absolute Definitionen von Hitzewellen. Mithilfe der Referenztemperatur von 28 °C wird in Deutschland sichergestellt, dass Hitzewellen als Extremwetterereignis in den Sommermonaten charakterisiert werden (ebd.). Im Zuge des fortschreitenden Klimawandels nehmen Perioden mit erhöhter Hitzebelastung sowohl hinsichtlich ihrer Intensität als auch ihrer Häufigkeit mit hohen Sicherheiten seitens des IPCC (2023, S. 5) zu. Nach Angaben des DWD (2021A) haben zehn der fünfzehn stärksten Hitzewellen von 1950-2020 in Mitteleuropa nach 2000 stattgefunden. Abbildung 10 verdeutlicht schematisch die wahrscheinliche Veränderung der Temperatur als Folge des Klimawandels.

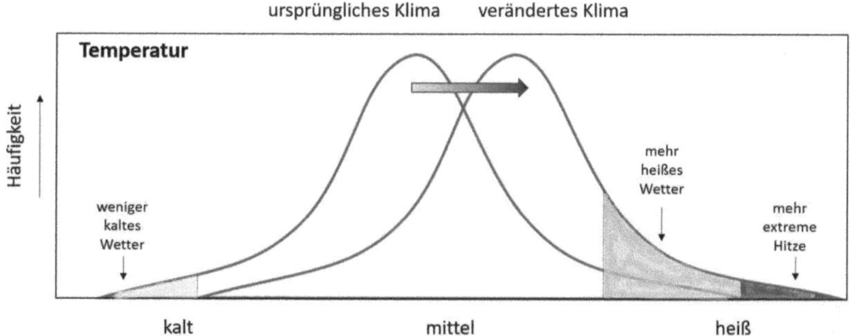

Abb. 10 | Schematische Veränderung des Klimas unter Berücksichtigung der Temperatur (eigene Darstellung nach LOZAN et al. 2018, S. 11)

Nach KASPAR und FRIEDRICH (2020: 3) wurden im Jahr 1951 in Deutschland lediglich drei Hitzetage (Tagesmaximum Temperatur ≥ 30 °C) gemessen, während es 2019 bereits 17 Hitzetage waren. Auch die Anzahl an Tropennächten (Lufttemperatur zwischen 20 und 8 Uhr > 20 °C) hat zwischen 1951 und 2019 zugenommen. Sowohl bei der Anzahl von Hitzetagen als auch bei der Anzahl von Tropennächten lässt sich ein deutlicher, zunehmender Trend erkennen (DWD 2019: 18 f). Unter Berücksichtigung dieser steigenden thermischen Extreme, gehen LOZAN et al. (2018: 11) davon aus, dass auch Hitzewellen häufiger in Deutschland auftreten.

Im Hinblick auf absolute Mortalitätszahlen können Hitzewellen als gefährlichste Naturgefahr Mitteleuropas seit dem 20. Jahrhundert bezeichnet werden (KUNZ-PLAPP 2018, S. 20; EAA 2017, S. 207). Allein während der Hitzewelle 2003 wurden 7.600 hitzebedingte Todesfälle registriert (AN DER HEIDEN et al. 2019, S. 573). Trotz der in Studien festgestellten Übersterblichkeit bei Hitzewellen könnte eine erheblich größere Dunkelziffer existieren, da oftmals Vorerkrankungen von Personen als primäre Todesursache angegeben werden (RKI 2010, S. 95). So ermitteln beispielsweise WATTS et al. (2021, S. 136) auf Grundlage von Modellrechnungen für die Hitzewelle 2018 eine Anzahl von über 20.000 hitzebedingten Todesfällen in Deutschland.

Für die Betrachtung der gesundheitlichen Auswirkungen von Hitzewellen eignet sich die vom ROBERT KOCH INSTITUT (RKI) (2010, S. 85) verwendete Unterteilung in indirekte und direkte Auswirkungen. Zu indirekten Folgen, die oftmals aus komplexen wechselseitigen Beziehungen resultieren, zählen unter anderem Veränderungen der Allergen-Exposition, erhöhte Risiken für lebensmittelabhängige Infektionen (z. B. Salmonellen), Verstärkung der Blaualgenblüte oder Begünstigungen von Atemwegserkrankungen durch höhere Ozonkonzentration in der Luft (RKI 2010, S. 85; UMWELTBUNDESAMT 2019, S. 36ff; FALKE, OTTO 2020, S. 6). Im Verlauf einer Hitzewelle sind die meisten Menschen jedoch vor allem direkten gesundheitlichen Risiken ausgesetzt. Geringfügige Beschwerden von Hitzestress des Körpers können beispielsweise eintretendes Schwächegefühl, Veränderungen von Atmung oder Blutdruck sowie Konzentrationsstörungen sein (KUNZ-PLAPP 2018, S. 21). Die meisten dieser Beschwerden werden durch die thermoregulierende Funktion des menschlichen Körpers ausgelöst, da bei hohen Temperaturen viel Energie für Stoffwechselprozesse aufgewendet werden muss, die zur Regulierung der Körperkerntemperatur beitragen (GRAW et al. 2019, S. 152). Eine häufige Folge bei großer UV-Belastung sind zudem Sonnenbrände und Sonnenstiche (RKI 2010, S. 160). Besonders gefährlich für den menschlichen Körper wird es bei zunehmender Dehydrierung und Überlastung des Thermoregulationssystems, sodass Hitzekrämpfe, Ohnmachtssymptome, Hitzeerschöpfung und Hitzschläge mögliche, auch tödliche, Auswirkungen von Hitze darstellen, die jedoch weitaus seltener auftreten als mildere Symptome (LOZAN et al. 2018, S. 12 f.; KEMEN, KISTEMANN 2019, S. 117; ELLERBRAKE et al. 2021, S. 12-15).

Das Risiko von den Auswirkungen einer Hitzewelle betroffen zu sein, lässt sich auf Grundlage von extrinsischen und intrinsischen Faktoren beschreiben (KUTTLER 2018, S. 79). Ein extrinsischer Risikofaktor sind beispielsweise die baulichen Strukturen des städtischen Raumes. Vor dem Hintergrund einer besonderen Gefährdung des urbanen Raumes wird an dieser Stelle vertieft auf diesen Aspekt eingegangen. Aufgrund der auch in Deutschland vorliegenden hohen Bevölkerungskonzentration im urbanen Raum (77 %), ist nach GRAW et al. (2019, S. 154) bereits ein großer Anteil der Bevölkerung von Hitzewellen gefährdet. Der in Kapitel 3.3 dargestellte Wärmeinseleffekt als Teil des Stadtklimas verstärkt auftretende Hitzewellen und sorgt dafür, dass die Stadtbevölkerung einer stärkeren Wärmeexposition im Vergleich zum Umland ausgesetzt ist (MATZARAKIS et al. 2020, S. 1004). Insbesondere Tropennächte treten in der Stadt durch die geringere nächtliche Abkühlung der versiegelten Flächen und Gebäude um eine Vielzahl häufiger auf als im Umland (UMWELTBUNDESAMT 2019, S. 152 f.). Das Thermoregulationssystem des menschlichen Körpers ist somit auch einer nächtlichen Belastung ausgesetzt, sodass dargestellte gesundheitliche Auswirkungen (z. B. Schlafstörungen) verstärkt werden. Auch die individuellen Wohnbedingungen (z. B. Dachgeschoss, Ausrichtung des Schlafzimmers, Isolation Bausubstanz) können das Risiko der Betroffenheit von Hitze verstärken (GRAW et al. 2019, S. 153). Zusätzlich stehen Luftverunreinigung und Wärmebelastung in Städten teilweise in wechselseitigen Verhältnissen und potenzieren die Gesundheitsgefährdung der urbanen Bevölkerung, da beispielsweise die Belüftung durch die dichte Bebauung eingeschränkt wird (LOZAN et al. 2019, S. 14).

Aufgrund der gewählten Fokussierung auf konkrete Anpassungsmaßnahmen an Hitze und Starkregen im folgenden Kapitel 3.5, werden weitere extrinsische (z. B. verhaltensbezogene, strukturelle) und intrinsische (z. B. körperliche, geistige) Einflussfaktoren für das Risiko der gesundheitlichen Betroffenheit von Hitzewellen zur Vollständigkeit in Abbildung 11 angeführt. Es ist explizit hervorzuheben, dass miteinander in Kombination auftretende Faktoren sich interdependent beeinflussen und sich somit die Hitzegefährdung einer Person verstärken können. Für eine vertiefende Auseinandersetzung empfiehlt sich ELLERBRAKE et al. (2021, S. 14-17).

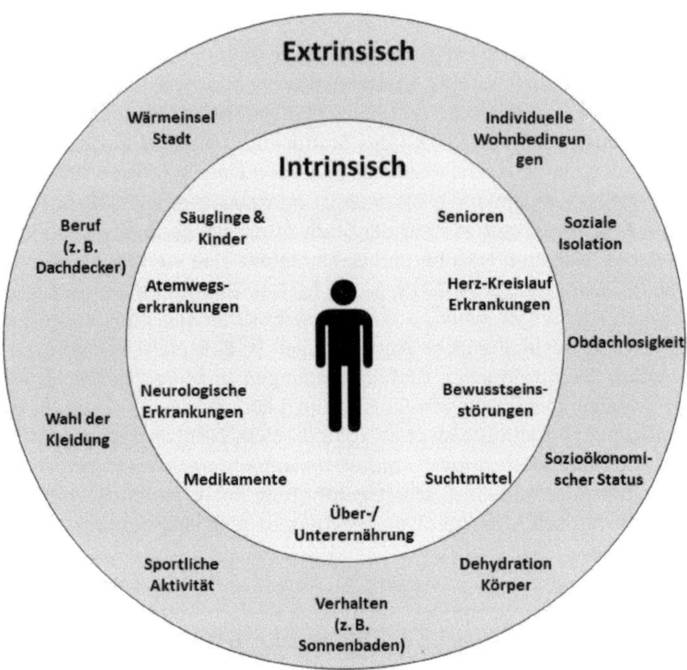

Abb. 11 | Extrinsische und intrinsische Risikofaktoren gegenüber Hitze (eigene Darstellung auf Grundlage von RKI 2010; KUNZ-PLAPP 2018; KUTTLER 2018; GRAW et al. 2019; LOZAN et al. 2019; UMWELTBUNDESAMT 2019; WHO 2019; ELLERBRAKE et al. 2021)

Aufgrund ihres verstärkten punktuell räumlichen und zeitlichen Auftretens sowie ihrer hohen Schadenpotentiale gehen GREIVING et al. (2011, S. 10) davon aus, dass Hitzewellen und Starkregen als Extremwetterereignisse eine größere Aufmerksamkeit bekommen als die längerfristigen, andauernden Folgen des Klimawandels. Die Ausführungen der vorangegangenen Kapitel zeigen, dass die urbanen Folgen von Hitzewellen und Starkregen sehr vielfältig sind und durch die Exposition der Stadt (z. B. Wärmeinsel, Versiegelung) verstärkt werden. Deshalb bedarf es nach KRELLENBERG (2017, S. 190) konkret auf Städte zugeschnittene Anpassungsmaßnahmen, die die lokalen Gegebenheiten berücksichtigen, sodass die Vulnerabilität im urbanen Raum verringert werden kann.

3.5 Klimaanpassungsmaßnahmen an Extremwetterereignisse

Für die spätere Erstellung von Exkursionseinheiten zur Klimaanpassung für Schüler:innen sind insbesondere konkrete Anpassungsmaßnahmen an Hitze und Starkregen im urbanen Raum von Bedeutung. Diese sollten im späteren Exkursionsgebiet beobachtbar sein, sodass Kapitel 3.5 eine wichtige Grundlage für die spätere inhaltliche Exkursionsgestaltung darstellt. Durch die bereits in den vorangegangenen Kapiteln aufgezeigte Gefahr von Extremwetterereignissen für den urbanen Raum, werden auch in diesem Kapitel priorisiert Klimaanpassungsmaßnahmen an Starkregen und Hitze auf einer lokalen und individuellen Ebene dargestellt.

3.5.1 Städtische Anpassung an Starkregen

Trotz der großflächigen Gefährdung Deutschlands unterschätzen Kommunen laut BBK (2015: 29 f.) häufig die möglichen Auswirkungen und Folgen von Starkregen. Wie in Kapitel 3.4.1 skizziert, sind durch die kurzfristigen Auftritte von extremen Niederschlägen Warnungen nur erschwert möglich, sodass nur begrenzt akute Reaktionsmaßnahmen ergriffen werden können. Deshalb ist es essenziell, eine wirksame Vorsorge und Anpassung von Städten gegenüber Niederschlagsextremen zu etablieren.

Der erste Arbeitsschritt für die lokale städtische Anpassung an Starkregen stellt die Identifizierung von gefährdeten Bereichen dar. Dabei sind die in Kapitel 3.4.1 dargestellten Risikofaktoren entscheidend, die die Exposition urbaner Standorte maßgeblich beeinflussen. Mithilfe von Starkregensimulationen können unter Berücksichtigung von Geländeprofilen besonders gefährdete lokale Gebiete ausfindig gemacht werden (BBK 2015, S. 181-188; BAUMEISTER 2017, S. 29). Weiterhin bleibt zu berücksichtigen, dass Extremniederschläge äußerst lokal auftreten. Auch Simulationen können diese Tatsache nur in begrenztem Maße räumlich abbilden. Auf Grundlage einer Überschwemmungskarte empfehlen SCHÜTZE et al. (2021, S. 8) die Erstellung einer kleinräumigen Gefahrenkarte, in der starkregengefährdete Objekte markiert und klassifiziert werden.

„Da in Zukunft die Schadenspotentiale in Risikogebieten weiter zunehmen werden, ist es von sehr großer Bedeutung, die potentiell betroffene Bevölkerung für Extremereignissen zu sensibilisieren" (GALL, JÜPNER 2018, S. 35). Auch das BBK (2015, S. 246) erachtet das Wissen und die Aufklärung der Gesellschaft bezüglich der Gefahren, möglicher Folgen, des Risikos zur Beeinträchtigung des individuellen Eigentums, des vorbeugenden Verhaltens und des Verhaltens im Notfall als zentrale Aspekte gegenüber der Bewältigung von Extremniederschlägen.

Zur Anpassung gegenüber Starkregenereignissen ist die Sicherung von Gebäuden und Wohneigentum gegenüber eintretendem Wasser ein wichtiger Aspekt. Mithilfe von Abbildung 12 lassen sich potentielle Zutrittswege in Objekte im Falle einer Überschwemmung identifizieren. Jedem Eigentümer obliegt dabei die Verantwortung, Gefahrenstellen zu erkennen, diese regelmäßig zu überprüfen und gegebenenfalls Missstände zu beheben. Dazu stellt beispielsweise das BBSR (2018A) Fragebögen und Checklisten zur Anpassung von Gebäuden gegenüber Starkregen bereit, mit denen individuelle Gefahren abgeschätzt werden können.

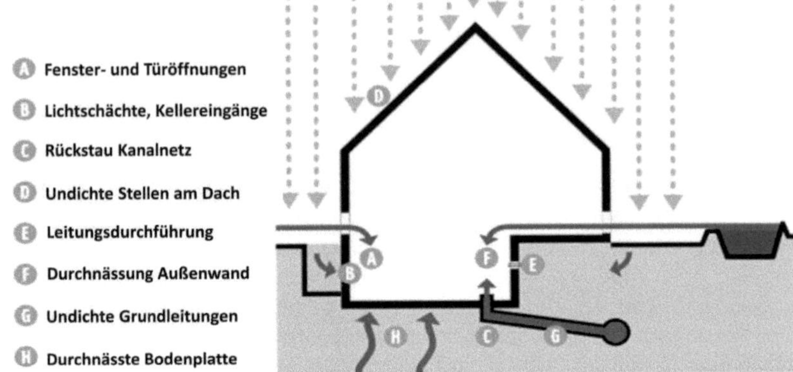

Abb. 12 | Eintrittswege von Wasser ins Gebäude (Deutsches Institut für Urbanistik 2017, S. 20)

Dem Eintritt von Wasser über Fenster- und Türöffnungen kann über eine Vermeidung von ebenerdigen Zugängen zum Gebäude entgegengewirkt werden. So können auch nachträglich Schwellen vor Kellerabgängen oder Türen installiert werden, die vor einer gewissen Überschwemmungshöhe schützen (Weller et al. 2016, S. 198). Zudem sollte regelmäßig sichergestellt werden, dass empfindliche Zugänge zum Objekt (z. B. Fenster) fachgerecht abgedichtet sind, um beispielsweise der Schimmelbildung in Wänden vorzubeugen. Die in Gebäuden verwendeten Baustoffe besitzen ebenfalls einen Einfluss, ob und wie Starkregenfolgen das Objekt gefährden können, sodass teilweise eine Umrüstung empfehlenswert ist. Zur Übersicht dient Tabelle 8 mit ausgewählten Baustoffen, ihren Funktionen beim Hausbau und ihrer Wasserempfindlichkeit.

Tab. 8 | Funktionen und Wasserempfindlichkeit verschiedener Baustoffe (eigene Darstellung nach BBSR 2018B, S. 21 f.).

Baustoff	Funktion (z. B.)	Wasserempfindlichkeit
auf Gipsbasis	Außen- und Innenwände (Putz)	hoch
aus Holz	Bodenbeläge, Wände, Fenster	hoch
auf Zementbasis	Estrich, Wände, Mauersteine	gering
aus Kunststoff	Außenwände, Bodenbeläge	gering bis keine
aus Metall	Fenster, Türen	keine

Durch die nicht für Starkregen dimensionierten Kanalisationen geht außerdem eine Gefährdung von Gebäuden durch den Rückstau von Wasser aus. Besonders in Kellern, die unter der sogenannten Rückstauebene, also unterirdisch, liegen, können Waschbecken oder Toiletten überlaufen (HANSEWASSER BREMEN GMBH 2019, S. 8). Ein entsprechender hochwertiger Rück-stauschutz sollte bei einer frequentierten Nutzung von Kellern z. B. als Wohn- oder Arbeitsraum integriert werden, um materielle Dinge zu sichern. Dies kann beispielsweise über Abwasserhebeanlagen oder Rückstauverschlüsse realisiert werden (ebd., S. 10-16).

Falls akute Maßnahmen des Überschwemmungsschmutzes zum Schutz von Infrastruktur und Gebäuden nötig sind, müssen Städte und Kommunen in Ergänzung zur privaten Vorsorge für den Notfall vorbereitet und ausgerüstet sein. Darunter zählen unter anderem mobile Schutzwände, Sandsäcke oder Wasserpumpen, mit denen Wassermassen kontrolliert werden können. Zudem sollte darauf geachtet werden, dass im Falle einer Überschwemmung beispielsweise genügend Werkzeuge, Notstromaggregate, Taschenlampen oder Schlauchboote zur Bewältigung der Auswirkungen bereitstehen (BKK 2015, S. 213).

Als weitere zentrale objektbezogene Anpassungsmaßnahme lässt sich, aufgrund ihres hohen Flächenanspruchs und ihrer großen Potentiale zur Verringerung abflusswirksamer Flächen, die Umgestaltung von Haus- und Gebäudedächern im urbanen Raum anführen (OKE et al. 2017, S. 449). Mithilfe von Grün- oder Retentionsdächern kann so auftretender (Stark-)Niederschlag auf den Dachflächen gespeichert werden. In Abhängigkeit vom verwendeten Bodensubstrat, kann der direkte Abfluss von Retentionsdächern in die Kanalisation um bis zu 100 % verringert werden (SCHÜTZE et al. 2021, S. 9). Unter Berücksichtigung der Tragfähigkeit des Dachs sind Grünbepflanzungen bis zu einer Neigung von 45° möglich (DEUTSCHES INSTITUT FÜR URBANISTIK 2017, S. 27). Dabei wird in der Regel auf eine sogenannte extensive Begrünung (z. B. Moose, Gräser, Kräuter) zurückgegriffen, die gegenüber einer intensiven Begrünung pflegeleicht und gewichtsarm ist (BRUNE et al. 2017, S. 8).

Die Begrünung von Dächern ist Bestandteil der stadtplanerischen Idee der sogenannten grünen Infrastruktur. Das Konzept beinhaltet neben der Reduktion von grauer Infrastruktur (versiegelte Flächen, Straßen, Gebäude etc.) zugunsten von begrünten Flächen und Gebäuden (z. B. Parks, Gärten, Naturschutzgebiete, Spielplätze) auch den Erhalt und Schutz städtischer Naturflächen (CLAßEN, KISTEMANN 2017, S. 38; BAUMÜLLER 2019, S. 204; HENNINGER, WEBER 2020, S. 206 f.). Im Kontext von Starkregenniederschlägen besitzen grüne Infrastrukturen im urbanen Raum verschiedene Vorzüge gegenüber versiegelten Flächen. Während nahezu vollständig versiegelte Flächen (z. B. Innenstädte oder Parkplätze) über einen hohen direkten Niederschlagsabfluss (60 %), eine stark eingeschränkte Versickerung (20 %) und begrenzte Evaporation verfügen, können städtische Grünflächen den negativen Eigenschaften einer verdichteten Bebauung entgegenwirken. Die Durchlässigkeit (Permeabilität) und Wasserspeicherkapazität von begrünten Oberflächen reduzieren den Oberflächenabfluss maßgeblich. Im Kontext von Starkregen- oder Überschwemmungsereignissen wird die grüne Infrastruktur oftmals als natürliche Retentions- oder Rückhaltefläche von Niederschlägen bezeichnet (RÖßLER 2015, S. 126; OKE et al. 2017, S. 449). Unter anderem werden Maßnahmen der grünen Infrastruktur vom Land NRW als sogenannte „No-regret-Maßnahmen" eingestuft, da sie unabhängig von der Klimaanpassung auch gesellschaftliche und ökologische Vorteile offerieren (MBWSV, MKULNV 2016, S. 35).

Neben der Dachbegrünung existieren weitere konkrete Maßnahmen, in denen die Eigenschaften der grünen Infrastruktur neben der privaten Vorsorge auch auf kommunaler Ebene genutzt werden. So bieten dezentrale Entwässerungsgräben, Wiesen oder Mulden, die oberirdisch angelegt sind, eine Möglichkeit überschüssiges Oberflächenwasser von Straßen und Wohngebäuden aufzunehmen. Diese Retentionsflächen werden im Bedarfsfall eines Starkregens temporär geflutet, entlasten die Kanalisation und lassen sich in regenarmen Perioden multifunktional nutzen (ILLGEN 2017, S. 23 f.; MULNV 2018, S. 55; SCHÜTZE et al. 2021, S. 9). Solche multifunktionalen Flächen können unter anderem auch Sportplätze, Felder, Parkplätze, Brachflächen oder Spielplätze sein, die zur Schadensbegrenzung geflutet werden. Zudem ist es möglich, Verkehrsflächen wie Zwischenräume von Stadtbahngleisen oder Begrenzungen von Straßen im Sinne einer grünen Infrastruktur zu nutzen (BAUMÜLLER 2019, S. 210 f.). Auch ILLGEN (2017, S. 24) sieht große Potentiale in der Nutzung von Verkehrsflächen als oberflächliches Ableitungs- und Speicherelement der Überflutungsvorsorge. Die Realisierung von unterirdischen Retentionsgebieten scheitert nach OBERT (2017, S. 500) meist am Platzbedarf und erhöhten Kosten. Nach ILLGEN (2017, S. 22) besteht ein derzeitiges Problem der Anpassung an Starkregenereignisse darin, Maßnahmen von Kommunen und Privatpersonen aufeinander abzustimmen und zu verbinden.

Zur Reduktion des Oberflächenabflusses lohnt sich zudem die Betrachtung verschiedener Baumaterialien für Straßen und Wege (Abbildung 13) als Anpassung an Starkregen. Die Wahl des Bodenbelags in Städten ist maßgeblich durch ihren Zweck determiniert. So benötigt beispielsweise der Straßenverkehr belastungsfähige Materialien, die hohem Druck und Belastungsgewicht standhalten (OKE et al. 2017, S. 425 f.). Insbesondere tragen diese asphaltierten Straßen und verdichteten Wege zum urbanen Oberflächenabfluss bei Niederschlag bei. SCHOLZ und GRABOWIECKI (2007, S. 3830-2836) betrachten verschiedene Oberflächenbeläge, die sich für die Gestaltung einer klimaangepassten Stadt eigenen. Je durchlässiger und begrünter der jeweilige Boden ist, desto mehr Niederschlag kann versickern und gespeichert werden (OKE et al. 2017, S. 425; HENNINGER, WEBER 2020, S. 87 f.). Somit kann eine Reduzierung der Magnitude von Starkregen durch eine erhöhte Aufnahmekapazität und eine zeitliche Verzögerung bei der Überflutung bei geeigneter Materialwahl gewährleistet werden. Oftmals besitzen Bodenbeläge schon von Grund auf eine gewisse Porosität, die ein gewisses Maß an Wasserspeicherung begünstigt (AMELUNG et al. 2018, S. 275). Insgesamt kann also die Entsiegelung des urbanen Raums zugunsten einer grünen Infrastruktur als ein Schlüssel zur Bewältigung von Starkregenereignissen beitragen.

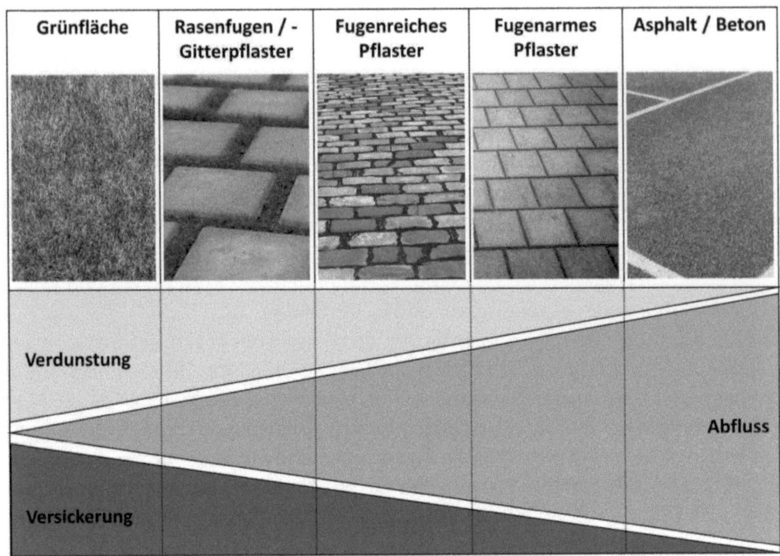

Abb. 13 | Ausgewählte Bodenbeläge mit Angaben zum Gesamtabfluss in Relation zur Verdunstung und der Versickerung (eigene Darstellung nach BBSR 2018a, S. 44)

Neben der grünen Infrastruktur spielt auch die blaue Infrastruktur als Teil einer angepassten Stadtentwicklung eine wichtige Rolle (RÖßLER 2015, S. 125). HENNINGER und WEBER (2020, S. 221) beschreiben diese als „urbane Wasserflächen [...], die zu einer lokalklimatischen Entlastung beitragen können" zu denen beispielsweise Fließ-, Stillgewässer und Überflutungsbereiche zählen. Zudem weisen sie darauf hin, dass vor allem in der englischsprachigen Literatur oftmals nicht zwischen grüner und blauer Infrastruktur unterschieden wird. Durch ihre multifunktionelle Nutzung als Grüngebiete und temporäre Überflutungsflächen können Retentionsräume teilweise sowohl der grünen als auch blauen Infrastruktur zugeordnet werden, sodass Überlappungen verschiedener Infrastrukturelemente möglich sind (WINKER et al. 2019, S. 13).
Bereits bestehende Fließ- und Standgewässer, wie Bäche oder Seen, können zur Entlastung bei Starkregen beitragen. Obwohl von ihnen – wie eingangs skizziert – ein gewisses Gefahrenpotential bei Sturzfluten und Überschwemmungen ausgeht, tragen bewusst geschaffene bzw. erhaltene Übertritts- und Retentionsflächen zur Erhöhung der Resilienz bei Starkregen bei.
Auch die Anpassung des Wohneigentums zur Nutzung von Regenwasser entspricht dem Verständnis der blauen Infrastruktur. Anstatt auftretende Niederschläge in die Kanalisation zu entwässern, besteht eine weitere Möglichkeit darin,

Regenwasser auf dem Grundstück zu sammeln und für die eigene Bewässerung des Gartens zu verwenden. Mithilfe von Tanksystemen lässt sich beispielsweise der Abfluss von Dachflächen speichern, sodass der Frischwasserverbrauch gesenkt und das öffentliche Abwassernetz entlastet wird (DEUTSCHES INSTITUT FÜR URBANISTIK 2017, S. 22). Die dargestellten flächen- und gebäudebezogenen Maßnahmen der grünen und blauen Infrastruktur zur Anpassung an Starkregenereignisse lassen sich unter dem in der Stadtplanung angewendeten Konzept der Schwammstadt (engl. sponge city) zusammenfassen. „Mit Schwammstadt ist dabei das Prinzip gemeint, weniger Wasser oberflächlich abzuleiten und in den Kanal zu entsorgen, sondern es zu speichern und zu nutzen" (BBSR 2018B, S. 77). BECKER (2016, S. 31) bezeichnet die Ressource Wasser im Kontext des Klimawandels in Städten als „viel zu wertvoll", als dass Niederschläge als Abwasser in die Kanalisation eingeleitet werden. Durch die langfristige Speicherung von Niederschlägen, nicht nur im Fall von extremen Niederschlägen, entlastet das Konzept lokale Entwässerungssysteme und erhöht die Nutzbarkeit beispielsweise zur Bewässerung von Grünflächen oder der Aufbereitung zu Trinkwasser. Insgesamt werden der Schwammstadt auch in Zukunft Potentiale zur Erhöhung der Resilienz in Städten gegenüber Starkniederschlägen zugesprochen (BBSR 2018B, S. 77; MULNV 2020, S. 55). Als sichernde Visualisierung verschiedener Maßnahmen im Sinne der Schwammstadt dient Abbildung 14. KIEHL (2019, S. 396 f.) und KUTTLER (2018, S. 80) weisen zudem auf das wasserspeichernde und kühlende Prinzip der Schwammstadt hin, das zur Reduktion der Wärmeinsel Stadt und den Auswirkungen von Hitzeperioden beiträgt.

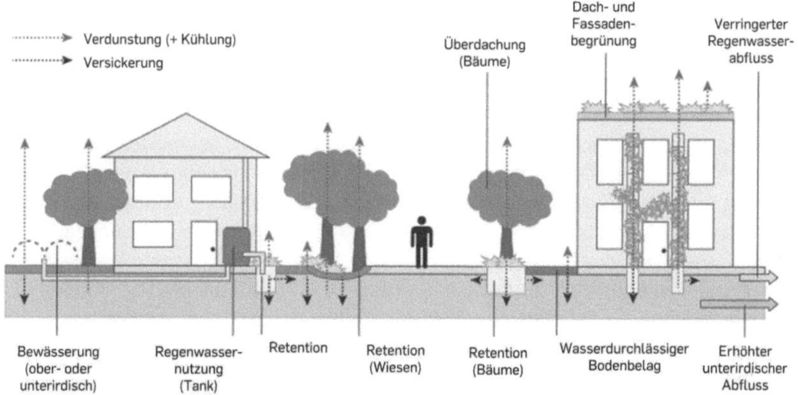

Abb. 14 | Konzept der Schwammstadt mit ausgewählten Maßnahmen (verandert nach COUTTS et al. 2012, S. 6 und OKE et al. 2017, S. 443

3.5.2 Städtische Anpassung an Hitze

Aufgrund der Tatsache, dass der Hitzebelastung in städtischen Gebieten in Deutschland lange Zeit keine Beachtung geschenkt wurde, lässt sich die Anpassung an Hitze als junges Anwendungsfeld der Stadtentwicklung bezeichnen (LANUV 2019, S. 11). Ähnlich wie bei der Anpassung an Starkregen ist die Erstellung von Klimaanalysekarten zur Identifikation hitzegefährdeter urbaner Bereiche zentraler Bestandteil des kommunalen Umgangs mit Hitze, die insbesondere durch die in den Kapiteln 3.3 und 3.4.2 dargestellten Aspekte des Stadtklimas sowie Folgen der Hitzegefährdung in Städten beeinflusst werden. Um die thermische Belastung von betroffenen Gebieten zu reduzieren, lassen sich zu Beginn der Darstellung strukturelle Maßnahmen der Klimaanpassung an Hitze anführen, die nach KUTTLER (2011, S. 1) in flächen- und objektbezogene Maßnahmen untergliedert werden können und teilweise an dargestellte Konzepte der Anpassung an Starkregen anknüpfen.

Auch bei der Anpassung an Hitze kann die bereits im Rahmen der Anpassung an Starkregen beschriebene Entsiegelung urbaner Oberflächen positive Effekte zur Verminderung des Wärmeinseleffekts hervorrufen. Durch das erhöhte Wasserspeichervermögen von entsiegelten Flächen wird im Boden gebundenes Wasser durch Verdunstungsprozesse (Evaporation) wieder an die bodennahe Atmosphäre abgegeben. Dieser Mechanismus wird als Verdunstungskühlung bezeichnet (HENNINGER, WEBER 2020, S. 87). KUTTLER (2018, S. 81) erklärt die Verdunstungskühlung wie folgt: „Während Hitzeperioden kann das Bodenwasser verdunsten, wodurch ein hoher Anteil der Strahlungsbilanz für den latenten Wärmetransport [...] benötigt wird und somit der Boden- und Lufterwärmung nicht mehr zur Verfügung steht." Als vielversprechende Maßnahme der Entsiegelung erweist sich laut einer Studie von TAKEBAYASHI und MORIYAMA (2009, S. 1216) die Umgestaltung von städtischen Parkplätzen. In dieser Studie werden unterschiedliche Parkplatztypen (z. B. Asphalt, Holz, teilversiegelt, begrünt) hinsichtlich ihrer temperaturkühlenden Funktion miteinander verglichen. Dabei wurde ein Zusammenhang zwischen dem Maß an Begrünung und der Kühlungsfunktion der Parkplätze herausgestellt, sodass auch bei einer flächendeckenden Umsetzung eine Reduzierung der Wärme in Städten erwartet wird (ebd., S. 1222 f.)

Versiegelte Flächen, wie z. B. Asphalt, weisen in der Regel eine niedrige Albedo auf und tragen daher zum städtischen Wärmeinseleffekt bei (HENNINGER, WEBER 2020, S. 101). Die Albedo wird in der weiteren Auseinandersetzung als Reflexionsvermögen von Oberflächen, als Verhältnis von reflektierter zur gesamt einfallenden kurzwelligen Strahlung, verstanden (BENDIX, LUTERBACHER 2019, S. 65). Zum besseren Verständnis verschiedener Oberflächen und ihres Reflexionsvermögens kann Tabelle 9 zur Hilfe genommen werden. So besitzen Asphaltflächen oder Teer als gängige Baustoffe, durch ihre dunkele Farbe eine geringe Albedo, reflektieren nur geringfügig kurzwellige Sonnenstrahlung und erhitzen sich infolge der Emission langgewelliger Wärmestrahlung (STRAHLER, STRAHLER 2009, S. 82). Daher ist im Sinne einer Klimaanpassung die flächendeckende Erhöhung der Albedo durch Baumaterialien mit helleren Farben empfehlenswert (u. a. OKE et al. 2017, S. 425; HENNINGER, WEBER 2020, S. 100).

Die bereits im Kontext von Starkregen definierte blaue Infrastruktur besitzt nach HENNINGER und WEBER (2020, S. 221 f.) ebenfalls Potentiale zur lokalklimatischen Entlastung. Dabei tragen sowohl die Evaporation (Verdunstung) von Wasser als auch dessen Transpiration auf der menschlichen Haut zur Abkühlung bei. Auch der erhöhten Luftfeuchtigkeit im Umfeld von Gewässern, insbesondere bei bewegten Wasserflächen, werden klimaregulierende Eigenschaften zugesprochen. Dazu zählen unter anderem neben natürlichen Gewässern wie Seen oder Flüssen auch künstlich angelegte Brunnen oder Wasserspiele (BMUB 2015, S. 56). VÖLKER et al. (2013, S. 367) ermitteln in unmittelbarer Nähe von blauer Infrastruktur eine durchschnittliche Temperaturreduzierung von 2,5 K und ergänzen, dass der Kühleffekt blauer Infrastruktur tagsüber eine größere Wirksamkeit als bei grüner Infrastruktur aufweist. Die effizienteste kühlende Anpassung stellt nach CLAßEN und KISTEMANN (2017, S. 38) allerdings die Kombination von blauer und grüner Infrastruktur dar.

Tab. 9 | Ausgewählte Oberflächen und Farben sowie ihre Albedo (nach BENDIX, LUTERBACHER 2019, S. 65; HENNINGER, WEBER 2020, S. 63).

Oberfläche	Albedo [%]
Natürliche Oberflächen	
Schnee	40-95
Grasflächen	16-26
Laubwald	15-20
Wasserfläche (hochstehende Sonne)	3-10
Wasserfläche (niedrigstehende Sonne)	10-100
Baumaterialien	
Asphalt	5-20
Teer	8-18
Beton	10-35
Ziegelstein	20-40
Farben	
Weiß	50-90
Rot, braun, grün	20-35
Schwarz	2-15

Verdichtete urbane Gebiete verfügen oftmals nur über wenige Flächen der grünen Infrastruktur (MULNV 2020, S. 29). Jedoch können die Effekte der Verdunstungskühlung grüner Infrastrukturmaßnahmen nach OKE et al. (2017, S. 435) ebenso zur thermischen Entlastung von Städten und zur Reduzierung des Wärmeinseleffekts beitragen. BAUMÜLLER (2019, S. 211) verweist darauf, dass die Implementierung von „Grün" in der Stadt eine Temperatursenkung von 1-2 °C hervorrufen kann. Sowohl LOZAN et al. (2019, S. 19) als auch BAUMÜLLER (2019, S. 211) empfehlen neben der Betrachtung der absoluten Lufttemperatur auch die der gefühlten Temperatur, die mitunter durch Grünflächen um bis zu 20 K reduziert werden kann. Diese wird unter anderem auch durch die Verschattungseffekte von Bäumen beeinflusst, durch die die direkte Sonneneinstrahlung um bis zu 30 % gemindert wird, sodass sich geschützte Flächen langsamer als sonnenexponierte Räume erhitzen (OKE et al. 2017, S. 98). Die positiven Effekte der Verschattung sind somit nur äußerst lokal nachweisbar (LOZAN et al. 2019, S. 19). Insbesondere bilden urbane Parks mit einer Vielzahl an Bäumen lokalklimatische Ausgleichsräume, deren flächenmäßig ausgedehnte Kühlungseffekte erst ab einer ausreichenden Größe nachgewiesen werden können (KUTTLER 2011, S. 10). Auch deshalb ist die Kühlwirkung von Parkanalgen „kaum zu verallgemeinern, da zwischen verschiedenen innerstädtischen Parks zum Teil deutliche Unterschiede in ihrer lokalklimatischen Wirkung auf das Umfeld bestehen" (HENNINGER, WEBER 2020, S. 209). Weitere positive Einflüsse der grünen Infrastruktur bestehen unter anderem im Strahlungsaustausch, der Lufthygiene, der Lärmminderung sowie der Naherholung und Aufenthaltsqualität (CLAßEN, KISTEMANN 2017, S. 39-41; OKE et al. 2017, S. 433).

Sowohl Grün- als auch Wasserflächen wird eine Eignung als sogenannte Luftleitbahnen zur Durchlüftung und Entlastung städtischer Gebiete zugesprochen (KATZSCHNER, KUPSKI 2019, S. 50; HENNINGER, WEBER 2020, S. 222). Nach LEE und MEYER (2019, S. 266) trägt die Belüftung von Stadtquartieren zur Reduktion des Wärmeinseleffekts bei, indem eine Zufuhr von Kaltluft über lokale Zirkulationssysteme stattfindet. Dabei können Eigenschaften wie das Relief, die Küstenlage oder die Rauigkeit der Stadtstruktur den Luftaustausch beeinflussen (ebd.). Durch ihre klimatische Ausgleichsfunktion und ihre kühlende Wirkung, die besonders nachts ausgeprägt ist, erachten KATZSCHNER und KUPISKI (2010, S. 50) Luftleitbahnen als ökologisch wertvoll und im Sinne einer Klimaanpassung an Hitze als schützenswert.

Während sich die bisher dargestellten strukturellen Maßnahmen vor allem als flächenbezogen charakterisieren lassen, folgen an dieser Stelle objektbezogene Anpassungen an Hitze im urbanen Raum. Im Gegensatz zu flächenbezogenen Maßnahmen obliegt die Umsetzung der objektbezogenen Maßnahmen oftmals dem jeweiligen Eigentümer des Gebäudes (KUTTLER 2011, S. 6). Anknüpfend an die flächenbezogene grüne Infrastruktur lässt sich an dieser Stelle die Dach- und Fassadenbegrünung zur Anpassung von Objekten beschreiben. Auch diese Maßnahmen profitieren von den positiven, lokalen Effekten der Verdunstungskühlung von Pflanzen, die auch in Innenräumen nachweisbar sind (FITCHETT et al. 2020, S. 5027). Die kühlenden Eigenschaften der Dachbegrünung lassen sich mithilfe von Abbildung 15 visualisieren. Brune et al. (2017, S. 9) führen an, dass sich klimatische Effekte der Dachbegrünung oftmals nur auf obere Stockwerke auswirken und daher Fassadenbegrünungen thermische Vorteile bieten. Für eine dezidierte Auseinandersetzung mit Dach- und Fassadenbegrünung, ihrer Variationen, Wirkungen und Gestaltungsmöglichkeiten empfiehlt sich Brune et al. (2017). Nach Baumüller (2019, S. 211) besitzen die objektbezogenen Begrünungsmaßnahmen besonders in verdichteten Städten, aufgrund ihres geringen Flächenbedarfs und der vergleichsweise schnellen Integration, Potentiale zur Reduzierung der Hitzebelastung.

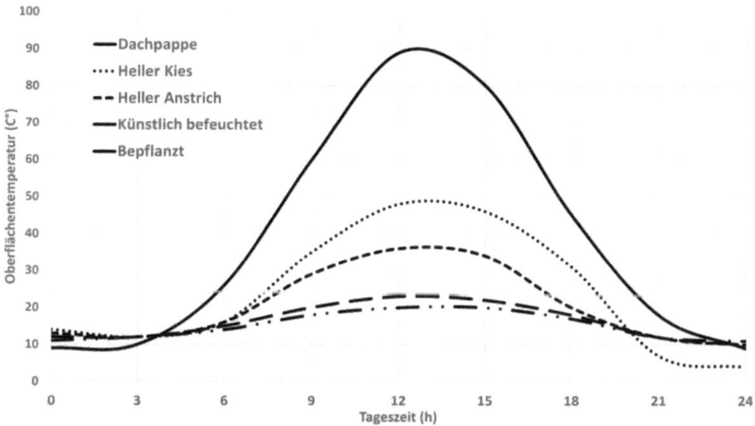

Abb. 15 | Oberflächentemperaturen von Dachabdeckungen an einem heißen Sommertag (Kuttler 2011, S. 5)

Als weitere Anpassungsmaßnahme ist die Gestaltung von Wandoberflächen mit hellen Farben (sog. „cool colors") anführen (Kuttler 2018, S. 81). Die positive Wirkung dieser Maßnahme zur Hitzereduktion ist ebenfalls in Abbildung 15 zu sehen. Dabei profitieren helle Anstriche von einer hohen Albedo (Tabelle 9), sodass kurzwellige Strahlung reflektiert und weniger Wärmestrahlung von den Gebäuden emittiert wird. Weitere gebäudebezogene Anpassungsmaßnahmen für Hitze stellen unter anderem die Installation von Raumventilatoren, Belüftungs- oder Klimaanlagen, Sonnenschutzverglasung, Rollläden und Markisen dar (Deutsches Institut für Urbanistik 2017, S. 31; Kuttler 2018, S. 80; Umweltbundesamt 2019, S. 155, 164). Insbesondere mithilfe der letztgenannten Maßnahmen ist eine flexible Beschattung der Außen- und Innenräume möglich. Besonders bei Neubauten sollte auf eine Integration der dargestellten objektbezogenen Anpassungen geachtet werden, sodass auch beispielsweise südexponierte Fensterflächen reduziert und Schlafzimmer in gekühlte Bereiche des Gebäudes ausgelagert werden (Deutsches

INSTITUT FÜR URBANISTIK 2017, S. 31). Das UMWELTBUNDESAMT (2019, S. 166 f.) erachtet die Integration von Anpassungsmaßnahmen in Bebauungspläne als realistisches Umsetzungsinstrument und sieht sowohl Kommunen als auch Eigentümer in der Pflicht, klimagerechte Gebäudeanpassung zu etablieren.

Neben den dargestellten strukturellen Maßnahmen zur Anpassung an Hitze, lassen sich abschließend verhaltensbezogene Maßnahmen auf der individuellen, persönlichen Handlungsebene anführen. Diese bieten sich nach KUNZ-PLAPP (2018, S. 23), auf Grundlage von Bevölkerungsbefragungen, zur einfachen Integration in den Alltag und bei akuter Hitzegefährdung zur individuellen Umsetzung jeder einzelnen Person an. Grundlage der Umsetzung von personenbezogenen Maßnahmen ist die Information der Bevölkerung über Ausprägungen von Hitze und individuelle Anpassungsmöglichkeiten, die an dieser Stelle aufgegriffen werden.

Im Gegensatz zu Starkregenereignissen sind anhaltende Hitzewellen im Vorfeld und während ihres Auftretens besser räumlich und zeitlich vorhersehbar. Daher eröffnen Hitzewarnsysteme eine Möglichkeit zur Aufklärung und Informierung der betroffenen Bevölkerung. Der DWD (2021B) veröffentlicht Hitzewarnungen bei einer „starken Wärmebelastung für mindestens 2 Tage in Folge [, sodass beispielsweise] [...] eine ausreichende natürliche Auskühlung der Wohnräume nicht mehr gewährleistet ist." Neben akuter Hitzegefährdung warnt der DWD ebenfalls vor einer erhöhten UV-Belastung. Zur Information der Bevölkerung bieten sich Warn-Apps wie NINA an, die standortbezogene Gefährdungen, entsprechende Vorwarnungen und Verhaltensratschläge, nicht nur bei Hitze, sondern auch bei anderen Gefährdungen, darstellen (STRAFF, MÜCKE 2017, S. 665). Nach Angaben des UMWELTBUNDESAMTS (2019, S. 248 f.) werden entsprechende Warn- und Informationsdienste von etwas über 50 % der deutschen Bevölkerung genutzt. Zudem bietet sich für jede Person eine tagesaktuelle Information über Social Media, Rundfunk, Fernsehen oder Zeitungen an. Infolge einer Hitzewarnung treten sogenannte Hitzeaktionspläne in Kraft (KUTTLER 2018, S. 80). Diese werden auf kommunaler Planungsebene für die ansässige Bevölkerung erstellt und haben das Ziel, die Gesundheit der Bevölkerung gegenüber Hitze zu schützen und mögliche Todesfälle zu verhindern bzw. zu minimieren (STRAFF, MÜCKE 2017, S. 671). Neben verhaltensbezogenen Maßnahmen umfassen die Hitzeaktionspläne oftmals auch standortangepasste Empfehlungen der strukturellen und baulichen Anpassung (ebd., S. 663).

Damit verhaltensbezogene Maßnahmen gegenüber Hitze von der Bevölkerung ergriffen werden können, ist die Aufklärung, insbesondere besonders gefährdeter Gruppen, zielführend (HENNINGER, WEBER 2020, S. 192). Dies kann sowohl über persönliche Kontakte wie Ärzte, Krankenhäuser oder Schulen (STRAFF, MÜCKE 2017, S. 667) als auch über Broschüren oder Informationsblätter, wie den 2021 vom UMWELTBUNDESAMT (2021) veröffentlichten „Hitzeknigge", durchgeführt werden. KUNZ-PLAPP (2018, S. 22) führt zudem Konzepte der Nachbarschaftshilfe an, in denen sich Paten um die Versorgung gefährdeter Personen bei Hitze kümmern und diese bei der Anpassung, z. B. bei der Informationsverbreitung oder der Wasseraufnahme unterstützen. Im Folgenden werden ausgewählte verhaltensbezogene Maßnahmen dargestellt, die zur persönlichen Reduzierung der Vulnerabilität gegenüber Hitze angewendet werden können.

Durch die erhöhten Flüssigkeitsverluste des menschlichen Körpers bei Hitzeeinwirkung, ist die regelmäßige Wasserzufuhr ein wichtiger Bestandteil der eigenen Anpassung. Dabei ist laut WHO (2019, S. 13) zu berücksichtigen, dass ein Flüssigkeitsausgleich dauerhaft stattfinden sollte, da das Durstgefühl während Hitze, besonders bei älteren Menschen, beeinträchtigt ist. LINDEMANN et al. (2019, S. 11) empfehlen eine Zufuhr von mindestens zwei Litern Flüssigkeit, um der Dehydrierung entgegenzuwirken. Ferner weisen sie darauf hin, dass es auf sehr kalte Getränke zu verzichten gilt, da diese die Wärmeproduktion des Körpers steigern. Dementsprechend empfehlen sich lauwarme Getränke, die vom Körper besser verarbeitet werden können. Zudem regt das UMWELTBUNDESAMT (2021, S. 13) die Meidung von Kaffee, gezuckerten Getränken und Alkohol an, die dem ohnehin geschwächten Körper weitere Flüssigkeit entziehen. In öffentlichen Räumen besteht oftmals zudem die Möglichkeit Wasserspender zur Flüssigkeitsaufnahme zu nutzen (KUNZ-PLAPP 2018, S. 22). Auch mithilfe von verschiedenen Nahrungsmitteln wie Obst oder Gemüse ist es möglich eine zusätzliche Flüssigkeitszufuhr zu gewährleisten. Dazu ist es empfehlenswert, möglichst kleine Mahlzeiten zu sich zu nehmen und auf eiweißreiche Nahrungsmittel zu verzichten, da andernfalls viel Körperwärme zu Verdauung und Umsetzung aufgewendet werden muss (UMWELTBUNDESAMT 2021, S. 13).

Um sich tagsüber bezüglich der Einwirkung von Hitze zu schützen, sollten Aufenthalte an freien, sonnenexponierten Flächen, besonders in der Mittagshitze, vermieden werden (MÜCKE, MATZARAKIS 2019, S. 12). Dazu zählen auch sportliche Aktivitäten oder das Sonnenbaden. Im Idealfall kann während Hitzeperioden der Tagesablauf angepasst werden, sodass der Körper sich während der heißesten Zeit des Tages (mittags) erholen kann und beanspruchende Aktivitäten in kühlere Zeiten (z. B. früher Morgen) ausgelagert werden (MULNV 2020, S. 35). Vor allem für Senioren und Personen mit flexiblen Arbeitszeiten ist es möglich, diese Maßnahme zu ergreifen. Für einen Aufenthalt im Freien empfehlen sich thermische Komfortzonen wie grüne oder blaue Infrastrukturen sowie verschattete Räume (LINDEMANN et al. 2019, S. 15). Im Freien tätige Arbeitnehmer haben durch den Arbeitsschutz Anrechte auf Beschattungsorte beziehungsweise Belüftungen (UMWELTBUNDESAMT 2019, S. 194 f.).

Um der UV-Belastung der Haut und möglichen Sonnenbränden entgegenzuwirken, ist die Nutzung von Sonnenschutzmitteln mit einem Lichtschutzfaktor von mindestens 20 (für Kleinkinder mindestens 30) empfehlenswert (MÜCKE, MATZARAKIS 2019, S. 12). Schädigungen des Bindegewebes im Auge werden zudem mit dem Tragen von Sonnenbrillen vermieden. Ähnlich wie bei der Verwendung von hellen Gebäudeoberflächen, reflektiert helle Kleidung ein größeres Maß an Strahlung und erhitzt sich dementsprechend langsamer (Umweltbundesamt 2021, S. 11). Auch atmungsaktive, leichte Kleidungsstücke erhöhen den thermischen Komfort, indem sie eine Luftzirkulation am Körper ermöglichen, die zusätzlich durch Hilfsmittel wie einen Fächer unterstützt werden kann (ebd.). Die Überhitzung des vulnerablen menschlichen Gehirns sollte durch geeignete Kopfbedeckungen verhindert werden (Oke et al. 2017, S. 394).

Auch beim Aufenthalt in Gebäuden sind verhaltensbezogene Maßnahmen zur Verbesserung der Exposition gegenüber Hitze möglich. Um einen konvektiven Wärmefluss ins Gebäude zu verringern, sollten Fenster und Türen während des Tages geschlossen gehalten werden (WHO 2019, S. 5). Eine Durchlüftung der Räumlichkeiten ist daher in den frühen Morgenstunden zu empfehlen. Zudem sollten Möglichkeiten der Abdunkelung (z. B. Markisen oder Rollläden) genutzt werden, sodass die direkte Sonneneinstrahlung gemindert wird (Umweltbundesamt 2021, S. 9). Mithilfe von Thermometern ist es empfehlenswert, eine regelmäßige Kontrolle der Innenraumtemperaturen durchzuführen, um besonders erhitzte Bereiche zu identifizieren und Aufenthaltsbereiche zu priorisieren (Straff, Mücke 2017, S. 668). So bieten nordexponierte Zimmer oder Kellerräume oftmals thermische Ausgleichsräume (Kunz-Plapp 2018, S. 23). Für sitzende und leichte Arbeitstätigkeiten gelten Behaglichkeitswerte von 23 bis 26 °C, für die bei einer Übersteigung entsprechende Maßnahmen zur Raumkühlung laut Arbeitsschutz ergriffen werden müssen (Umweltbundesamt 2019, S. 194 f.). Ein praktikables Beispiel für eine solche umsetzbare Maßnahme ist unter anderem die Installation von Ventilatoren (Oke et al. 2017, S. 406). Auch innerhalb von Gebäuden können die thermischen Effekte der Verdunstungskühlung genutzt werden, indem beispielsweise feuchte Tücher ausgelegt werden (WHO 2019, S. 18). Für eine unmittelbare Abkühlung durch ein Bad, eine Dusche oder nasse Tücher auf der Haut ist es empfehlenswert, den Körper im Anschluss nicht abzutrocknen, um die vollständigen Effekte der Verdunstungskühlung zu nutzen (Lindemann et al. 2017, S. 12 f.).

3.6 Klimaanpassung als geeigneter Lerninhalt des mobilen ortsbezogenen Lernens als Teil der Climate Change Education

Als Essenz der fachwissenschaftlichen Analyse der Klimaanpassung an Hitze und Starkregen wird in diesem Kapitel abschließend die Eignung des Themas zur Gestaltung von Lerneinheiten im MOL spezifiziert. Dies geschieht im Folgenden unter anderem unter Berücksichtigung der Climate Change Education (dt. Klimabildung) als aktuellem geographiedidaktischen Forschungsschwerpunkt.

Aus der fachwissenschaftlichen Analyse geht hervor, dass die Klimaanpassung als ein hochaktuelles und auch zukünftig gesellschaftlich relevantes Themenfeld anzusehen ist. Aufgrund einer erhöhten persönlichen Betroffenheit, zum Beispiel durch eigene Erfahrungen mit Extremwetterereignissen, besitzt die Klimaanpassung auch als Unterrichtsthema authentische Anknüpfungspunkte an die Lebenswelt von Schüler:innen. Rezente Extremwetterereignisse wie das Starkregenereignis im Ahrtal (world weather attribution 2021: 1) oder die Hitzewelle in Mitteleuropa 2018 (WATTS et al. 2021, S. 136) zeigen, dass Schüler:innen in Deutschland in ihrer direkten Lebenswelt mit den Folgen des Klimawandels konfrontiert werden. Diese direkten Konfrontationen mit den Extremwettern Hitze und Starkregen werden sich zukünftig nach Angaben des IPCC (2021B, S. 16, 19) mit hohen Wahrscheinlichkeiten weiter erhöhen. Für die Akzeptanz der Klimaanpassung sowie die Umsetzung ihrer Maßnahmen in konkreten Handlungen erachtet unter anderem MOSER (2014, S. 349-351) ebendiese persönliche Nähe und individuelle Betroffenheit als verstärkenden Faktor, sodass der Aufgriff des Themas insbesondere auch mit Schüler:innen in Bildungskontexten sinnvoll erscheint.

Für die bildende Auseinandersetzung mit Themen im Kontext des Klimawandels, wie der Klimaanpassung, hat sich die Climate Change Education als Forschungsstrang etabliert (CHANG 2022, S. 23). In dieser Arbeit wird die Climate Change Education nach Definition der UNESCO (o. J.) wie folgt verstanden: Climate Change Education „helps people understand and address the impacts of the climate crisis, empowering them with the knowledge, skills, values and attitudes needed to act as agents of change". HANKE et al. (2022, S. 165) stellen zudem die Überschneidungen der Climate Change Education mit der Bildung für nachhaltige Entwicklung (BNE) heraus, indem die Climate Change Education „eine unerlässliche Grundvoraussetzung [darstellt], um durch einen adäquaten Umgang mit dem Klimawandel zu einer nachhaltigen Entwicklung beizutragen". Diese Überschneidung zeigt sich zudem unter anderem im Aufgriff der Climate Change Education in den von der UN (2015, S. 25) im Rahmen der Agenda formulierten Sustainable Development Goals (u. a. SDG 13 *Climate Action*), die als derzeitige Leitlinien der nachhaltigen Entwicklung angesehen werden.

Zur Vermittlung der Climate Change Education erachten unter anderem BOHLE (2008, S. 437 f.) sowie ANDERSON (2012, S. 193) über das bottom-up-Prinzip initiierte Bildungsprozesse als vielversprechenden Ansatz zur Erhöhung der gesellschaftlichen Resilienz gegenüber den Auswirkungen des Klimawandels. MOCHIZUKI und BRYAN (2015, S. 5) heben diesbezüglich die Konzepte des Klimaschutzes und der Klimaanpassung als zentrale Handlungsfelder für Bildungsprogramme hervor, mit denen Individuen zu klimasensiblem Bewusstsein und klimasensiblen Handlungen befähigt werden sollten. Verschiedene Studien (BOFFERDING, KLOSER 2015, S. 289; SCHROT et al. 2019, S. 542; GRAULICH et al. 2021, S. 8) indizieren, dass das Wissen von Schüler:innen zur Klimaanpassung häufig, im Gegensatz zum Klimaschutz, nicht stark ausgeprägt ist und zahlreiche begriffliche Unsicherheiten vorhanden sind, sodass ein stärkeres Aufgreifen der Klimaanpassung in Bildungskontexten wünschenswert ist. Des Weiteren deuten die genannten Studien darauf hin, dass die Begriffe der Klimaanpassung und des Klimaschutzes häufig miteinander verwechselt werden. Die angeführten Forschungsergebnisse verdeutlichen somit die Relevanz und Notwendigkeit des Aufgriffs der Klimaanpassung in Bildungsangeboten für Schüler:innen unter einer Abgrenzung zum Begriff des Klimaschutzes.

Im Rahmen einer aktuellen, deutschlandweiten Lehrplananalyse (Siegmund Space & Education gGmbH & ʳgeo: 2021) im Auftrag des Bundesministeriums für Umwelt, Naturschutz und Reaktorsicherheit (BMU) wurde die Verankerung der Climate Change Education in Deutschland in verschiedenen Schulformen und Jahrgangsstufen näher untersucht. Die Ergebnisse legen nahe, dass die Einbindung der Klimabildung in deutschen Lehrplänen bisweilen als unzureichend und zwischen den Bundeländern als stark variierend zu kennzeichnen ist (ebd., S. 19-24). Gemäß der Analyse ist die Klimabildung stark im Unterrichtfach Geographie zu verorten, das aufgrund seiner Funktion als „Bindeglied zwischen Natur- und Gesellschaftswissenschaften" eine besondere Stellung einnimmt (ebd., S. 23). Als Essenz der Lernplananalyse formulieren die Autor:innen (ebd., S. 66-72) insgesamt 20 Leitlinien für die zukünftige Stärkung der Klimabildung in Deutschland. Innerhalb der Leitlinie 13 wird dabei ein stärkerer Einbezug von außerschulischen Lernorten gefordert, um, gerade nach der Covid-19 Pandemie, Schüler:innen mit Lernangeboten mit Bezug zur eigenen Lebenswelt auf der lokalen Ebene für die Klimabildung zu begeistern (ebd., S. 69 f.). Zudem werden in Leitlinie 19 der Digitalisierung mit ihren räumlich und zeitlich flexiblen Darstellungsformen große Potentiale für das Lernen von Schüler:innen innerhalb der Klimabildung zugesprochen (ebd., S. 71). Das MOL vereint in seinem Kern ebendiese zwei genannten Leitlinien (außerschulisches Lernen und Digitalisierung), sodass der Lehr-Lernansatz als vielversprechendes Forschungsfeld zur Vermittlung von Klimabildung zu kennzeichnen ist.

Wie in Kapitel 2.3 definiert, stellt der unmittelbare Ortsbezug für das MOL ein zentrales Spezifikum der Lerneinheiten dar. Aufgrund der individuellen und standortbezogenen Gefährdung von Räumen gegenüber den Extremwetterereignissen Starkregen und Hitze, setzen Maßnahmen der Klimaanpassung in der Regel auf der lokalen Maßstabsebene bei Bürger:innen und Kommunen an (Kap. 3.5). Eine Klimaanpassung ist, gemäß des bottom-up-Prinzips, teilweise bereits mit einfachsten Handlungen auf der individuellen Ebene möglich, indem beispielsweise das eigene Risiko bei einem Hitzeereignis durch die Anpassung des Tagesablaufs, etwa durch Meidung von Aktivitäten in den Mittagsstunden, gemindert wird. Solch ein induktives Vorgehen zur Vermittlung von Klimaanpassung, das an der Lebenswelt von Schüler:innen ansetzt, scheint vielversprechend (WANKMÜLLER et al. 2022, S. 78), da junge Lernende oftmals über eine psychologische Distanz zum Klimawandel und seinen Folgen verfügen, sodass diese räumlich und zeitlich entfernt scheinen (MILFONT 2010, S. 32 f.; FIENE 2014, S. 159; GUBLER et al. 2019, S. 134 f.). Auch SINGH et al. (2017, S. 98) gelangen in ihrer Studie zur Erkenntnis, dass die Nähe der Folgen des Klimawandels für Menschen bewusst betont werden sollte, um deren psychologische Distanz zum Thema zu verringern und dabei ihre Bereitschaft zur Umsetzung eigener Maßnahmen der Klimaanpassung zu erhöhen.

Aufgrund des auf der lokalen Ebene sichtbaren Ortsbezugs von Anpassungsmaßnahmen, bietet sich die Klimaanpassung gut als inhaltlicher Schwerpunkt für eine MOL-Lernumgebung und Exkursionen an. Konkret sichtbare Maßnahmen können so im Untersuchungsgebiet vor Ort von den Lernenden selbst erkundet und mit digital aufbereiteten Informationen angereichert werden. Das Lernen vor Ort kann im MOL, insbesondere in durch Extremwetter gefährdeten Gebieten, in Form einer authentischen und handlungsorientierten Lernumgebung gestaltet werden (GRAULICH et al. 2021, S. 16). Dafür können beispielsweise Gefährdungskarten des Standorts gegenüber Extremwetterereignissen zu Hilfe genommen werden, mit denen sich ortsbezogene und problemorientierte Arbeitsaufträge gestalten lassen. Zudem existieren für Städte und Kommunen häufig Klimaanalyse- und Gefährdungskarten, die im Rahmen des MOL mithilfe digitaler Endgeräte aufgegriffen und mit den Beobachtungen im Realraum kombiniert werden können. Somit ermöglicht das MOL am Beispiel der Klimaanpassung die Zusammenführung von verschiedenen raumbezogenen Daten, deren systemische Zusammenhänge im Untersuchungsgebiet vor Ort miteinander verknüpft werden können. Unter anderem WANKMÜLLER et al. (2022, S. 83) führen an, dass ein systemischer Überblick im Kontext der Klimaanpassung von Bedeutung ist, da Anpassungsmaßnahmen mitunter auch verschiedene Akteur:innen oder Interessensgruppen betreffen können, die für eine ganzheitlichere Betrachtung des Themas erschlossen werden müssen. So ist es mithilfe des MOL beispielsweise möglich, im Untersuchungsraum vor Ort konkrete Planungsaufgaben zu integrieren, bei denen die Lernenden beispielsweise standortbezogene Entscheidungen aus Sicht verschiedener Akteur:innen erörtern sollen.

Die Ausführungen dieses Kapitels zeigen, dass die Klimaanpassung, unter anderem aufgrund ihrer hohen Raumwirksamkeit auf der lokalen Maßstabsebene, ein geeignetes Thema für die Gestaltung von Lerneinheiten im MOL darstellt. Im folgenden Kapitel werden im Rahmen der Forschungsfragen und -hypothesen der vorliegenden empirischen Arbeit die Erkenntnisse der geographiedidaktischen Grundlagen (Kap. 2) sowie der fachwissenschaftlichen Grundlagen (Kap. 3) miteinander verknüpft.

4 Forschungsfragen und -hypothesen

Exkursionen stellen für die Geographie eine bedeutsame Arbeitsform dar, die sowohl in der Fachdidaktik als auch in der Fachwissenschaft über eine hohe Wertschätzung verfügt (Kap. 2.1). Aufgrund der steigenden Bedeutung von digitalen Medien für den Schulunterricht, erfährt die Exkursionsdidaktik neue Impulse innerhalb des mobilen ortsbezogenen Lernens (MOL), die bisher noch unzureichend empirisch erforscht sind (Kap. 2.3 & 2.4). In der vorliegenden Arbeit sollen daher die Potentiale des MOL als sog. digital gestützte Exkursion (Experimentalgruppe) mit einem analog gestützten Exkursionsformat (Vergleichsgruppe) sowie unter Zuhilfenahme einer Kontrollgruppe ohne Exkursion hinsichtlich der Vermittlung von Fachwissen zur Klimaanpassung sowie von Motivation ausgeschärft werden. Basierend auf dem Forschungsstand des MOL (Kapitel 2.4) sowie Erkenntnissen aus der Exkursionsdidaktik (Kap. 2.1), lassen sich für die vorliegende Arbeit zentrale Forschungsfragen sowie zugehörige Hypothesen ableiten.

> **Fragestellung 1:**
> Ist in der Experimentalgruppe (digital gestützte Exkursion) und in der Vergleichsgruppe (analog gestützte Exkursion) nach der jeweils zugehörigen Exkursionseinheit vom Pre- zum Post-Test ein Zuwachs des Fachwissens zur Klimaanpassung im Vergleich zur Kontrollgruppe nachweisbar?
>
> **Hypothese 1:**
> Die Durchführung der Exkursionseinheit fördert sowohl bei der digital als auch bei der analog gestützten Exkursion einen signifikanten Zuwachs des Fachwissens zur Klimaanpassung im Vergleich zur Kontrollgruppe zwischen Pre- und Post-Test.

Um Unterschiede zwischen dem digital und analog gestützten Exkursionsformat hinsichtlich der Ausbildung von Fachwissen zur Klimaanpassung untersuchen zu können, sollte gewährleistet sein, dass beide Untersuchungsgruppen über einen Zuwachs an Fachwissen verfügen, nachdem sie ihre zugehörige Exkursion absolviert haben. Da beide Exkursionsgruppen eine Lerneinheit zum Thema Klimaanpassung absolvieren, ist davon auszugehen, dass sowohl Experimental- als auch Vergleichsgruppe über einen Zuwachs an Fachwissen verfügen. RUCHTER et al. (2010, S. 1062) bezeichnen einen stattfindenden Wissenstransfer innerhalb ihrer Interventionsstudie als „core requirement" (dt. Kernanforderung), der für die weitere Untersuchung von potentiellen Unterschieden zwischen Experimental- und Vergleichsgruppe gewährleistet sein muss. Die Erwartung eines entsprechenden Wissenszuwachses nach Absolvierung einer Exkursion, ungeachtet ihrer jeweiligen Spezifika, wird von verschiedenen Studien gestützt (HUIZENGA et al. 2009, S. 339; RUCHTER et al. 2010, S. 1059; NEEB 2012, S. 185; BENGEL, PETER 2023, S. 9).

Die Kontrollgruppe, die kein Treatment erhält und dementsprechend nur geringe Zuwächse an Fachwissen zum Thema der Klimaanpassung durch Wiederholungseffekte beim Ausfüllen des Fragebogens aufweisen sollte (DÖRING, BORTZ 2016A, S. 210), fungiert innerhalb der Berechnungen als Referenzguppe. Des Weiteren können mithilfe der Kontrollgruppe äußere Einflüsse, wie das Auftreten von historischen Ereignissen, zum Beispiel in Form von stattfindenden Hitzewelle oder Starkregenereignissen und der damit verbundenen gesellschaftlichen und medialen Auseinandersetzungen, in Form eines potentiellen Zuwachses an Fachwissen abgebildet werden.

Fragestellung 2:
Ist in der Experimentalgruppe (digital gestützte Exkursion) vom Pre- zum Post-Test ein stärkerer Zuwachs im Kompetenzbereich Fachwissen zum Thema Klimaanpassung gegenüber der Vergleichsgruppe (analog gestützte Exkursion) nachweisbar?
Hypothese 2:
Die Experimentalgruppe weist zwischen Pre- und Post-Test einen stärkeren Zuwachs im Bereich Fachwissen zur Klimaanpassung als die Vergleichsgruppe auf.

Fragestellung 3: Ist in der Experimentalgruppe (digital gestützte Exkursion) im Follow-Up-Test ein niedrigerer Rückgang an Fachwissen zur Klimaanpassung gegenüber der Vergleichsgruppe (analog gestützte Exkursion) nachweisbar?
Hypothese 3: Die Experimentalgruppe weist gegenüber der Vergleichsgruppe zum Zeitpunkt des Follow-Up-Tests, vier Wochen nach der Exkursion, einen geringeren Rückgang an Fachwissen zur Klimaanpassung auf.

Da sich die Fragestellungen 2 und 3 auf die Lernwirksamkeit hinsichtlich der Aneignung von Fachwissen und den zugehörigen Unterschieden zwischen der Experimental- und Vergleichsgruppe konzentrieren, werden die getroffenen Hypothesen im folgenden Absatz gemeinsam begründet. Wie innerhalb des Forschungsstands zum MOL (Kap. 2.4.2) dargestellt, ist die empirische Forschung hinsichtlich der Potentiale digital gestützter Exkursionen für den Wissenszuwachs, insbesondere im Vergleich zu analog gestützten Exkursionen des MOL, bislang limitiert. Daher können die Fragestellungen 2 und 3 als die für diese Arbeit zentralen Forschungsfragen angesehen werden und Aufschlüsse über die Potentiale des MOL gegenüber analog gestützten Exkursionen hinsichtlich der Vermittlung von Fachwissen liefern.
Der im Vorfeld skizzierte Forschungsstand deutet darauf hin, dass MOL insgesamt positive Auswirkungen auf das Lernen von Schüler:innen besitzen kann und daher

in der fachdidaktischen Auseinandersetzung als vielversprechender Lernansatz gilt. Interessant bleibt weiterführend auch zu ermitteln, ob ein potentieller Lernzuwachs an Fachwissen lediglich kurzfristig stattfindet oder sich dieser auch langfristig zum Zeitpunkt des Follow-Up-Tests, vier Wochen nach den Exkursionseinheiten, nachweisen lässt. Verschiedene Interventionsstudien zeigen, dass zwischen den Zeitpunkten des Post- und Follow-Up-Tests ein Rückgang an Fachwissen bzw. anderer kognitiv dominierter Kompetenzen zu erwarten ist (u. a. NEEB 2012, S. 185; SCHMALOR 2021, S. 153). Demgegenüber stehen die Ergebnisse von BENGEL und PETER (2023, S. 12), die als einzig bekannte Studie einen Follow-Up-Test im MOL verwenden und keinen signifikanten Rückgang von Wissen acht Wochen nach einer Exkursion im MOL feststellen. Daher wird bei der Hypothese 3 von einer Eignung des MOL zur langfristigen Vermittlung von Fachwissen ausgegangen.

Fragestellung 4:
Sind zwischen der Experimentalgruppe (digital gestützte Exkursion) und der Vergleichsgruppe (analog gestützte Exkursion) Unterschiede hinsichtlich der Motivation auf Grundlage der Kurzskala intrinsischer Motivation (KIM) festzustellen?
Hypothese 4:
Die Experimentalgruppe weist während der Exkursionseinheit eine größere Motivation als die Vergleichsgruppe auf.

Fragestellung 5: Inwiefern besteht ein Zusammenhang zwischen der gemessenen Motivation und der Entwicklung von Fachwissen zur Klimaanpassung bei der Experimental- und Vergleichsgruppe?
Hypothese 5: Eine erhöhte Motivation bei den Proband:innen aus der Experimental- und Vergleichsgruppe führt zu einem größeren Zuwachs an Fachwissen zur Klimaanpassung.

Da die Motivation, wie in Kapitel 2.4.1 beschrieben, einen signifikanten Einfluss auf das schulische Lernen, nicht nur im MOL, besitzt, widmen sich die Fragestellungen 4 und 5 dieser affektiven Messvariable. Aufgrund der Neuheitseffekte von digitalen Medien im Unterricht wird eine höher ausgeprägte Motivation in der Experimentalgruppe erwartet (u. a. KERRES 2003, S. 3; THEYßEN 2014, S. 70), die laut SCHAUMBURG (2020, S. 10) oftmals kurzfristig ausgeprägt ist und sich bei einer langfristigen Nutzung des Mediums und entsprechender Gewöhnung häufig reguliert. Durch die erwartete Neuheit der Nutzung von Tablets auf den Exkursionen ist davon auszugehen, dass die auf der Grundlage der KIM bei der Experimentalgruppe gemessene Motivation eine höhere Ausprägung als bei der Vergleichsgruppe besitzt. Neben der Nutzung von digitalen Medien im Schulunterricht deuten verschiedene geographiedidaktische Quellen zudem auch darauf hin, dass eine Exkursion als nur selten im Unterricht genutzte Methode die Schülermotivation ohnehin bereits fördert (u. a. HEMMER, HEMMER 2010, S. 93; SCHNEIDER 2018, S. 89; HEMMER 2020, S. 47). Dies liefert Indizien, dass auch die Vergleichsgruppe als analog gestützte Exkursion über eine hoch ausgeprägte Motivation verfügen könnte.

Der Einfluss der Motivation auf das schulische Lernen wird als eine wichtige Einflussvariable angesehen. Im Hinblick auf das Lernen auf Exkursionen führen beispielsweise OHL und NEEB (2012, S. 260) an, dass Exkursionen bei motivierten Schüler:innen auch langfristig zu hohen Behaltensleistungen führen können. Bislang ist keine Studie bekannt, die den Einfluss der Motivation auf den Zuwachs an Fachwissen konkret statistisch untersucht. Unter dieser Prämisse werden die verschiedenen Subskalen der eingesetzten KIM hinsichtlich ihrer Einflüsse auf den Zuwachs an Fachwissen überprüft.

5 Forschungsdesign und -methodik

Zur Beantwortung der aufgestellten Fragestellungen und zur Überprüfung der zugehörigen Hypothesen wurde eine Interventionsstudie geplant und durchgeführt. Aufgrund des strukturellen Vorgehens, bei dem aus der fachdidaktischen Theorie abgeleitete Hypothesen hinsichtlich ihrer Gültigkeit untersucht werden, lässt sich das Forschungsdesign als explanative Studie klassifizieren (DÖRING, BORTZ 2016A, S. 192). Innerhalb der vorliegenden Interventionsstudie sollen die Potentiale digital gestützter Exkursionen (Experimentalgruppe) gegenüber analog gestützten Exkursionen (Vergleichsgruppe) im Hinblick auf den Zuwachs an Fachwissen sowie die Motivation beurteilt werden. Dazu wurden ein eigens entwickelter Fragebogen zum Fachwissen zur Klimaanpassung (Kap. 5.4.2) sowie der Fragebogen der Kurzskala intrinsischer Motivation (KIM) (WILDE et al. 2009) (Kap.5.4.4) als Testinstrumente eingesetzt. Der Fragebogen zum Fachwissen der Klimaanpassung wurde infolge seiner Entwicklung und Pilotierung (Kap. 5.4.1) zudem einer Analyse nach Gütekriterien der Testtheorie (Objektivität, Reliabilität und Validität) unterzogen (Kap. 5.4.3). Ergänzt wurden die beiden Fragebögen durch eine teilnehmende Beobachtung (Kap. 5.4.5), mit der potenzielle Störvariablen bei den durchgeführten Exkursionen systematisch identifiziert werden sollen und das GPS-Tracking der Exkursionsrouten (Kap. 5.4.6). Vor der Darstellung und Entwicklung der jeweiligen Testinstrumente werden im Folgenden zudem die beiden zu vergleichenden Exkursionseinheiten mit ihren jeweilig spezifischen Planungen (Kap. 5.3) sowie ihren zentralen Unterschieden unter Berücksichtigung des SAMR-Modells nach PUENTEDURA (2009, 2012) (Kap. 5.3.3.3) dargestellt. Den Abschluss des Kapitels bildet die Darstellung der in Kapitel 6 innerhalb der Ergebnisdarstellung verwendeten statistischen Auswertungsverfahren mit ihren jeweiligen Anwendungsfeldern und zugehörigen Voraussetzungen (Kap. 5.5).

5.1 Design der Interventionsstudie

Für die Planung explanativer Studien lassen sich sowohl experimentelle als auch quasi-experimentelle Untersuchungsdesigns als verbreitete strukturelle Vorgehensweisen identifizieren. Experimentelle Studien zeichnen sich durch eine Randomisierung, also zufällige Verteilung der Proband:innen aus, während in quasi-experimentellen Designs mitunter keine zufällige Verteilung stattfinden kann und beispielsweise auf bereits bestehende Gruppeneinteilungen (z. B. Schulklassen) zurückgegriffen wird (DÖRING, BORTZ 2016A, S. 192 f.). Eine zufällige Verteilung der Proband:innen in einer parallel stattfindenden Experimental- und Vergleichsgruppe wurde in dieser Studie verworfen, da die Exkursionseinheiten für die Experimental- und Vergleichsgruppe für den identischen Exkursionsraum geplant wurden, sodass die Gruppen sich bei der Arbeit vor Ort begegnet wären und so die Messergebnisse der jeweils anderen Gruppe hätten beeinflussen können. Da die an den Exkursionen teilnehmenden Klassen zufällig der Experimental- bzw. Vergleichsgruppe zugelost wurden, jedoch innerhalb ihres Klassenverbands dasselbe Treatment erhalten haben, entspricht die Studie einem quasi-experimentellen Design. Dieses wird von OTTO et al. (2010, S. 135) als gängiges Untersuchungsdesign in der Unterrichtsforschung beschrieben: „Im schulischen Kontext begegnet man sehr häufig quasi-experimentellen Designs, da der Klassenverband einer Schulklasse ein Gefüge ist, welches nicht willkürlich verteilt werden kann." Auch bei der Untersuchung im MOL bzw. von Exkursionen wird daher häufig auf quasi-experimentelle Studiendesigns mit bestehenden Klassenverbänden zurückgegriffen (u. a. Kestler 2005, Huizenga et al. 2009, Neeb 2010, Ruchter et al. 2010, Kisser 2014). Aufgrund der geringeren internen Validität im Vergleich zu experimentellen Designs ist die Reduktion von Störvariablen bei quasi-experimentellen Studien von besonderer Bedeutung (DÖRING, BORTZ 2016A, S. 199 f.). In Bezug auf personenbezogene Störvariablen war es daher beispielsweise beabsichtigt, keine größeren Unterschiede hinsichtlich des Alters, des Geschlechts oder der Kurszugehörigkeit im Fach Geographie zwischen den teilnehmenden Schulklassen zuzulassen. Zudem sollten die Schüler:innen ähnliche Ausgangsbedingungen im Kontext des bisher erworbenen Wissens zum Thema Klimaanpassung besitzen, da sich Klassenverbände hinsichtlich der Selbstkonzepte oder des Vorwissen signifikant unterscheiden können (THEYßEN 2014, S. 72). CHATEL und FALK (2017, S. 156) bezeichnen das Vorwissen eines einzelnen Lernenden als individuellen Ausgangspunkt der aktiven Wissenskonstruktion bei Exkursionen. Daher ist vor Beginn der Intervention durch Gespräche mit den begleitenden Lehrkräften sichergestellt worden, dass bisher kein Unterricht zum Themenbereich Klimaanpassung stattgefunden hat und die Lerngruppen über ähnliche Kompetenzniveaus verfügt haben.

Für die in Kapitel 4 aufgestellten Forschungsfragen wurden in dieser Studie drei sog. unabhängige Variablen in Form einer Experimentalgruppe (digital gestützte Exkursion), einer Vergleichsgruppe (analog gestützte Exkursion) und einer Kontrollgruppe hinsichtlich ihrer Ausprägungen im Bereich Fachwissen zur Klimaanpassung bzw. Motivation als abhängige Variablen miteinander verglichen (Abbildung 16). Die Kontrollgruppe erfuhr im Zuge der Intervention, anders als die Experimental- und Vergleichsgruppe, kein Treatment zum Themengebiet der Klimaanpassung. Das Fehlen von Kontrollgruppen wurde unter anderem in Kapitel 2.4.3 als Mangel aktueller Forschungen im MOL identifiziert. Mithilfe der Kontrollgruppe können in langfristig andauernden Erhebungen sogenannte Reifungseffekte und historische Ereignisse statistisch abgebildet werden. Wenn es beispielsweise während des Erhebungszeitraums zu verheerenden Starkregenereignissen kommen sollte und das Thema anschließend in den Medien präsent ist (Beispiel Niederschläge im Sommer 2021), wäre in der Regel auch in der Kontrollgruppe ein Wissenszuwachs messbar, der nicht auf die Intervention zurückzuführen wäre (DÖRING, BORTZ 2016A, S. 210).

Bedingt durch die Forschungsfragen sollte eine (langfristige) Beobachtung der Veränderung des Fachwissens zur Klimaanpassung an Extremwetterereignisse stattfinden. Dazu war es notwendig, an drei Testzeitpunkten, circa eine Woche vor der durchgeführten Exkursion (Pre-Test t_1), im direkten Anschluss an die Exkursion (Post-Test t_2) sowie etwa vier Wochen nach der Exkursion (Follow-Up-Test t_3) den Wissensstand der Proband:innen zu erheben. Die Untersuchungsvariable der Motivation wurde innerhalb der Studie lediglich am Testzeitpunkt t_2, direkt nach Absolvierung der Exkursion gemessen, um hier mögliche motivationale Unterschiede zwischen Experimental- und Vergleichsgruppe aufzuzeigen. Nach THEYẞEN (2014, S. 69) richtet sich der Zeitpunkt des Follow-Up-Tests im Wesentlichen nach der Dauer und Intensität der eigentlichen Intervention, jedoch existieren in der Forschung keine etablierten zeitlichen Abstände. Da die Sommerferien in Nordrhein-Westfalen im Jahr 2022 bereits Ende Juni begonnen haben und das Schulhalbjahr entsprechend kurz ausgefallen ist, wurde aus forschungsökonomischen Gründen ein Abstand von vier Wochen zwischen Post-Test und Follow-Up-Test gewählt.

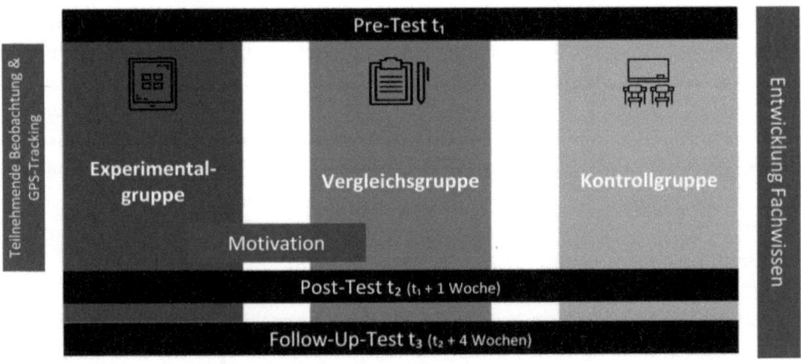

Abb. 16 | Forschungsdesign der Interventionsstudie (eigene Darstellung)

Neben den bereits beschriebenen Störvariablen, die durch das quasi-experimentelle Design der Studie bedingt sind, werden an dieser Stelle weitere potentielle Störungen der Interventionsstudie diskutiert. Nach THEYẞEN (2014, S. 69) ist die Kontrolle von Rahmenbedingungen ein zentraler Aspekt der Studienplanung: „Will man den Einfluss der unabhängigen Variablen [(hier: der Medientyp der Exkursion)] auf die abhängige Variable [(hier: den Zuwachs an Fachwissen und die

Motivation)] untersuchen, so müssen alle weiteren Variablen, die Einfluss auf den Erfolg der zu vergleichenden Konzeptionen haben können, kontrolliert werden".[10] Insbesondere bei der Planung von Interventionsstudien ist die Störvariable der durchführenden Person zu beachten. Aufgrund der eigenen Befangenheit in der Studie sollte der Studienplaner nicht selbst die Intervention leiten bzw. das Treatment bei den Untersuchungsgruppen durchführen (SCHMALOR 2021, S. 97). Auch die in der Schule unterrichtenden Lehrkräfte sollten durch ihre erhöhte persönliche Bindung zur Lerngruppe oder den subjektiven Einstellungen, beispielsweise gegenüber den zu vergleichenden Exkursionsformaten, keinen Einfluss auf die Studie nehmen (THEYßEN 2014, S. 70). Aufgrund dieser Überlegungen wurden alle teilnehmenden Schüler:innen der Experimental- und Vergleichsgruppe in der vorliegenden Studie auf den Exkursionen von einer neutralen Lehrperson unterrichtet. Die Exkursionseinheiten wurden dabei von zwei Lehramtsanwärter:innen im Master of Education Geographie geleitet, die sich im letzten Studiensemester befanden, somit eine vertiefte didaktische Ausbildung besaßen und jeweils über außerordentliche schulische Praxiserfahrungen verfügt haben (Praxissemester und Vertretungslehrstellen). Die beiden eingesetzten Lehrpersonen haben demnach zudem eine nahezu identische fachdidaktische und fachliche Ausbildung absolviert. Mithilfe eines detaillierten und konkreten Ablaufplans, an dem sich die studentischen Lehrkräfte bei der Durchführung der Exkursionseinheiten orientieren konnten, wurde die Vergleichbarkeit der Treatments an den jeweiligen Exkursionstagen gewährleistet (Anhang A1). Im Ablaufplan wurde zudem festgehalten, dass die studentischen Lehrkräfte möglichst wenig Einfluss auf den Ablauf der Intervention (z. B. durch das Beantworten von inhaltlichen Rückfragen) nehmen. Die im regulären Schulunterricht unterrichtenden Lehrkräfte hatten während der Exkursionseinheiten nur eine begleitende Funktion (u. a. Aufsichtspflicht), fungierten in keiner unterrichtenden Rolle und können damit als Einflussfaktor auf den Ablauf der Exkursionseinheiten ausgeschlossen werden. Aufgrund der methodischen Anlage der Exkursionen (Kap. 5.3), arbeiteten die Schüler:innen selbstständig und eigenverantwortlich in Kleingruppen, sodass während des Lernprozesses vor Ort keine Einflussnahme der begleitenden Lehrkräfte stattfand.

DÖRING und BORTZ (2016A, S. 201) empfehlen bei der Durchführung quasi-experimenteller Studien die Erhebung und statistische Kontrolle potentieller Störvariablen. Da die Intervention als Feldstudie im Realraum durchgeführt wurde, war es ein zentrales Anliegen, mögliche Störvariablen während der Exkursionen zu dokumentieren, um diese anschließend im Hinblick auf die ermittelten Forschungsergebnisse diskutieren zu können. Im Allgemeinen unterscheidet sich jeder Exkursi-

---

onstag in gewissen äußeren Rahmenbedingungen, die einen Einfluss auf die Ergebnisse nehmen können, die in einer Feldstudie außerhalb des Klassenraums allerdings akzeptiert werden müssen. Beispielsweise werden Einflüsse des Wetters (u. a. STREIFINGER 2010, S. 275), technische Probleme (u. a. SCHAAL et al. 2015, S. 23) oder Ablenkungen im Exkursionsraum, unter anderem durch die mobilen Endgeräte (u. a. MEDZINI et al. 2015, S. 18), als Störvariablen beim MOL bzw. auf Exkursionen identifiziert, die innerhalb der Studie durch eine teilnehmende Beobachtung (Kap. 5.4.5) systematisch erfasst wurden und als Faktoren in der späteren Ergebnisdiskussion aufgegriffen werden. Die teilnehmende Beobachtung wurde, während die Treatmentgruppen im Exkursionsgebiet gearbeitet haben, vom Studienplaner sowie begleitenden studentischen Hilfskräften durchgeführt.

Durch die im Vorfeld getätigten Überlegungen konnte bereits einigen potentiellen Störvaria-blen der Interventionsstudie entgegengewirkt werden. Durch die Eingrenzung des Durchführungszeitraums in den Frühlings- bis Sommermonaten des Jahres 2022 sollte zudem die Einflussvariable des Wetters vorab minimiert werden. Des Weiteren wurden im Rahmen der digital gestützten Exkursionen Tablets aus der Arbeitsgruppe Geographiedidaktik der Ruhr-Universität Bochum verwendet, sodass nicht auf Geräte der Schüler:innen zurückgegriffen werden musste. Dadurch waren die Funktionsfähigkeit und Wartung der verwendeten Geräte durch den Studienplaner sichergestellt.

5.2 Stichprobe

Die Auswahl der Stichprobe der vorliegenden Studie begründet sich aus curricularen Vorgaben sowie (forschungs-)organisatorischen und methodischen Aspekten. Als teilnehmende Jahrgangsstufe wurde die Klassenstufe EF (erstes Jahr der gymnasialen Oberstufe) in Nordrhein-Westfalen ausgewählt. Innerhalb des zugehörigen Kernlehrplans dieses Bundeslandes lassen sich im Inhaltsfeld 1 „Lebensräume und deren naturbedingte sowie anthropogen bedingte Gefährdung" (MSW 2014, S. 22 f.) fachliche Überschneidungen zur Gefährdung durch Hitze und Starkregen sowie deren Anpassung finden. Eine Legitimation der Studieninhalte war insbesondere bei der Gewinnung von Lehrer:innen für die Studienteilnahme sowie bei der Beantragung der Exkursion bei der Schulleitung für eine entsprechende Genehmigung ausschlaggebend. Die Jahrgangsstufe EF bot sich zudem für die Durchführung an, da diese zwar zur gymnasialen Oberstufe zählt, aber noch keine Zensuren in die Abiturnote einfließen und schulinterne Lehrpläne oftmals über größere Freiräume verfügen. Zudem war aufgrund ihres Alters davon auszugehen, dass sich Oberstufenschüler:innen pflichtbewusst und zunehmend selbstständig im Exkursionsraum mit zugehörigen Einverständniserklärungen der Erziehungsberechtigten aufhalten können.

Aufgrund forschungsökonomischer und organisatorischer Gründe wurden nur Schulen aus dem erweiterten räumlichen Umfeld des Ruhrgebiets berücksichtigt.

So konnte die problemfreie Anreise der Kurse mit öffentlichen Verkehrsmitteln in den Exkursionsraum Hörde gewährleistet werden. Ob die räumliche Distanz bzw. die Ortskundigkeit der Schüler:innen einen Einfluss auf das Abschneiden in der Studie besessen hat, wird unter anderem in Kapitel 6.6 analysiert. Für die Teilnahme an der Studie konnten an vier Dortmunder Schulen jeweils zwei Klassen gewonnen werden. Der Tabelle 10 ist eine entsprechende Zuteilung der partizipierenden Schulen mit ihren jeweiligen Kursen zu entnehmen.

Insgesamt nahmen 427 Proband:innen an mindestens einem Testzeitpunkt der Studie teil. Nach Bereinigung der Teilnehmer:innen, die nicht alle drei Testzeitpunkte absolviert haben, lässt sich eine wertbare Gesamtstichprobe von N = 303 Schüler:innen festhalten (Tabelle 10). Die Rücklaufquote lag somit bei 70 %. Im Allgemeinen lassen sich die Ausfälle als unsystematische Ausfälle kennzeichnen (DÖRING, BORTZ 2016B, S. 296), die innerhalb von Interventionsstudien mit mehreren Testzeitpunkten auftreten und nicht zu einer Verzerrung der Gesamtergebnisse führen.

Mit Blick auf die während der Studie stattfindende Corona-Pandemie wurde die Stichprobe bewusst hoch angesetzt, um dem erhöhten Risiko des Ausfalls an Teilnehmer:innen zu begegnen[11]. Weitere Restriktionen, die für einen Ausfall an Proband:innen gesorgt haben, waren nach Rücksprache mit den begleitenden Lehrkräften unter anderem Kollisionen mit Klausuren anderer Kurse, Klausurvorbereitungen oder Sportwettkämpfe, die sich insbesondere vor den Sommerferien durch verschiedene Feiertage terminlich im Schulalltag überschneiden.

Die Verteilung der 14 an den Exkursionen teilnehmenden Lerngruppen zur Experimental- bzw. Vergleichsgruppe erfolgte über eine zufällige Losung. Jedoch wurde darauf geachtet, dass jeweils sieben Lerngruppen der Experimental- und Vergleichsgruppe zugeordnet waren. Zudem konnten zwei Lerngruppen als Kontrollgruppen der Studie gewonnen werden. Insgesamt verteilte sich die Gesamtstichprobe auf 134 Schüler:innen in der Experimentalgruppe, 130 in der Vergleichsgruppe und 39 in der Kontrollgruppe.

---

[11] In der ersten Woche der Datenerhebung (KW 11/22) lag der Inzidenzwert für 11-19-jährige Personen bei 2281 Neuinfektionen pro 100.000 Personen innerhalb von 7 Tagen (STADT DORTMUND 2022).

Tab. 10 | Stichprobenplan der Interventionsstudie mit zugehörigen Testzeitpunkten (dunkelgrau = Kontrollgruppe; grau = Vergleichsgruppe; weiß = Experimentalgruppe).

Teilnehmende Kurse	Datum Pre-Test	Datum Post-Test	Datum Follow-Up-Test	Anzahl Proband:innen Pre/Post/Follow-Upgesamt / davon verwertbar
Recklinghausen	17.03.22	24.03.22	13.05.22	23/23/20 23/**19**
Dortmund 1.1	24.03.22	07.04.22	05.05.22	24/19/19 24/**18**
Essen	29.03.22	04.04.22	10.05.22	15/16/16 18/**13**
Gladbeck	30.03.22	05.04.22	04.05.22	22/19/21 22/**18**
Dortmund 1.2	30.03.22	08.04.22	05.05.22	27/20/20 27/**19**
Hagen	05.04.22	28.04.22	24.05.22	22/25/23 27/**20**
Dortmund 2.1	08.04.22	27.04.22	01.06.22	26/23/21 28/**19**
Dortmund 3.1	25.04.22	09.05.22	08.06.22	32/26/28 40/**20**
Dortmund 3.2	26.04.22	24.05.22	21.06.22	28/18/19 28/**18**
Iserlohn	27.04.22	04.05.22	01.06.22	19/19/17 19/**17**
Krefeld	09.05.22	16.05.22	08.06.22	41/34/41 44/**33**
Bochum	09.05.22	18.05.22	15.06.22	20/16/21 21/**16**
Dortmund 4.1	19.05.22	09.06.22	23.06.22	25/22/23 26/**19**
Dortmund 2.2	20.05.22	25.05.22	22.06.22	21/22/19 23/**18**
Mönchengladbach	20.05.22	27.05.22	17.06.22	27/21/23 29/**21**
Dortmund 4.2	23.05.22	30.05.22	20.06.22	26/23/19 28/**15**
Durchschnittlicher Abstand Pre- und Post-Test: **11,06 Tage**		Durchschnittlicher Abstand Post- und Follow-Up-Test: **28,06 Tage**		Gesamtzahl: 427/**303**

Erkrankungen von Lehrer:innen und Restriktionen durch Klausurtermine waren der Grund, dass der angestrebte Abstand zwischen Pre- und Post-Test von ca. einer Woche durchschnittlich 11.06 Tage betrug. Diese Zahl ist jedoch auf einzelne Ausreißer zurückzuführen. Da es sich um die Erhebung des Vorwissens der Proband:innen im Pre-Test handelt, wird davon ausgegangen, dass keine Verzerrungen zwischen den Gruppen entstanden sind. Durch die Erkrankungen der Lehrkräfte mussten jeweils kurzfristig neue Exkursionstermine im engen und ausgelasteten Terminplan der Studie gefunden werden. Der durchschnittliche Abstand der Exkursionen zum Follow-Up-Test lag bei 28.06 Tagen und entspricht damit der im Forschungsdesign angestrebten Zeitdauer von vier Wochen.

Die Altersdurchschnitte der einzelnen Interventionsgruppen lagen bei M = 15.8 (Experimentalgruppe), M = 16.15 (Vergleichsgruppe) und M = 15.82 Jahren (Kontrollgruppe). Insgesamt waren 45,60 % der Proband:innen männlich, 51,80 % weiblich und 2,60 % ohne binäre Geschlechterzugehörigkeit. Potentielle Einflüsse des Alters und des Geschlechts auf die Ergebnisse der Arbeit werden weiterführend in Kapitel 6 untersucht.

5.3 Gestaltung der Exkursionseinheiten

Bevor die den Exkursionseinheiten zugrundeliegenden, zentralen didaktischen Überlegungen konkretisierend beschrieben werden, findet eine kurze Legitimation der Auswahl des Exkursionsraums Dortmund-Hörde statt (Kap. 5.3.1). Im Anschluss werden die zentralen didaktischen Planungsentscheidungen sowie der Ablauf der Exkursionseinheiten dargestellt (Kap. 5.3.1). Dazu werden die Exkursionen der Experimental- und Vergleichsgruppe in ihren Grundzügen beschrieben (z. B. Funktionsweisen der verwendeten App Biparcours) (Kap. 5.3.3). Im Rahmen der Intervention ist es zudem entscheidend, die Unterschiede in der Gestaltung der Treat-ments der Experimental- und Vergleichsgruppe darzustellen. Dies geschieht unter der Verwendung des SAMR-Modells, das zur Beschreibung von Unterschieden zwischen digital und anlog gestützter Lernumgebungen als etabliert gilt (u. a. BRESGES 2018).

5.3.1 Auswahl des Exkursionsraums Dortmund-Hörde

Als Exkursionsraum der Interventionsstudie wurde der im Süden Dortmunds liegende Stadtteil Hörde ausgewählt. Diese Entscheidung beruhte auf verschiedenen organisatorischen und inhaltlichen Überlegungen.

Bedingt durch die montanindustrielle Historie Dortmund-Hördes hat der Stadtteil im Zuge des Strukturwandels innerhalb der letzten 15 Jahre eine Revitalisierung und Umnutzung ehemaliger Industrie- und Brachflächen erfahren (z. B. SCHULTE-DERNE 2010; HACHMEYER-ISPHORDING 2013; DITTMANN 2018). Dabei ist beispielsweise der Phoenix See als anthropogen angelegte Wasserfläche mit einer durchmischten

Umgebungsstruktur (Wohnen, Dienstleistungen, Naherholung) als überregional bekannter Standort auf dem Gelände des ehemaligen Stahlwerks der HOESCH bzw. Thyssen Krupp AG entstanden (Dittmann 2018, S. 35). Hörde fungiert für die Stadt Dortmund insgesamt als Vorzeigeprojekt bei der Bewältigung des Strukturwandels im Ruhrgebiet, da bei der Umgestaltung des Stadtteils verschiedene, aktuelle Ansätze der Stadtentwicklung, wie der Klimaanpassung von Städten, berücksichtigt wurden.

Bereits im Jahr 2017 wurde nach dreijähriger Entwicklungsphase ein Klimaanpassungskonzept für den Stadtbezirk Hörde veröffentlicht (Stadt Dortmund et al. 2017, S. 2). Zum damaligen Zeitpunkt stellte dies eines der ersten städtischen Anpassungskonzepte an die Extremwetter Hitze und Starkregen dar. Es wird daher von der Stadt Dortmund (2021, S. 7) auch als „Pilotvorhaben" bezeichnet. Innerhalb des Konzepts werden einzelne Raumbeispiele in Hörde aufgegriffen, an denen Anpassungsmaßnahmen zum Teil bereits umgesetzt wurden bzw. beabsichtigt sind. Das Konzept konnte dementsprechend als fundierte inhaltliche Grundlage für die Exkursionsplanung dieser Studie genutzt werden. Zudem wurde das auf Hörde zugeschnittene Anpassungskonzept (Stadt Dortmund et al. 2017) in den für die gesamte Stadt Dortmund geltenden „Masterplan integrierte Klimafolgenanpassung" (Stadt Dortmund 2021) aus dem Jahr 2021 mit eingebettet, sodass für das ganze Stadtgebiet auf umfangreiche Datengrundlagen und Kartenmaterialien zur Klimaanpassung zurückgegriffen werden konnte. Große Bereiche Hördes werden im aktuellen Anpassungskonzept als gefährdet gegenüber Hitze (Stadt Dortmund 2021, S. 21-24) sowie Starkregen (ebd., S. 35-38) eingeschätzt. Mithilfe der verfügbaren standortbezogenen Materialien kann den Schüler:innen während der Exkursion die Aktualität der Notwendigkeit einer Klimaanpassung in Dortmund-Hörde aufgezeigt werden. In geringer Entfernung lassen sich somit vor Ort verschiedenste Schwerpunkte und Maßnahmen einer bereits umgesetzten Klimaanpassung (z. B. Integration grüner und blauer Infrastrukturen oder Gestaltung von Häuserfassaden) im Exkursionsraum räumlich als Untersuchungsstandorte miteinander verknüpfen.

Im Hinblick auf die Arbeit mit Schülergruppen besitzt Hörde durch den Bahnhof im Ortskern eine geeignete verkehrstechnische Anbindung (Zug, U-Bahn, Bus), sodass die Erreichbarkeit für Schulen aus dem regionalen Umfeld des Ruhrgebiets gewährleistet ist. Zudem sind die größten Teile des Exkursionsraums (Hörder Stadtzentrum und Phoenix See) verkehrsberuhigt und eignen sich daher zur selbstständigen Erkundung von Lernenden. Auf der Exkursionsroute musste lediglich eine stärker befahrene Straße von den Schüler:innen über eine Ampel überquert werden. Durch die Navigation mit analogen und digitalen Kartenwerken und die Nutzung der Arbeitsmaterialien war es zu erwarten, dass die Schüler:innen während der Exkursion abgelenkt werden könnten, sodass die Auswahl eines verkehrssicheren Gebiets zwingend erforderlich war. Feulner (2020, S. 31) bezeichnet dies als

„Fokusproblem" der Lernenden, dem ergänzend mit einer Besprechung sicherheitsrelevanter Aspekte vor Ort und einer Begrenzung der Exkursionsroute entgegengewirkt werden kann.

Für die Exkursionsplanung der Studie konnten zudem auf Erkenntnisse und Erfahrungswerte einer fachwissenschaftlichen, für Lehramtsstudierende erstellten Exkursion, an der der Autor der Dissertation ebenfalls beteiligt war, zurückgegriffen werden (SCHMALOR et al. 2022; SCHMALOR et al. i. V.). Einige der in der Exkursion aufgegriffenen Standorte überschneiden sich mit den Planungen der vorliegenden Arbeit. Nach Rückmeldung der Studierenden verlief die Navigation und Arbeit im ausgewählten Exkursionsgebiet störungsfrei, sodass dies auch für Schülergruppen angenommen werden konnte. Neben der bisherigen fachlichen Auseinandersetzung innerhalb der Artikel von SCHMALOR et al. (2022; i. V.) sowie der vorliegenden Arbeit, besitzt der Autor zudem eine hohe persönliche Ortskenntnis in Dortmund-Hörde, die bei der Planung und Durchführung der Exkursionen von Vorteil war.

5.3.2 Grundlegende didaktische und methodische Überlegungen

Die Gestaltung der Exkursionseinheiten orientiert sich auf inhaltlicher Ebene an den in Kapitel 3 diskutierten fachlichen Grundlagen der Klimaanpassung an Hitze und Starkregen. Durch das für den Stadtteil Dortmund-Hörde erstellte Klimafolgenanpassungskonzept (Stadt Dortmund et al. 2017) konnten, bei einer im Vorfeld durchgeführten intensiven Begehung des Raums, verschiedene potentielle Exkursionsstandorte identifiziert werden.

Die Planung der exkursionsdidaktischen Unterrichtseinheit knüpft an den für das Land Nordrhein-Westfalen geltenden Kernlehrplan für die Sekundarstufe II Gymnasium/Gesamtschule des Fachs Geographie und dem dort enthaltenen Inhaltsfeld 1 „Lebensräume und deren naturbedingte sowie anthropogen bedingte Gefährdung" (MSW 2014, S. 22 f.) an. Unter anderem wird innerhalb der zugehörigen Sachkompetenz inhaltlich konkretisierend formuliert: „Die Schülerinnen und Schüler erläutern anthropogene Einflüsse auf gegenwärtige Klimaveränderungen und deren mögliche Auswirkungen (u. a. Zunahme von Hitzeperioden, Waldbränden und Starkregen und Sturmereignissen)" (ebd.).

Im Forschungsstand des MOL (Kap. 2.4) wurde aufgezeigt, dass konstruktivistische (Exkursions-)Methoden bisher nur vereinzelt in Forschungsarbeiten des MOL aufgegriffen wurden. Daher fanden diese, unter anderem nach Empfehlungen von FEULNER (2020, S. 424 ff.), eine erhöhte Berücksichtigung in den Exkursionsplanungen dieser Studie. Zudem wurde innerhalb der Planungen auf eine Variation aus kognitivistisch und konstruktivistisch geprägten Methoden geachtet, die in der Exkursionsdidaktik als vielversprechend und förderlich für den Lernzuwachs bewertet wird (OHL, NEEB 2012, S. 271 f.). SCHAUMBURG (2018, S. 37) konkretisiert, dass die didaktische Einbindung „in den Unterricht entscheidend für die Lerneffektivität digitaler Medien ist und dass schülerorientierte und konstruktivistische Ansätze hier ein größeres Potenzial aufweisen als die Einbindung in einen lehrerzentrierten Unterricht". Ähnliche Erkenntnisse lassen sich für Exkursionen, auch ohne digitale Hilfsmittel, anführen (OHL, NEEB 2012, S. 271 f.). Innerhalb der Exkursionsplanungen wurden deshalb unter anderem Elemente der konstruktivistischen Exkursionsmethoden der Rollenexkursion, der Spurensuche oder der individuellen Raumwahrnehmung aufgegriffen.

Im Rahmen der Entwicklung von digital gestützten Exkursionen kann auf verschiedene Design-Prinzipien und Handlungsvorschläge zurückgegriffen werden (z. B. HERRINGTON et al. 2009, S. 134; FRANCE et al. 2020, S. 226; LEE 2020, S. 17-21). Für den deutschsprachigen Raum formuliert beispielsweise HILLER (o.J.) im Rahmen des Projekts „ExpeditioN Stadt" Handlungsleitlinien für die Gestaltung von MOL-Lernumgebungen, an denen sich diese Arbeit maßgeblich orientiert hat. Die Leitlinien umfassen unter anderem Empfehlungen zur Förderung des situierten Lernens, zur Aufgabenkultur und zur Exkursionsdidaktik. Auch die Erkenntnisse von LUDE et al. (2013) und FEULNER (2020) zur Gestaltung von MOL-Lernumgebungen flossen in die Planung der Exkursionen ein. Ausgehend von diesen Grundlagen wurde zu Beginn die digital gestützte Exkursion erstellt und anschließend das analoge Pendant umgesetzt. Die Unterschiede zwischen den beiden Treatments werden in Kapitel 5.3.3.3 unter Berücksichtigung der medialen Zugänge mithilfe des SAMR-Modells diskutiert.

Im Sinne der Vergleichbarkeit von Experimental- und Vergleichsgruppe sollten beide Gruppen inhaltlich identische Unterrichtseinheiten absolvieren, sodass auch der Unterrichtsverlauf beider Treatmentgruppen gleich gestaltet wurde (Anhang A1). Daher waren auch die einzelnen Exkursionsstandorte der Gruppen im Untersuchungsraum Dortmund-Hörde identisch (Abbildung 17). Der jeweilige Exkursionstag begann inmitten des Hörder Stadtzentrums auf dem Markplatz (Standort 1). An dieser Stelle wurden die Schulgruppen vom Studienplaner sowie der durchführenden Lehrperson begrüßt. Innerhalb des problemorientierten Einstiegs wurden von der Lehrperson Bilder von Extremwetterereignissen durch Hitze und Starkregen verteilt, die anschließend von den Schüler:innen beschrieben und in einen gemeinsamen Zusammenhang gebracht werden sollten. Anschließend wurden die Bilder durch eine Schlagzeile bezüglich der Klimawandelfolgen in Städten ergänzt („Der Klimawandel ist DA! – Deutsche Städte müssen sich auf extreme Wetterereignisse vorbereiten"). Auf dieser Grundlage formulierten die Schüler:innen eine gemeinsame Leitfrage für den Exkursionstag (z. B. „Welche Extremwetterereignisse betreffen deutsche Städte und was kann getan werden, um sich vor diesen Ereignissen zu schützen?").

Im Anschluss erläuterte die unterrichtende Lehrperson den organisatorischen Ablauf des Exkursionstages. Dazu wurden die Schüler:innen in zufällige Dreiergruppen eingeteilt sowie Verhaltensregeln aufgestellt. Im Rahmen des selbstbestimmten Arbeitens der Lerngruppen war es zudem notwendig, eine Notfallnummer bereitzustellen, unter der die Exkursionsleitung erreichbar war. Die entsprechenden Treatmentgruppen wurden an dieser Stelle mit dem Exkursionsmaterial vertraut gemacht (z. B. Funktionsweisen der verwendeten App), um einen störungsfreien Ablauf der Lerneinheiten zu gewährleisten.

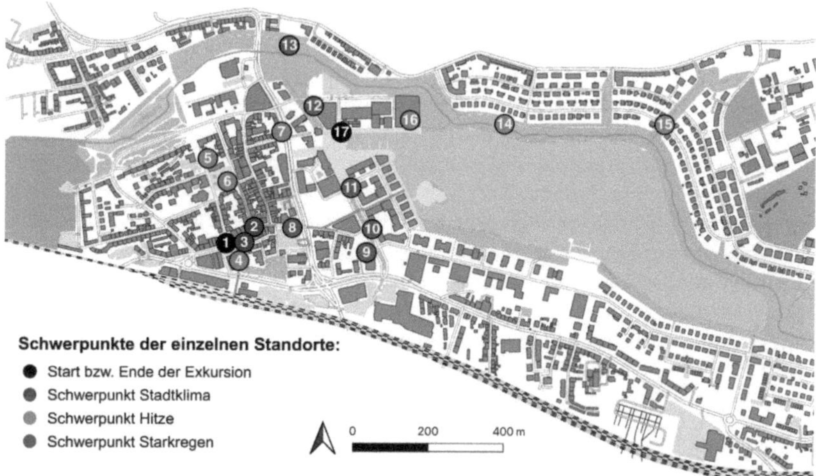

Abb. 17 | Überblick des Exkursionsgebiets in Dortmund-Hörde mit den 17 Standorten der Lerneinheiten (eigene Darstellung)

Die Exkursionsroute lässt sich mithilfe der Standorte in verschiedene inhaltliche Abschnitte untergliedern. Ein detaillierter Verlauf der Exkursionen von Experimental- und Vergleichsgruppe, inklusive der verwendeten Arbeitsaufträge, Medien und Methoden, befindet sich im Anhang (A3 & A4). Die Exkursionen begannen jeweils im Hörder Stadtteilzentrum, in dem der inhaltliche Schwerpunkt des Stadtklimas mit dessen Eigenschaften und Einflussfaktoren aufgegriffen wurde (Standorte 1 & 2). Anschließend fand an Standort 3 eine kurze Einführung in die Hintergründe der Klimaanpassung sowie die Abgrenzung zum Klimaschutz statt. Als erstes der beiden thematisierten Extremwetter wurde zunächst die Hitze schwerpunktmäßig an den Standorten 4 bis 7 aufgegriffen. Dabei setzten sich die Schüler:innen unter anderem mit der verstärkten Hitzegefährdung in Städten (Wärmeinseleffekt), den Auswirkungen von Hitze auf den menschlichen Körper, potentiellen Einflussfaktoren auf die persönliche Hitzegefährdung sowie individuell-verhaltensbezogenen und strukturellen (u. a. grüne Infrastruktur) Anpassungsmaßnahmen auseinander. Danach wurde die Gefährdung Dortmund-Hördes gegenüber Starkregen (u. a. hohe Flächenversiegelung) an den Standorten 8 bis 13 unter

Zuhilfenahme von Starkregengefährdungskarten und auf den Standort zugeschnittenen Anpassungsmaßnahmen (z. B. Retentionsflächen) ergründet. An den Standorten 14 bis 16 wurde wiederholt das Extremwetter Hitze aufgegriffen, indem innerhalb eines Neubaugebiets am Phoenix See Anpassungsmaßnahmen von Gebäuden gegenüber Hitze thematisiert wurden. Abgeschlossen wurden die Exkursionen am Standort 17 im Hafengebiet des Phoenix Sees.

In der abschließenden Sicherungsphase erhielten die Schüler:innen innerhalb ihrer Exkursionsgruppen den Auftrag, die Perspektive von Stadtplaner:innen im Sinne einer Handlungskompetenz einzunehmen und mithilfe von Buntstiften einen gezeichneten Marktplatz mit Anpassungsmaßnahmen an Hitze und Starkregen zu gestalten. Die Abbildung des gezeichneten Marktplatzes wurde gewählt, da diese dem finalen Standort der Exkursion ähnelt, an dem sich die Schüler:innen zu diesem Zeitpunkt befanden. Nach der Vorstellung der Zeichnungen im Plenum, konnten so die gestalteten Ergebnisse auf den tatsächlichen Exkursionsraum übertragen werden. Im Anschluss wurde die zu Anfang des Exkursionstages formulierte Leitfrage der Exkursion von den Schüler:innen beantwortet. Die Sicherung griff anschließend die zentralen thematisierten Anpassungsstrategien der Exkursion auf. Zudem wurde im Plenum die Arbeit auf den Exkursionen auf methodischer Ebene reflektiert. Im Anschluss verteilte die begleitende Lehrkraft die Fragebögen zur Erhebung des Wissensstands sowie der Motivation. Die im Schulunterricht praktizierenden und begleitenden Lehrkräfte wurden an dieser Stelle darauf hingewiesen, dass eine inhaltliche Nachbereitung der Exkursionsinhalte erst nach dem absolvierten Follow-Up-Test erwünscht war, um die Ergebnisse des Follow-Up-Testzeitpunkts zwischen den teilnehmenden Schulklassen nicht zu verfälschen.

5.3.3 Exkursionsplanungen

Um die Vergleichbarkeit von medialen Zugängen in Interventionsstudien zu gewährleisten, ist es essenziell, dass die methodischen Grundlagen der zu vergleichenden Medien keinen Änderungen unterliegen (THEYẞEN 2014, S. 67 f.; MIERWALD, BRAUCH 2020, S. 55). In der dargestellten Interventionsstudie war es daher beabsichtigt, die methodische Grundlage der Exkursion sowie die zu vermittelnden Inhalte zwischen der Experimental- und Vergleichsgruppe in größtmöglichem Maße identisch zu gestalten. Nur so ist es im Anschluss möglich, den Vergleich des medialen Zugangs (digital oder analog gestützte Exkursion) zielgerichtet empirisch zu analysieren.

Die planmäßige Variation der medialen Gestaltung zwischen analog und digital gestützter Exkursion war indes explizit gewollt, um in der Intervention mithilfe der Testinstrumente mögliche motivationale und kognitive Lerneffekte aufzeigen zu können. Deshalb sollte folgendes Zitat von MIERWALD und BRAUCH (2020, S. 42) beachtet werden: „Bei der Planung von Medienvergleichsstudien sollte mitbedacht werden, dass sich Medien sowohl in ihrer Gestaltung als auch in der Qualität und

Quantität der darin enthaltenen Informationen unterscheiden können, was wiederum beeinflusst, wie effektiv mit ihnen gelernt werden kann".

5.3.3.1 Experimentalgruppe (digital gestützte Exkursion)

Bevor eine vertiefende Beschreibung der in der Experimentalgruppe verwendeten App Biparcours stattfindet, aus der sich Implikationen für die verschiedenen Aufgabentypen vor Ort ergeben, werden grundlegende Planungsentscheidungen der digital gestützten Exkursion dargelegt. Die im Rahmen der Studie durchgeführte Lerneinheit der Experimentalgruppe lässt sich über den QR-Code (Abbildung 18) mithilfe der App Biparcours aufrufen.

Abb. 18 | QR-Code der Lerneinheit „Klimaanpassung in Dortmund-Hörde (RUB)" der Experimentalgruppe (Zugriff nur mithilfe der App Biparcours) (eigene Darstellung)

Trotz der potentiellen Verfügbarkeit der verwendeten App Biparcours für Smartphones, wurde für die Lerneinheiten dennoch die Nutzung von Tablets favorisiert. Bei den Tablets handelte es sich um Produkte der Firma Apple (Modell iPad Generation 8), die über den Lehrstuhl der Geographiedidaktik an der Ruhr-Universität Bochum bezogen wurden. Diese insgesamt zehn Tablets verfügten unter anderem über eine wasser- und wetterfeste Schutzhülle für den Outdoor-Einsatz. Durch die Koordinierung des Einsatzes der Tablets durch die Exkursionsleitung, konnte die potentielle Störvariable der technischen Störungen (z. B. Akkuleistung, Verfügbarkeit von mobilen Daten) reduziert werden. Im Gegensatz zu Smartphones eröffnen Tablets auch in Bezug auf die Größe ihrer Darstellungsfläche eine Vergleichbarkeit zur analog gestützten Exkursion, bei der mit Materialien im DIN A4 Format gearbeitet wurde. Insbesondere bei der Arbeit in Kleingruppen sind größere Bildschirme von Tablets denen von kleineren Smartphones vorzuziehen. Auch die Akkulaufzeit der Tablets war trotz der energieintensiven Verwendung des GPS-Signals zufriedenstellend, sodass nur im äußersten Notfall auf mobile Ladegeräte zurückgegriffen werden musste.

Für die Gestaltung und Durchführung der digital gestützten Exkursion wurde die App Biparcours ausgewählt. Diese ist für die gängigen Betriebssysteme iOS und Android für Smartphones und Tablets frei zugänglich verfügbar. Biparcours ist dabei eine vom „Bildungspartner NRW" für schulische Bildungszwecke (auch Lehrkräfteausbildung) des Landes NRW kostenlos zur Verfügung gestellte Anwendung. Diese App ist als „White-Lable-Lösung" der kommerziellen Actionbound App entwickelt worden, sodass die Handhabung der App Biparcours der von Actionbound stark ähnelt und die entsprechenden Funktionsweisen der Apps weitestgehend identisch sind. Für Actionbound existieren derweil verschiedene, meist konzeptionelle, (geographie-)didaktische Publikationen, die die Erstellung von digital gestützten Exkursionen aufgreifen (u. a. HERMES, KUCKUCK 2016; ACTIONBOUND OHG 2019; HILLER et al. 2019; SCHULER et al. 2019).

Die Erstellung einer Exkursion mit Biparcours findet über den zugehörigen Webauftritt (www.biparcours.de) statt. Hier ist es registrierten Nutzer:innen möglich, ihre eigenen Exkursionen zu erstellen sowie auf öffentliche Angebote anderer Personen oder Institutionen zurückzugreifen. Insgesamt sind über 11.000 öffentliche Angebote (Stand August 2023) auf der Plattform registriert, die vor ihrer jeweiligen Veröffentlichung vom Biparcours-Team hinsichtlich ihrer Eignung überprüft wurden.

An dieser Stelle wird ein grundlegender Überblick über die wichtigsten Funktionen der App gegeben. Die folgende Funktionsbeschreibung basiert auf der vom Biparcours-Team erstellten pädagogischen Handreichung sowie der zugehörigen Anleitung für den Parcours-Creator bei der Erstellung von Exkursionen mit der App (BILDUNGSPARTNER NRW o.J.; BILDUNGSPARTNER NRW 2020). Diese beiden Werke empfehlen sich ebenso für eine vertiefte Auseinandersetzung, da hier unter anderem auch auf hilfreiche Tipps zur abwechslungsreichen Gestaltung oder Aspekte der unterrichtlichen Vor- und Nachbereitung eingegangen wird.

Im Vorfeld der Erstellung einer eigenen digital gestützten Exkursion lassen sich über den Web-Creator einige Einstellungen für den Ablauf der realen Raumbegegnung vornehmen. So können beispielsweise, je nach Intention des Erstellers, Lerneinheiten im Einzel- oder Gruppenformat erstellt werden. Des Weiteren können weiterführende Informationen wie eine Kurzbeschreibung des Parcours oder die Sichtbarkeit der Exkursion auf der Plattform (öffentlich oder privat) ergänzt werden.

Bei der konkreten inhaltlichen und methodischen Ausgestaltung kann die planende Lehrkraft anschließend auf verschiedene Funktionen zurückgreifen. Das „Quiz" (Abbildung 19) stellt ein geschlossenes Aufgabenformat innerhalb der App dar, bei dem zwischen Single Choice, Multiple Choice oder Lösungseingaben per Text unterschieden werden kann. Außerdem besteht die Möglichkeit der Implementation von Fragestellungen, die mithilfe eines Schiebereglers (z. B. zum Schätzen einer Zahl) oder dem Sortieren einer Antwortliste gelöst werden können. Innerhalb der Kategorie „Quiz" erhalten die Schüler:innen im Anschluss an die Bearbeitung eine individuelles Feedback zur eingegebenen Lösung. Zudem werden korrekte Antworten als Gamification-Element in einem Punktesystem bewertet.

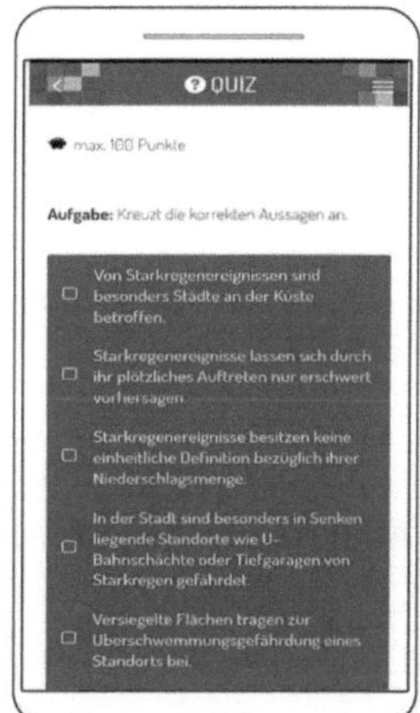
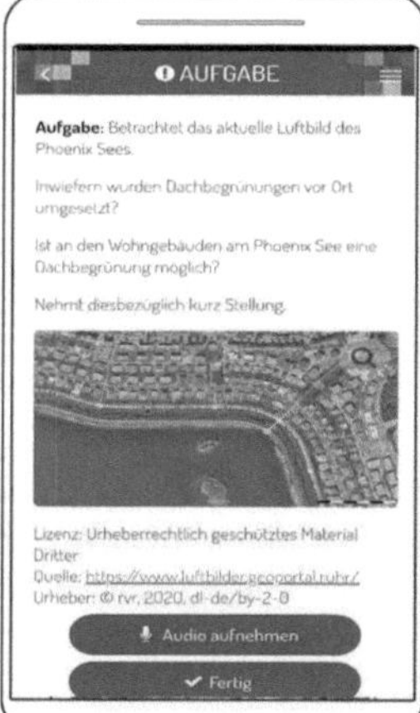

Abb. 19 | Nutzeroberfläche der App Biparcours mit den Funktionen Quiz, Aufgabe und Navigation (eigene Darstellung)

Unter der Rubrik „Aufgaben" (Abbildung 19) können offene und kreative Arbeitsaufträge erstellt werden, die innerhalb der Exkursion von den Lernenden gelöst werden müssen. Die Beantwortung der Aufgabenstellung kann dabei auf vielfältige Art und Weise stattfinden. So können Texteingaben und die Aufnahmen von Video-, Bild- oder Sprachdateien als Antwortformate fungieren. Aufgaben zeichnen sich durch ihre individuellen Gestaltungs- und Lösungsmöglichkeiten aus. In diesem Format bietet es sich daher an, die intendierten konstruktivistischen Exkursionsmethoden zu integrieren, die eine gewisse Offenheit bei der Beantwortung ermöglichen und einen großen Bewertungsspielraum bieten. Eine Punktevergabe bzw. ein Lösungsfeedback beim Format Aufgaben kann aufgrund der Offenheit der Aufgabenstellung daher nicht appgestützt stattfinden.

Mithilfe der GPS-Ortung (Kategorie: „Ort finden") werden die Exkursionsteilneh-mer:innen an ausgewählte Untersuchungsorte geführt, an denen ortsbezogene Aufgaben gelöst werden müssen. Die Navigation findet dabei entweder über eine Karte mit Live-Standort (Abbildung 19) oder einen Kompass mit Entfernungsanga-ben zum Zielort statt. Auch bei der erfolgreichen Ankunft am Zielort werden von der App Belohnungspunkte vergeben. Aufgrund der besseren Vergleichbarkeit der Navigation zwischen Experimental- und Vergleichsgruppe wurde auf die Funktion der Live-Karte der App Biparcours innerhalb der digital gestützten Exkursion zu-rückgegriffen.

Das Nutzungstool der „Umfrage" kann verwendet werden, um einerseits Mei-nungsumfragen innerhalb der Spielergruppe oder andererseits Befragungen, bei-spielsweise von Passanten, durchzuführen. Die Befragung stellt dabei eine in der Geographie verbreitete Arbeitsweise dar, die auch in der Fachwissenschaft einge-setzt wird (Rinschede, Siegmund 2020, S. 93).

Da die Funktionen „QR-Code scannen" und „Turnier" keine Berücksichtigung in der späteren Exkursionsplanung finden, sei für ihre Beschreibung auf die oben ge-nannten Veröffentlichungen des Biparcours-Teams verwiesen.

Nach der erfolgreichen Erstellung und Veröffentlichung über den Webauftritt lässt sich die digital gestützte Exkursion über die zugehörige App Biparcours auffinden. Dabei können Lernangebote auch über die GPS-Funktion, eine einfache Suchein-gabe oder das Scannen eines QR-Codes gefunden werden. Die in Abbildung 19 aufgeführten Ausschnitte der Benutzeroberfläche zeigen den einfachen Aufbau der App, der zusätzlich bei der Erstellung mit visuellen Akzenten wie Fotos oder Abbildungen ergänzt werden kann. Empfehlenswert für die Nutzung der App im Exkursionsgelände ist die Möglichkeit des Downloads der medialen Inhalte im Vor-feld der Exkursiom, sodass während der eigentlichen Durchführung nur wenig Da-tenvolumen verbraucht wird. Diese Funktion entgegnet den von Chatel und Falk (2017, S. 163) beschriebenen Problemen einer mangelnden Abdeckung des Mo-bildfuknetzes im Exkursionsgebiet sowie eines geringen Datenvolumes auf den mobilen Endgeräten im Rahmen MOL-Lerneinheiten.

5.3.3.2 Vergleichsgruppe (analog gestützte Exkursion)

Ausgehend von den Planungen der Experimentalgruppe wurde für die Vergleichs-gruppe eine inhaltlich identische Exkursion entworfen, die nicht über eine App, sondern als Exkursion über ein analoges Papierformat umgesetzt war (Anhang A4). Die methodische Variation in der Vergleichsgruppe lag darin, dass die Schüler:in-nen sich hier keinem digitalen Hilfsmittel bedienen, sondern von analogen Arbeits-blättern geleitet wurden. Neben einem Klemmbrett mit den insgesamt 27 be-druckten DIN A4 Seiten erhielten die Lernenden eine laminierte Karte im Format DIN A3, auf der die einzelnen Untersuchungsstandorte im Exkursionsgebiet darge-stellt waren. Die verwendete Karte wurde nach Rücksprache mit Expert:innen aus der Geographiedidaktik und Geomatik der Ruhr-Universität Bochum erstellt. Die Grundkarte ist eine OpenStreetMap-Darstellung, bei der Straßennamen, verkehrsinfrastrukturelle Informationen (z. B. Parkplätze oder U-Bahnstationen) sowie eine farbliche Abstufung verschiedener Flächennutzungen für eine bessere realräumliche Orientierung der Proband:innen ergänzt wurden (Anhang A4). Die räumliche Orientierung, als eine der Kompetenzbereiche der Bildungsstandards (DGfG 2020, S. 16), ist eine in verschiedenen empirischen, exkursionsdidaktischen Studien aufgegriffene Variable (u. a. NEEB 2012; HEMMER et al. 2015; WRENGER 2015). Aktuelle Untersuchungen befassen sich beispielsweise auch mit den Unterschieden beim Navigationsverhalten unter der Nutzung von digitalen bzw. analogen Kartenwerken (u. a. HERGAN, UMEK 2017; COLLINS 2018). Im Rahmen dieser Arbeit wurden bewusst die Untersuchungsvariablen Motivation und Zuwachs an Fachwissen als zentrale Forschungsschwerpunkte des MOL anstelle der realräumlichen Orientierungskompetenz in den Fokus gerückt.

Zur besseren Übersicht für die Schüler:innen gab es zwei grundlegend verschiedene Aufgabenarten in der Vergleichsgruppe, die entweder rot oder grün gekennzeichnet gewesen sind. Bei rot gekennzeichneten Aufgaben handelte es sich um Standortwechsel, bei denen der nächste Untersuchungsort mithilfe der Karte gefunden werden musste. Teilweise waren während der Ortswechsel auch Beobachtungsaufträge integriert. Grün markierte Aufgaben waren hingegen so konzipiert, dass sie an einem konkreten Standort gelöst werden mussten. Anders als bei der digital gestützten Exkursion musste in der Vergleichsgruppe auf schriftliche Texte zur Lösung von Aufgaben zurückgegriffen werden. Daher waren bei den jeweiligen Aufgaben Linien integriert, die von den Schüler:innen bei der Beantwortung genutzt werden sollten. Die zentralen Unterschiede der Aufgabenformate zwischen Experimental- und Vergleichsgruppe werden im folgenden Kapitel unter Zuhilfenahme des SAMR-Modells detailliert dargestellt.

5.3.3.3 Unterschiede der Treatments unter Berücksichtigung des SAMR-Modells

Zur transparenten Unterscheidung der medialen Gestaltungen der Exkursionseinheiten der Experimental- und Vergleichsgruppe wird das SAMR-Modell nach PUENTEDURA (2009; 2012) zur Hilfe genommen, das unter anderem von BRESGES (2018, S. 613) zur Planung von medienvergleichenden Interventionsstudien empfohlen wird. Mithilfe dieses Modells lässt sich die fachdidaktische Variation zwischen analogen und digitalen Medien und Aufgabenformaten in einer vierstufigen Skala beschreiben (Abbildung 20). Der Name SAMR steht für die vier Stufen Ersetzung (**S**ubstitution), Erweiterung (**A**ugmentation), Änderung (**M**odification) und Neubelegung (**R**edefinition).

Bei der Ersetzung fungieren digitale Hilfsmittel als direkter Ersatz für analoge Varianten, ohne eine funktionale Verbesserung zu erzeugen. Ein Beispiel hierfür ist das Lesen von Texten auf digitalen Medien, das sich nicht vom Lesen auf Papier unterscheidet. Ein Text kann demnach sowohl analog als auch digital über ein pdf-Dokument dargestellt werden.

Die Erweiterung beinhaltet digitale Arbeitsmittel, die ebenfalls direkter Ersatz von analogen Werkzeugen sind, jedoch eine funktionale Verbesserung für die Lehr-/Lernprozesse eröffnen. Auch auf dieser Ebene ist es möglich, verschiedenste Beispiele, wie eine automatische Rechtschreibprüfung von Textsoftware oder das Erstellen von digitalen Power-Point-Präsentationen statt Plakaten, zu nennen.

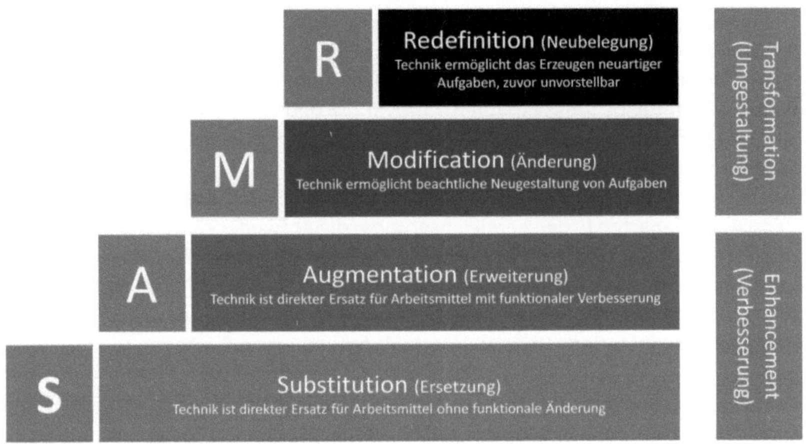

Abb. 20 | Stufen des SAMR-Modells (eigene Darstellung nach WILLKE 2016)

Die Änderung wird von PUENTEDURA (2012) in den Bereich der Umgestaltung von Aufgaben durch digitale Medien eingeordnet. Dabei sollen, im Gegensatz zur Ersetzung und Erweiterung, digitale Werkzeuge und Unterstützungen explizit Verwendung finden, die mit analogen Pendants nicht in entsprechendem Maße und nur mit hohem Aufwand umgesetzt werden können. So ist es beispielsweise digital gestützt möglich, multimediale Elemente (z. B. Audioaufnahmen oder Fotos) als Lösungen von Aufgaben mit digitalen Medien anzufertigen. Mit analogen Hilfsmitteln ist dies im Unterricht nicht möglich und müsste in anderer Form umgesetzt werden.

Innerhalb der Neubelegung finden Aufgabenformate Berücksichtigung, die neuartige Lernprozesse ermöglichen, die ohne digitale Medien nicht umsetzbar wären. So ermöglichen digital gestützte Lernplattformen beispielsweise individuelle Lernangebote, bei denen Schüler:innen beim Lösen von Aufgaben ein unmittelbares und auf sie zugeschnittenes Feedback erhalten.

HILLER et al. (2019, S. 16) halten zusammenfassend fest: „Im SAMR-Modell werden somit in vier Stufen analoge Medien mit digitalen verglichen. Die unterste Stufe ist ein einfacher Ersatz ohne jeglichen Mehrwert, die oberste hingegen ist gekennzeichnet durch neuartige Aufgaben, die ohne die Geräte nicht möglich sind".

Das SAMR-Schema ist laut HILTON (2016, S. 70) derweil nicht als hierarchische Struktur gedacht, obwohl der graphische Aufbau dies suggeriert. HAMILTON et al. (2016, S. 436 f.) weisen diesbezüglich auf Grundlage einer Meta-Studie darauf hin, dass digitale Medien, die in der Stufe Neubelegung eingeordnet werden, nicht unbedingt zu den größten Lernerfolgen bei Schüler:innen führen müssen. So werden auch in den Bereichen der Ersetzung, Erweiterung und Änderung positive Lerneffekte nachgewiesen, sodass jede Stufe wichtige Erkenntnisse zur Implementation digitaler Medien im Unterricht liefern kann.

In der deutschsprachigen und internationalen mediendidaktischen Forschung wird das SAMR- Schema zur Analyse und Beschreibung digitaler Lernangebote in verschiedenen empirischen Studien und konzeptionellen Arbeiten des MOL aufgegriffen (u. a. MÜLLER et al. 2017; HILLER et al. 2019; KRAMER et al. 2019; CROMPTON, BURKE 2020; DRUGOVA et al. 2021). Seit der Entwicklung des Modells durch Puentedura (2009) besitzt SAMR zudem eine Popularität in der praktischen unterrichtlichen Auseinandersetzung (KIMMONS, HALL 2018, S. 29) und wird von Lehrkräften als wertvoll für den Unterricht evaluiert (ebd., S. 34). Aufgrund seiner Akzeptanz in Forschung und Unterrichtspraxis wird an dieser Stelle der Arbeit auf dieses Modell zurückgegriffen. In Tabelle 12 sind die bei den Exkursionen verwendeten Medien und Aufgabenformate aufgeführt und begründet ins SAMR-Schema eingeordnet, sodass die Unterschiede und bewussten Variationen der Exkursionskonzeptionen zwischen Experimental- und Vergleichsgruppe transparent dargestellt werden. Zudem helfen folgende von PUENTEDURA (2020) formulierten Kontrollfragen dabei, die Variation der verwendeten Medien und Arbeitsweisen in die einzelnen Stufen des SAMR-Modells einzuordnen (Tabelle 11).

Tab. 11 | Kontrollfragen zur Zuordnung digitaler Medien in die Stufen des SAMR-Modells (PUENTEDURA 2020).

Substitution: - What will I gain by replacing the older technology with the new technology?
Substitution to Augmentation: - Have I added an improvement to the task process that could not be accomplished with the older technology at a fundamental level? - How does this feature contribute to my design?
Augmentation to Modification: - How is the original task modified? - Does this modification fundamentally depend upon the new technology? - How does this modification contribute to my design?
Modification to Redefinition: - What is the new task? - Will any portion of the original task be retained? - How is the new task uniquely made possible by the new technology? - How does it contribute to my design?

Tab. 12 | Zuordnung der in der Interventionsstudie verwendeten Aufgabentypen und Medien ins SAMR-Modell

analog gestützte Exkursion	digital gestützte Exkursion	SAMR-Stufe	Begründung der Einordnung
Information Text	Information Text	Ersetzung	Zwischen der analog und digital dargestellten Textinformation besteht keine funktionale Änderung zwischen den analogen und digitalen Ansätzen.
Information Bild	Information Bild	Ersetzung	Sowohl bei der analog als digital gestützten Exkursion können Bilder in identischer Weise dargestellt werden.
Information Text	Information Audio	Erweiterung	Texte können auf der digital gestützten Exkursion durch Audiodateien ersetzt werden, die im Gelände angehört werden können.
Information Bild, Text	Information Video	Erweiterung	Die analoge Darstellung von Bild und Text kann in der digital gestützten Exkursion als Video dargestellt werden, das mitunter auch Audioelemente erhalten kann.

Navigation Karte	Navigation Live-Karte	Änderung	Die analog gestützte Navigation über eine Karte wird im digital gestützten Format als Karte mit Live-Standort sowie einer Zoom-Funktion umgesetzt.
Navigation Karte	Navigation Live-Kompass	Änderung	Die analog gestützte Navigation über eine Karte wird im digital gestützten Format als Live-Kompass mit sich anpassenden Entfernungsangaben zum Ziel umgesetzt.
Aufgabe Texteingabe	Aufgabe Texteingabe	Ersetzung	Eine Texteingabe in der analog gestützten Exkursion wird in identischer Weise auf einer digital gestützten Benutzeroberfläche umgesetzt.
Aufgabe Texteingabe	Aufgabe Audio aufnehmen	Erweiterung	Während die digital gestützte Exkursion es ermöglicht, Audioeingaben zu tätigen, ist dies in der analogen Variante nur über einen Schrifttext möglich. Da in beiden Fällen die Sprache der Proband:innen erhoben wird, wird die Kategorie Erweiterung gewählt.
Aufgabe Texteingabe	Aufgabe Foto aufnehmen	Erweiterung	Mithilfe der Kamerafunktion der Tablets innerhalb der digital gestützten Exkursion lassen sich Fotos aufnehmen und entsprechend vielfältige Aufgaben formulieren. Bei der analog gestützten Variante müssen diese Aufgaben stark verändert und in Form eines schriftlichen Texts umgestaltet werden.
Aufgabe Texteingabe	Aufgabe Video aufnehmen	Erweiterung	Mithilfe der Kamera- und Mikrofonfunktion der Tablets innerhalb der digital gestützten Exkursion lassen sich Videos aufnehmen und entsprechend vielfältige Aufgaben formulieren. Bei der analog gestützten Variante müssen diese Aufgaben stark verändert und in Form eines schriftlichen Texts umgestaltet werden.
Kein Feedback zur Lösungseingabe der Aufgaben	Feedback mit Punktesystem zur Lösungseingabe	Neubelegung	Das in der App implementierte Punktesystem liefert beim Beantworten von Fragestellungen der Funktion „Quiz" (Kap. 5.3.3.1) eine unmittelbare, individuelle Rückmeldung über den Lernerfolg. Bei der analog gestützten Exkursion ist es nicht machbar, den Lernenden eine direkte Rückmeldung des Lernerfolgs zu geben.

Durch die in Tabelle 12 getätigten Zuteilungen der in der digital gestützten Exkursion möglichen Aufgabenformate und Medien in die einzelnen Stufen des SAMR-Modells wird deutlich, dass die verwendete App verschiedene methodische Gestaltungen zulässt, die nicht in identischem Maße innerhalb der analog gestützten Exkursion abzubilden sind. Bezüglich der Planungen wurde sich bewusst dazu entschieden, die vielfältigen Funktionsweisen, die die App ermöglicht, auszuschöpfen, sodass abschließend das Potential der digital gestützten Exkursion im Vergleich zur inhaltsgleichen analog gestützten Exkursion beurteilt werden kann. Entsprechende Unterschiede zwischen den Exkursionsformaten und ihrer zugehörigen möglichen Einflüsse auf die Studienergebnisse werden im Rahmen der Diskussion in Kapitel 7 aufgegriffen.

Im Folgenden werden kurz zwei Beispiele (Abbildung 21 & Abbildung 22) der Exkursionsplanungen mit ihren Unterschieden zwischen Experimental- und Vergleichsgruppe vorgestellt. Das erste Beispiel zeigt eine Zuordnungsaufgabe, in der verschiedene Oberflächen gemäß ihrer Albedo angeordnet werden müssen. Während in der digital gestützten Exkursion die Anordnung der verschiedenen Oberflächen über das Verschieben der Bilder stattfindet, müssen die Proband:innen der Vergleichsgruppe die etwaigen Bilder in den zugehörigen Kästchen mit aufsteigenden Nummern versehen. Diese Aufgabe lässt sich beispielhaft der SAMR-Stufe der Erweiterung zuordnen, da sich die Aufgabe zwischen digital und analog gestütztem Format stark ähnelt, aber aufgrund des digitalen Zugangs eine intuitivere Zuordnung durch das Verschieben der Bilder möglich ist. Diese gestattet es, Anordnungen mehrfach zu verändern, bevor die entsprechende Antwort abgegeben wird. Zudem erhalten die Schüler:innen der Experimentalgruppe infolge der Beantwortung ein Feedback über die Korrektheit ihrer Auswahl. Dieses durch die App gegebene Feedback ist lediglich bei geschlossenen Aufgabentypen möglich und in der analog gestützten Exkursion nicht vergleichbar umsetzbar.

 Das zweite Beispiel zeigt eine Begründungsaufgabe der Exkursionsformate, in der die Proband:innen anhand eines Wärmebilds zweier Häuserfassaden, vor denen sie bei der Bearbeitung vor Ort stehen, die unterschiedliche Erwärmung einzelner Bestandteile der Häuser erklären sollen. Die Lösungseingabe bei der Experimentalgruppe erfolgt an dieser Stelle über das Einsprechen einer Sprachnachricht, während im analogen Format eine schriftliche Begründung im bereitgestellten Textfeld erfolgt. Da sich die mündliche Rückmeldung als Sprachnachricht von der methodischen Anlage stark von der schriftlichen, analogen Beantwortung unterscheidet, lässt sich das Beispiel in die SAMR-Stufe der Erweiterung einordnen. Eine andere analoge Umsetzung der Sprachaufnahme ist bei der Vergleichsgruppe nicht möglich. Da es sich in diesem Beispiel um ein offenes Aufgabenformat handelt und hier individuelle Lösungen der Schüler:innen erwartet werden, eröffnet die App Biparcours hier kein Feedback über die Korrektheit der Beantwortung.

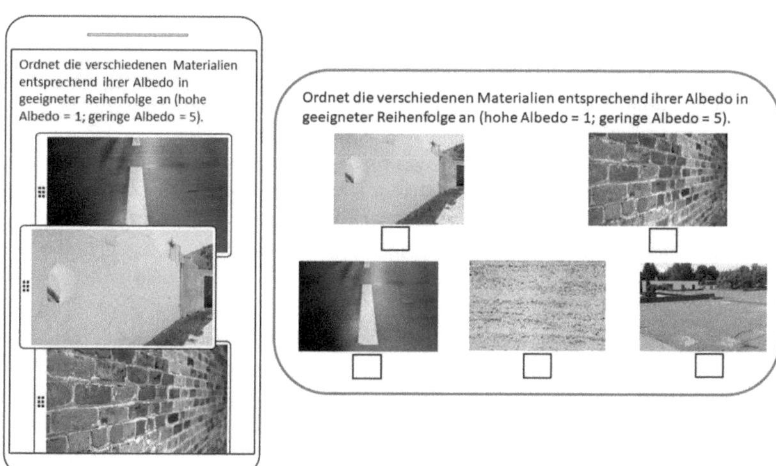

Abb. 21 | Beispiel einer Zuordnungsaufgabe aus digital und analog gestützter Exkursion (eigene Darstellung)

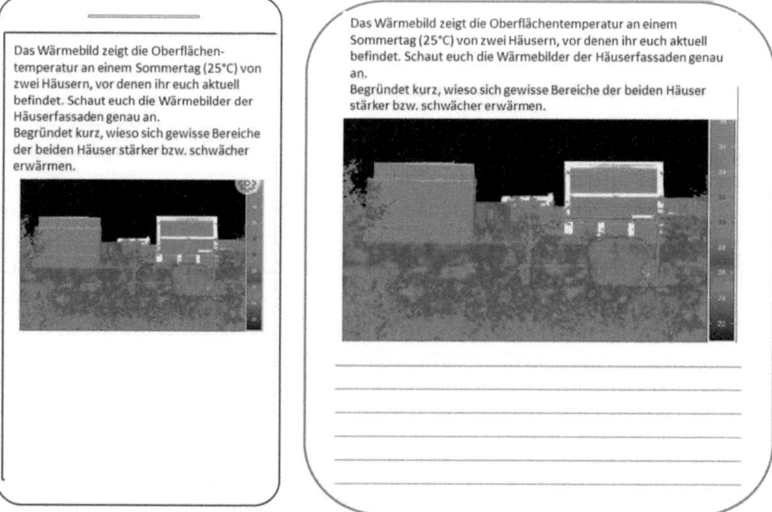

Abb. 22 | Beispiel einer Begründungsaufgabe aus digital und analog gestützter Exkursion (eigene Darstellung)

5.4 Erhebungsinstrumente

Zur Beantwortung der in Kapitel 4 formulierten Forschungsfragen, wurden in der geplanten Studie verschiedene Messinstrument zur Datenerhebung verwendet. Zu Beginn dieses Kapitels wird daher in Kapitel 5.4.1 ein Einblick in die Entwicklung und Pilotierung des quantitativen Fragebogens zur Messung des Fachwissens zur Klimaanpassung gegeben. Dafür ist zudem eine Spezifizierung des zu messenden Konstrukts innerhalb des Kompetenzbereich Fachwissen notwendig. In den anschließenden Kapiteln wird das final eingesetzte Testinstrument dargestellt (Kap. 5.4.2) sowie einer bewertenden Analyse hinsichtlich der Gütekriterien Objektivität, Reliabilität und Validität unterzogen (5.4.3). Zudem werden die weiteren eingesetzten Erhebungsinstrumente Kurzskala intrinsische Motivation (KIM) (Kap. 5.4.4), teilnehmende Beobachtung (Kap. 5.4.5) sowie GPS-Tracking (Kap. 5.4.6) konkretisierend beschrieben. Den Abschluss des Kapitels bildet eine Erläuterung der bei den statistischen Analysen in Kapitel 6 angewendeten Verfahren mit ihren jeweiligen Voraussetzungen unter besonderer Berücksichtigung der Kontrastanalyse als Sonderform der Varianzanalyse (Kap. 5.5.1).

5.4.1 Entwicklung und Pilotierung eines Testinstruments zur Messung von Fachwissen zur Klimaanpassung

Zur Beantwortung der Forschungsfragen war es notwendig, einen Test zur Messung von Fachwissen zur Klimaanpassung an die Extremwetterereignisse Hitze und Starkregen zu entwickeln, da bisher kein vergleichbares Testinstrument bekannt ist. Während die Kurzskala der intrinsischen Motivation (KIM), aufgrund ihrer verbreiteten Verwendung in der außerschulischen Motivationsforschung nach einer geringen Modifikation eingesetzt werden konnte (Kapitel 5.4.4) und die teilnehmende Beobachtung nach Rücksprache mit (Fach-)didaktiker:innen erstellt wurde (Kapitel 5.4.5), war es bei der Entwicklung des eigens erstellten Instruments zur Erhebung des Fachwissen zur Klimaanpassung erforderlich, verschiedene qualitative und statistische Verfahren zur Entwicklung und Analyse der Testitems anzuwenden. Die Konstruktion und Selektion „guter" Items ist dabei nach BRANDT und MOOSBRUGGER (2020, S. 52) von zentraler Bedeutung, um den Test möglichst reliabel und valide, aber gleichzeitig auch hinreichend kurz und ökonomisch zu gestalten. Das wesentliche übergeordnete Ziel des Fragebogens war es, das Fachwissen zum Inhaltsbereich der Klimaanpassung von Städten an die Extremwetterereignisse Starkregen und Hitze in seinen verschiedenen Facetten zu erfassen und zu überprüfen. Im folgenden Exkurs findet daher eine Einführung in das Konstrukt des Fachwissens als ein Kompetenzbereich des Geographieunterrichts (DGFG 2020, S. 9) statt.

Exkurs: Fachwissen als Kompetenzbereich des Geographieunterrichts
Die fachliche Bildung einer Fachdisziplin lässt sich in ihrer Gesamtheit nur begrenzt messen. Deshalb ist es sinnvoll, sich auf einzelne fachliche Bestandteile und Kompetenzen zu beschränken, um die Komplexität des Untersuchungskonstrukts zu reduzieren (Loerwald & Schnell 2016: 60). Für den mündigen Umgang mit komplexen Mensch-Umwelt Beziehungen, wie der Klimaanpassung, verweisen Lux & Budke (2020: 22) darauf, dass der Kompetenzbereich Fachwissen die Grundlage für das Verstehen und eine fundierte Problemlösefähigkeit als Teil der geographischen Bildung bei Schüler:innen bildet.
In der vorliegenden Arbeit wird das Fachwissen als eine Kompetenz nach der Definition von Weinert (2001: 27) angesehen: „Kompetenzen sind die bei Individuen verfügbaren oder von ihnen erlernbaren kognitiven Fähigkeiten und Fertigkeiten, bestimmte Probleme zu lösen, sowie die damit verbundenen motivationalen, volitionalen und sozialen Bereitschaften und Fähigkeiten, die Problemlösungen in variablen Situationen erfolgreich und verantwortungsvoll nutzen zu können". Gemäß den Bildungsstandards des Faches Geographie (DGfG 2020: 31) stellt Fachwissen die Fähigkeit dar, „Räume auf den verschiedenen Maßstabsebenen als natur- und humangeographische Systeme zu erfassen und Wechselbeziehungen zwischen Mensch und Umwelt analysieren zu können". Das Fachwissen bildet dabei den grundlegenden Kompetenzbereich des Faches, auf dem unter anderem die Kompetenzen Beurteilen/Bewerten sowie Handlung aufbauen (DGfG 2020: 23 bzw. 26). Zudem weist Fögele (2016: 56) darauf hin, dass auch die Basiskonzepte des Faches Geographie schwerpunktmäßig innerhalb des Kompetenzbereichs Fachwissen verortet sind.
Zur Differenzierung des Fachwissens lassen sich verschiedene Anforderungsbereiche (AFB) anführen, die einzelne Niveaustufen der Kompetenz näher konkretisieren und die auch im Rahmen der Erstellung des Testinstruments eine Berücksichtigung finden. Ähnliche Definitionen der AFB finden sich zudem im Kernlehrplan des Bundeslands Nordrhein-Westfalen der Sekundarstufe II (MSW 2014: 51) sowie den Einheitlichen Prüfungsanforderungen des Zentralabiturs (KMK 2005: 6 f.), in denen unter anderem auch den AFB zugehörige Operatoren definiert werden. Probst (2020: 2) weist darauf hin, dass die AFB II und III einem Transfer entsprechen, um im AFB I „erworbenes Wissen oder erlernte Fähigkeiten in andere Situationen und Aufgaben mit neuen Anforderungen anzuwenden".

Tab. 13 | Definition der Anforderungsbereiche (AFB) im Kompetenzbereich Fachwissen gemäß der Bildungsstandards Geographie (DGFG 2020, S. 31).

	Allgemeine Definition	Konkretisierung für die Kompetenz Fachwissen
AFB I (Reproduktion)	… umfasst das Wiedergeben und Beschreiben von fachspezifischen Sachverhalten aus einem abgegrenzten Gebiet und im gelernten Zusammenhang unter reproduktivem Benutzen eingeübter Arbeitstechniken und Verfahrensweisen. Dies erfordert vor allem Reproduktionsleistungen.	Merkmale und Sachverhalte beschreiben
AFB II (Reorganisation und Transfer)	… umfasst das selbstständige Erklären, Bearbeiten und Ordnen bekannter fachspezifischer Inhalte und das angemessene Anwenden gelernter Inhalte, Methoden und Verfahren auf andere Sachverhalte	Funktionen von Faktoren erklären und Zusammenhänge in Systemen erläutern
AFB III (Reflexion und Problemlösung)	… umfasst den selbstständigen reflexiven Umgang mit neuen Problemstellungen, den eingesetzten Methoden sowie Verfahren und gewonnenen Erkenntnissen, um zu Begründungen, Deutungen, Folgerungen, Beurteilungen und Handlungsoptionen zu gelangen. Dies erfordert vor allem Leistungen der Reflexion und Problemlösung.	Systeme untersuchen; Mensch-Umwelt-Beziehungen problembezogen erörtern und reflektieren

Für die Erstellung des Erhebungsinstruments zur Messung von Fachwissen zur Klimaanpassung wurden auf Grundlage der fachlichen Auseinandersetzung (Kap. 3) und unter Berücksichtigung der Exkursionskonzeptionen (Kap. 5.3) in einem ersten Schritt deduktiv verschiedene Testitems entwickelt, die die auf den Exkursionen vermittelten Inhalte abbilden sollten (Abbildung 23). Die theoriebasierte Ableitung von Items wird als erfahrungsgeleitet-intuitiver Ansatz bezeichnet (BÜHNER 2021, S. 28 f.). Dabei wurden die Empfehlungen von NEUHAUS und BRAUN (2007, S. 139-146) bzw. MOOSBRUGGER und BRANDT (2020, S. 75-87) zur Erstellung und Formulierung von Testitems berücksichtigt (z. B. Vermeidung mehrdeutiger Begriffe, angemessene Fachsprache). Anschließend wurden die sogenannten „Rohitems" von Fachdidakter:innen sowie Lehrpersonen begutachtet. Dieses Vorgehen wird von DÖRING und BORTZ (2016C, S. 411) auch als Fragebogenkonferenz bezeichnet, auf deren Grundlage Unstimmigkeiten der Items, beispielsweise aus fachlicher und sprachlicher Sicht, behoben werden können. Die Bewertung des Fragebogens durch Expert:innen erhöht zudem die Inhaltsvalidität (Kap. 5.4.3.3) als Gütekriterium eines Fragebogens. Als „einfachste und zeitlich effektivste Erprobungsmethode zur Verständlichkeitsüberprüfung" empfehlen BRANDT und MOOSBRUGGER (2020, S. 59) die retrospektive Befragung, bei der mit Testpersonen im Anschluss an das Ausfüllen des Tests aufgetretene Probleme und Verständnisschwierigkeiten besprochen werden. Dieses Vorgehen lässt sich dem Comprehension Probing-Verfahren zuordnen und wurde im Rahmen der vorliegenden Arbeit mit Lehramtsstudierenden der Geographie und Schüler:innen durchgeführt (PRÜFER, REXROTH 1996, S. 39).

Für die Entwicklung des Fragebogens bildet besonders die statistisch empirische Prüfung der Items innerhalb einer Pilotierung, auch Standard-Pretest genannt, eine zentrale Vorgehensweise. Auf Grundlage der Pilotierung konnten sowohl verschiedene inhaltliche, organisatorische als auch statistisch quantifizierbare Folgerungen getroffen werden, auf die an dieser Stelle näher eingegangen wird.[12]

Für die Stichprobengröße bei der Pilotierung von quantitativen Fragebögen lassen sich in der Literatur lediglich grobe Richtwerte identifizieren, die zwischen einer Personenanzahl von 10 und 200 variieren können (SCHMALOR 2021, S. 110). Die Pilotierung des Testinstruments wurde mit insgesamt N = 85 Schüler:innen der Klassenstufe EF (erste Klassenstufe der Oberstufe) in Geographiekursen an Gymnasien und Gesamtschulen in NRW durchgeführt. Durch die Eingrenzung der Schüler:innen auf die Klassenstufe EF konnte davon ausgegangen werden, dass die Teilnehmer:innen der Pilotierung eine hohe Übereinstimmung mit den Proband:innen der späteren Hauptstudie besitzen. Bei der Pilotierung wurde zudem darauf geachtet, dass die Testbedingungen realistisch und der Hauptstudie ähnlich waren.

Durch die Rückmeldungen und Beobachtungen bei der Pilotierung konnte die Bearbeitungsdauer des Tests für die Hauptstudie von 30 auf 25 Minuten reduziert werden. Unter Berücksichtigung der Rückmeldungen der Schüler:innen nach Beantwortung des Tests mussten keine inhaltlichen bzw. sprachlichen Änderungen vorgenommen werden. Lediglich der Fachbegriff „Albedo" war großen Teilen der Proband:innen nicht geläufig. Dies war im Stadium der Pilotierung mitunter beabsichtigt, da in den Lerninhalten der Exkursionen die Funktion der Albedo als Reflexionsvermögen von Oberflächen vertieft wird. Das entsprechende Item wurde zudem so konzipiert, dass Teilpunkte erzielt werden können, ohne die genaue Bedeutung der Albedo zu kennen, jedoch in direkter Verbindung mit ihrer Wirkweise stehen (z. B. das Absorptionsverhalten von dunklen Flächen). Auch in der folgenden deskriptivstatistischen Analyse der Testitems schneidet die zugehörige Frage 9 daher zufriedenstellend ab.

---

[12] Der im Rahmen der Pilotierung eingesetzte Fragebogen befindet sich in Anhang B.

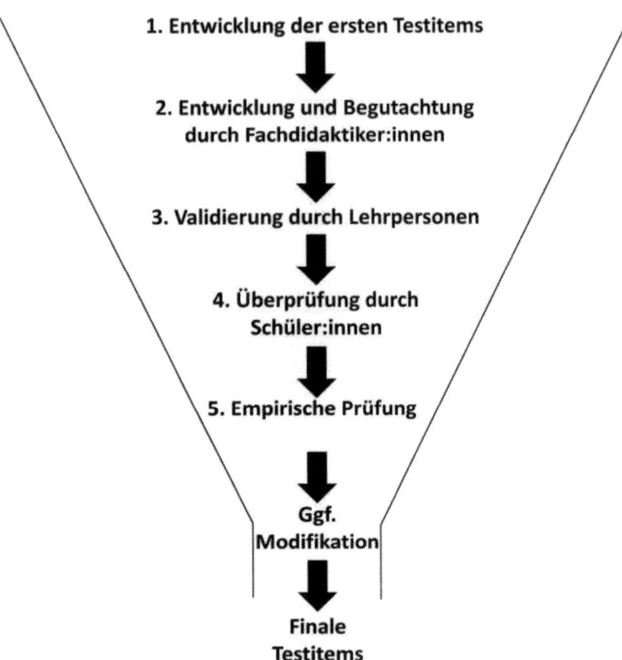

Abb. 23 | Vorgehen bei der Entwicklung der verwendeten Testitems (verändert nach LOER-WALD, SCHNELL 2016, S. 64)

Die quantitativ statistische Beurteilung der Testitems, auch Itemanalyse genannt, bildet eine wichtige Grundlage zur Überarbeitung des Messinstruments. Dabei können unter anderem die Schwierigkeiten, die Varianzen und die Trennschärfen der einzelnen Items wichtige Aufschlüsse über die Qualität des Fragebogens liefern (KELAVA, MOOSBRUGGER 2020, S. 145). Die Itemanalyse für die Pilotierung ist in Tabelle 14 detailliert aufgeführt.

Tab. 14 | Itemanalyse der Pilotierung des Fragebogens zur Messung des Fachwissens zur Klimaanpassung

Durchschnittliche Itemschwierigkeit = .5		Cronbachs Alpha = .48	
Item	Itemschwierigkeit	Itemvarianz	Itemtrennschärfe
Frage 1	.69	.86	.24
1.1	.78	.18	
1.2	.82	.15	
1.3	.84	.13	
1.4	.56	.25	
1.5	.46	.25	
Frage 2	.39	3.84	.08
Frage 3	.80	.86	.08
3.1	.82	.15	
3.2	.87	.11	
3.3	.88	.11	
3.4	.84	.14	
3.5	.88	.11	
3.6	.51	.25	
Frage 4	.68	.51	.23
4.1	.65	.23	
4.2	.36	.23	
4.3	.85	.13	
4.4	.54	.25	
4.5	.91	.09	
4.6	.93	.07	
4.7	.53	.25	
4.8	.68	.22	
Frage 5	.45	4.00	-.004
Frage 6	.31	3.51	.11

Frage 7	**.21**	**1.84**	**.49**
Frage 8	**.71**	**.83**	**.29**
8.1	.66	.23	
8.2	.63	.24	
8.3	.55	.25	
8.4	.94	.06	
8.5	.83	.14	
8.6	.65	.23	
8.7	.91	.08	
8.8	.84	.14	
Frage 9	**.52**	**1.01**	**.12**
9.1	.86	.12	
9.2	.22	.17	
9.3	.73	.20	
9.4	.41	.24	
Frage 10	**.20**	**2.11**	**.25**
Frage 11	**.42**	**3.95**	**.37**
Frage 12	**.65**	**.69**	**.29**
12.1	.89	.97	
12.2	.82	.15	
12.3	.32	.22	
12.4	.81	.16	
12.5	.82	.15	
12.6	.39	.24	
12.7	.62	.24	
12.8	.61	.24	

Die Untersuchung der Itemschwierigkeit bildet den ersten Teil der Itemanalyse. Sie ergibt sich aus der Formel $P_i = \frac{\sum_{v=1}^{n} y_{vi}}{n * \max(y_i)} * 100$ und ermittelt für ein Item den prozentualen Anteil der erreichten Punktzahl aller Testpersonen in Relation zu maximal zu erreichenden Punktzahl. Insbesondere bei Wissens- bzw. Leistungstests sollten Items nicht zu schwierig oder zu leicht beantwortbar sein, sodass NEUHAUS und BRAUN (2007, S. 149) bzw. DÖRING und BORTZ (2016C, S. 477) einen Wertebereich der Itemschwierigkeit zwischen .2 und .8 empfehlen. Da die Pilotierung den Stand der Proband:innen im Pre-Test der Hauptstudie abbilden soll, ist eine durchschnittliche Schwierigkeit aller Items von .5 äußerst zufriedenstellend. Nachdem die Treatments der Intervention in Form der Exkursionseinheiten durchgeführt wurden, wird ein Kompetenzzuwachs an Fachwissen zur Klimaanpassung erwartet, sodass der vorliegende Fragebogen bei den Proband:innen noch „Potenzial nach oben" (BROCKMÜLLER 2019, S. 71) ermöglicht. Auf Grundlage der Itemschwierigkeit wurden die Items 4.3, 4.6, 8.4, sowie 8.7 nach Rundung der Werte als zu leicht eingestuft und daher entfernt. Nach Rücksprache mit Expert:innen der Geographiedidaktik wurden die Items 4.5, 9.1, 12.1 als inhaltlich bedeutsam bewertet, überarbeitet und blieben weiterhin im Test integriert. Die Items 7 und 10 waren aufgrund der systemischen Struktur des Aufgabentyps als schwierig zu kennzeichnen, weisen jedoch ähnliche Werte wie in der Pilotierung SCHMALORS (2021, S. 112) auf, sodass auch diese im Test verblieben. Unter anderem BROCKMÜLLER (2019, S. 71) sowie DÖRING und BORTZ (2016, S. 477) weisen darauf hin, dass Tests eine gewisse Spannweite an leichten und schweren Items aufweisen sollten, um eine Differenzierung in extremen Merkmalsausprägungen zu ermöglichen, sodass auch einfachere Items nach einer geringen Überarbeitung verwendet werden können. Lediglich Frage 3 wurde aufgrund ihrer durchgehend niedrigen Itemschwierigkeiten stärker überarbeitet. Innerhalb des Items erfolgt eine Zuordnung von Maßnahmen zur Klimaanpassung bzw. zum Klimaschutz. Die Überarbeitung der Frage erfolgte in Anlehnung an die von GRAULICH et al. (2021, S. 10) verwendeten Items, die ein ähnliches Aufgabenformat für eine vergleichbare Stichprobe verwendet haben und zufriedenstellende Itemschwierigkeiten ermitteln konnten.

Die Itemvarianz ist ein Maß für die Differenzierungsfähigkeit eines Items und ergibt sich aus der Formel $Var(y_i) = \frac{\sum_{v=1}^{n}(y_{vi}-\bar{y}_i)^2}{n}$ (mit $\bar{y}_i$ als durchschnittliche Antwort aller Testpersonen auf das Item i) (KELAVA, MOOSBRUGGER 2020, S. 152). Items, bei denen Personen unterschiedlich antworten, weisen eine hohe Itemvarianz bzw. Differenzierungsfähigkeit aus. Daher wird die Itemvarianz, neben der Anzahl an Distraktoren, maßgeblich durch die Itemschwierigkeit beeinflusst (ebd.). Bei dichotomen Items (z. B. Wahr-Falsch-Entscheidungen) ergaben sich bei einer Itemschwierigkeit von .5 die höchsten Varianzen, da die Proband:innen stark unterschiedlich auf das Item antworten und daher eine erhöhte Differenzierung stattfinden kann. Äußerst einfache bzw. äußerst schwere Items differenzieren wenig, da sie durch die Proband:innen ähnlich beantwortet werden.

Als dritte Größe zur Beurteilung der Fragebogenitems ist in Tabelle 14 die Itemtrennschärfe aufgeführt. Diese ist so zu verstehen, dass „Personen, die im Gesamtergebnis der Skala einen hohen Wert erreichen, auf einem trennscharfen Einzelitem ebenfalls eine hohe Punktzahl aufweisen" (DÖRING, BORTZ 2016C, S. 478). Allgemein können dabei Werte zwischen -1 und 1 angenommen werden, die die entsprechende Trennschärfe abbilden. Bei negativen Werten eines Items schneiden Proband:innen im gesamten Test schlechter ab, wenn das entsprechende Item richtig beantwortet wurde. Trennschärfen von über .3 werden von MÖLTNER et al. (2006, S. 5) als gut, zwischen .2 und .3 als akzeptabel, zwischen .1 und .2 als marginal sowie unterhalb als schlecht angesehen. Die Ergebnisse der Trennschärfe ähneln in der Regel dem Kennwert Cronbachs Alpha, der als Reliabiltätsindikator von Testinstrumenten in Kap 5.4.3.2 näher aufgegriffen wird. Wie für das vorliegende Testinstrument zutreffend weisen DÖRING und BORTZ (2016C, S. 478) darauf hin, dass bei breit gefassten Konstrukten, wie den verschiedenen inhaltlichen Facetten zur Klimaanpassung, eine „sehr hohe Trennschärfe sogar inhaltlich problematisch" sei, da diese auf gewisse Redundanzen der Items hindeute. Außerdem weisen leichte bzw. schwierige Items (siehe Itemschwierigkeit) oftmals schwache Trennschärfen auf (ebd., S. 478 f.), sodass die in der Pilotierung ermittelten Werte insgesamt zufriedenstellend akzeptiert werden können.

Beispielhaft zu den vorangegangenen Überlegungen wird an dieser Stelle Frage 2 der Pilotierung (Abbildung 24) aufgegriffen, die trotz einer niedrigen Trennschärfe (.08), aufgrund von inhaltlichen Überlegungen beibehalten wurde (KELAVA, MOOSBRUGGER 2020, S. 156). Auf inhaltlicher Ebene befasst sich Frage 2 mit der städtischen Wärmeinsel und dem Einfluss von Grünflächen auf die Lufttemperatur in Städten. Dieser Wissensbereich wird auf den Exkursionseinheiten innerhalb der Einstiegssequenz betrachtet und ist zur Beurteilung der Hitzegefährdung von Städten essenziell. Möglicherweise lässt sich die niedrig negative Trennschärfe durch das gewählte Aufgabenformat erklären, in dem die Zuordnung einer Aussage anhand einer Grafik stattfindet und für die Proband:innen ungewohnt sein könnte. Zudem fällt bei der Betrachtung der Wahlhäufigkeit des Items auf, dass der Distraktor A von 44.7 % der Proband:innen gewählt wurde (richtige Antwort C mit 28.8 % Wahlhäufigkeit), bei dem die Temperaturerhöhung in innerstädtischen Bereichen graphisch dargestellt wird, die Einflüsse von Grünflächen auf die Temperatur jedoch scheinbar nicht wahrgenommen werden. Nach der inhaltlichen Auseinandersetzung in der Intervention wurde daher eine bessere Beantwortung des Items erwartet. Ähnliche inhaltliche Überlegungen lassen sich auch für Frage 5 mit einer leicht negativen Trennschärfe anführen, bei dem sich etwa 53 % der Proband:innen für einen der Distraktoren entschieden haben.

Schauen Sie sich die folgende Abbildung genau an.
Kreuzen Sie an, welche Linie die Lufttemperatur an einem heißen Sommertag in der Stadt sowie deren Umland **am besten darstellt**.

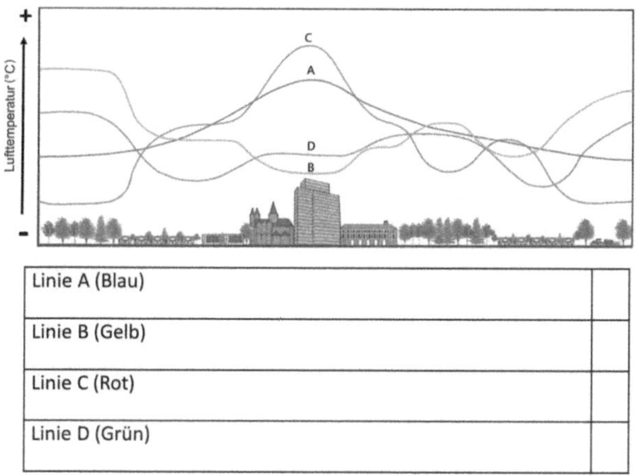

Linie A (Blau)	
Linie B (Gelb)	
Linie C (Rot)	
Linie D (Grün)	

Abb. 24 | Frage 2 der Pilotierung als Beispiel für die Trennschärfe (eigene Darstellung auf Grundlage von HENNINGER, WEBER 2020, S. 103)

5.4.2 Finales Testinstrument zur Messung von Fachwissen zur Klimaanapassung

Zur Erfassung des Fachwissens zur Klimaanpassung innerhalb der Interventionsstudie wurde, auf Basis der im vorigen Kapitel beschriebenen Vorgehensweise (u. a. quantitative Pilotierung), ein Fragebogen für den Einsatz bei Schüler:innen entwickelt. Aus organisatorischen Gründen (z. B. Verfügbarkeit mobiler Endgeräte bei Schüler:innen) wurde ein Paper-Pencil-Test entgegen eines Online-Fragebogens ausgewählt. Die vollständigen Versionen des Fragebogens zu den drei Testzeitpunkten befinden sich in Anhang B2-B4. Die folgenden Ausführungen orientieren sich an dem zum Testzeitpunkt des Pre-Tests eingesetzten Fragebogen (Anhang B2).

Das im Rahmen der Erhebung eingesetzte Testinstrument ist in vier übergeordnete Bestandteile untergliedert. Nach einer kurzen Instruktion zur Bearbeitung des Tests, in der unter anderem um die ehrliche Antwort der Proband:innen gebeten wird (BRANDT, MOOSBRUGGER 2020, S. 55), füllen die Teilnehmenden einen persönlichen, anonymisierten Code aus. Dieser aus verschiedenen Angaben bestehende Code dient dazu, dass die Schüler:innen anonymisiert ihren Ergebnissen an den verschiedenen Messzeitpunkten zugordnet werden können (Neuhaus, Braun 2007, S. 138). Anschließend werden im zweiten Abschnitt persönliche Daten der Schüler:innen bezüglich ihres soziodemographischen Hintergrunds erhoben (u. a. Alter, Sprache, Schulnoten). Der dritte Abschnitt des Fragebogens umfasst die Abfrage von subjektiven Interessen und Vorerfahrung der Proband:innen, beispielsweise hinsichtlich des Unterrichtsfachs Geographie, des inhaltlichen Schwerpunkts der Klimaanpassung sowie der Teilnahme an Exkursionen. Zudem werden neben der Ortskundigkeit im Exkursionsgebiet Dortmund-Hörde auch die unterrichtliche sowie alltägliche Nutzung digitaler Medien als potentielle Einflussfaktoren für das Abschneiden im Test erfasst. Diese Merkmale werden mithilfe von Likert-Skalen bzw. dichotomen Items abgefragt. Die Erhebung dieser dispositionalen Merkmale ist im Rahmen der Interventionsstudie wichtig, da sie einen potentiellen Einfluss auf das Abschneiden im Fachwissens- und Motivationstest besitzen könnten (Schiefele, Schaffner 2021, S. 169). So weisen beispielsweise Jansen et al. (2016, S. 124) in einer repräsentativen Studie mit fast 40.000 deutschen Schüler:innen nach, dass das Interesse an verschiedenen Schulfächern einen Einfluss auf die jeweilige Lernleistung und das akademische Abschneiden im jeweiligen Fach besitzt. Die Abfrage der persönlichen Daten der Schüler:innen wird aus forschungsökonomischen Gründen lediglich im Pre-Test abgefragt. Die subjektiven Interessen der Proband:innen finden im Pre- und Follow-Up-Test eine Berücksichtigung, um mögliche Interessensverschiebungen aufgrund der Intervention aufgreifen zu können.

Basierend auf der bereits beschriebenen Entwicklung der Testitems in Kapitel 5.4.1 umfasst der letzte Abschnitt des Fragebogens insgesamt 12 Frageitems zur Erhebung des Fachwissens zur Klimaanpassung. Die inhaltliche Gliederung (Stadtklima, Klimaanpassung & Klimaschutz, Hitze, Starkregen) des Testinstruments orientiert sich dabei an den in der fachlichen Analyse diskutierten Ausführungen (Kap. 3) und wird nach Empfehlung von Döring und Bortz (2016, S. 406) den Proband:innen transparent durch Zwischenüberschriften dargestellt. Aufgrund der gemeinsamen inhaltlichen Passung der einzelnen Items lässt sich von einem unidimensionalen Fragebogen sprechen (Brandt, Moosbrugger 2020, S. 43). Innerhalb der inhaltlichen Zwischenabschnitte wird eine aufsteigende Schwierigkeit der Items favorisiert, die sich unter anderem aus den Erkenntnissen der Pilotierung ergibt (ebd., S. 56).

Aus forschungsökonomischen Gründen (u. a. hohe Stichprobenzahl) wurden im Rahmen des quantitativen Testinstruments zur Ermittlung des Fachwissens im Wesentlichen gebundene Aufgabenformate gewählt (Moosbrugger, Brandt 2020, S. 96). Diese umfassen sowohl dichotome Items als auch Mehrfachauswahlaufgaben. Im vorliegenden Fragebogen wird auf eine Variation der gebundenen Aufgabenformate geachtet, sodass beispielsweise innerhalb eines Lückentexts korrekte

Aussagen zur Albedo unterstrichen (Frage 9) oder aus einer graphischen Darstellung der korrekte schematische Verlauf der Temperatur in Städten, unter Berücksichtigung der städtischen Wärmeinsel, entnommen werden müssen (Frage 2). Ergänzend werden zwei Items (Frage 7 und 10) eines offenen Antwortformats in Form von Ergänzungsaufgaben eingesetzt (MOOSBRUGGER, BRANDT 2020, S. 95). Diese durch ihre Pfeilstruktur auch systemisch angelegten Aufgabentypen sind an die Ausführungen von SCHMALOR (2021, S. 115) angelehnt. Für die Auswertung des Zuwachses an Fachwissen innerhalb des Fragebogens wurde festgelegt, dass in jeder der zwölf Aufgaben vier Punkte erzielt werden können. Dies lässt sich mit der besseren Bewertbarkeit der verwendeten Items, insbesondere der Fragen 7 und 10, zu denen ein Auswertungsschema erstellt wurde (Anhang C1), begründen.

Die Items zur Erhebung des Fachwissens zur Klimaanpassung lassen sich in verschiedene Anforderungsbereiche (AFB) (Kap. 5.4.1) der Kompetenz untergliedern. Diese Unterscheidung soll in der vorliegenden Studie dazu genutzt werden, um potentielle Unterschiede der Entwicklung und Ausprägung von Fachwissen näher spezifizieren und entsprechend die Wirksamkeit der Exkursionseinheiten besser beleuchten zu können. Eine Unterteilung des Fachwissens in seine AFB findet in der Exkursionsdidaktik beispielsweise in der Arbeit von NEEB (2012) statt. Für die Zuordnung der Items zu den AFB wurde das finale Testinstrument sieben Expert:innen aus dem Forschungsbereich der Geographiedidaktik sowie praktizierenden Geographielehrkräften vorgelegt. Diese wurden gebeten, die einzelnen Fragen des Fragebogens begründet in die AFB I und II einzuordnen.[13] Der Verwendung von geschlossenen und halboffenen Items geschuldet ist die Messung des Fachwissens im AFB III mithilfe des eingesetzten Fragebogens nur äußerst eingeschränkt möglich. In der Regel eignen sich zur Abfrage des AFB III insbesondere offene Fragestellungen, in denen die Schüler:innen beispielsweise Begründungen für Problemstellungen anführen oder lösungsorientierte Handlungsoptionen darstellen sollen. Diese Anforderung widerspricht der forschungsökonomischen Ausrichtung des Testinstruments, sodass eine Beschränkung auf die AFB I und II stattfindet.

Eine Übersicht der gewählten Zuordnungen durch die Expert:innen ist in Tabelle 15 dargestellt. Gemäß der Einteilung der Expert:innen werden sieben Aufgaben des Fragebogens dem AFB I und fünf Aufgaben dem AFB II zugeordnet. Dies entspricht einer maximalen Punktzahl von 28 Punkten im AFB I und 20 Punkten im AFB II, gemäß der festgelegten Punktzahl von vier Punkten pro Frage.

---

[13] Der verwendete Arbeitsauftrag für die Zuordnung der Fragebogenitems durch die Expert:innen befinden sich im Anhang C2.

Tab. 15 | Zuordnung der einzelnen Fragen des Testinstruments zur Messung des Fachwissens zur Klimaanpassung in die Anforderungsbereiche I und II durch Expert:innen

	Fragenummer im Testinstrument											
	1	2	3	4	5	6	7	8	9	10	11	12
Expert:in 1	I	II	II	I	I	I	II	I	II	I	I	I
Expert:in 2	I	II	II	I	II	II	II	I	II	II	II	I
Expert:in 3	I	II	I	I	I	I	II	I	II	II	I	I
Expert:in 4	I	II	II	I	II	I	II	I	II	II	I	I
Expert:in 5	I	II	II	I	I	I	II	I	II	I	I	I
Expert:in 6	I	II	II	I	I	I	II	I	II	II	II	I
Expert:in 7	I	II	II	I	I	I	II	I	II	II	I	I
Zuordnung AFB	I	II	II	I	I	I	II	I	II	II	I	I

5.4.3 Bewertung des Testinstruments zur Messung von Fachwissen zur Klimaanpassung

Um die Qualität quantitativer Erhebungsinstrumente zu überprüfen, werden in der empirischen Forschung in der Regel die drei Hauptgütekriterien Objektivität, Reliabilität und Validität zur Hilfe genommen (MOOSBRUGGER, KELAVA 2012, S. 8; BÜHNER 2021, S. 568). Im Folgenden wird daher der entwickelte Test zur Messung von Fachwissen zur Klimaanpassung einer entsprechenden Analyse anhand der Hauptgütekriterien unterzogen. Aufgrund der lediglichen sprachlichen Anpassung der Kurzskala intrinsischer Motivation (KIM) (Kap. 5.4.4) auf den methodischen Schwerpunkt der Intervention, die von den Autor:innen WILDE et al. (2009, S. 45) zur Nutzung empfohlen wird, kann davon ausgegangen werden, dass die drei Hauptgütekriterien für dieses Messinstrument zufriedenstellend erfüllt sind.

5.4.3.1 Objektivität

„Unter Objektivität versteht man den Grad, in dem die Ergebnisse eines Tests unabhängig vom Untersucher sind. Es wird in Durchführungs-, Auswertungs-, und Interpretationsobjektivität unterschieden" (BÜHNER 2021, S. 568).
Zur Gewährleistung der Durchführungsobjektivität wurde auf Grundlage der Erkenntnisse der Pilotierung, ein Zeitlimit von 25 Minuten für die Bearbeitung des Fachwissenstests festgelegt. Bei jedem Testzeitpunkt der Hauptstudie wurde auf eine möglichst standardisierte Ansprache der Proband:innen mit den wichtigsten Informationen zum Test (u. a. Bearbeitungszeit) geachtet, sodass keine weiteren mündlichen Instruktionen und das Beantworten von Rückfragen während der Bearbeitung stattfanden.
Die Überprüfung der Auswertungsobjektivität ist notwendig, um zu gewährleisten, dass unterschiedliche auswertende Personen bei der Bewertung der Fragebögen von Proband:innen möglichst identische Werte vergeben. Besonders bei größeren Stichproben und wiederholten Testzeitpunkten muss bei der Auswertung in der Regel auf mehrere bewertende Personen zurückgegriffen werden, sodass die Auswertungsobjektivität in dieser Studie von Bedeutung ist. Durch den hohen Anteil an geschlossenen Fragebogenitems im Fragebogen kann insgesamt von einer hohen Auswertungsobjektivität ausgegangen werden (MOOSBRUGGER, KELAVA 2020, S. 19). Da der Fragebogen auch zwei offene Items beinhaltet, wird im Folgenden die Interrater-Reliabilität aller Items mithilfe des Intraklassenkorrelationskoeffizienten überprüft (Tabelle 16). Die Berechnung erfolgt dabei auf Grundlage von drei unabhängigen auswertenden Personen (Modell: Two Way Mixed; Typ: Absolute Übereinstimmung; 95 %-Konfidenzintervall), deren Bewertungen sich an einer erstellten Auswertungshilfe (Anhang C1) mit Ankerbeispielen orientieren.
Aufgrund des geschlossenen Formats der meisten Items des Fragebogens ist es nicht verwunderlich, dass alle drei auswertenden Personen bei den entsprechenden Fragen identische Punktevergaben vorgenommen haben. Zudem können beide offenen Items (Frage 7 und 10) nach KOO und LI (2016, S. 155) als sehr gut geeignet angesehen werden, da ihr Koeffizient über dem Schwellenwert .90 liegt. Somit kann insgesamt bei allen Items auf eine sehr gute Auswertungsobjektivität geschlossen werden.
Die Interpretationsobjektivität umfasst die „Unabhängigkeit des Testergebnisses von der Person, die den Testwert interpretiert" (DÖRING, BORTZ 2016C, S. 443). Da zur Auswertung des Test-instruments rein statistische Analyseverfahren für die quantitativen Daten angewendet werden, ist von einer hohen Interpretationsobjektivität auszugehen (SCHMALOR 2021, S. 133).

Tab. 16 | Interrater-Reliabilität des Fragebogens zur Messung des Fachwissens zur Klimaanpassung mit drei auswertenden Personen

Item	Intraklassenkorrelationskoeffizient	95 % Konfidenzintervall	
		Untergrenze	Obergrenze
Frage 1	1	-	-
Frage 2	1	-	-
Frage 3	1	-	-
Frage 4	1	-	-
Frage 5	1	-	-
Frage 6	1	-	-
Frage 7	.91	.81	.96
Frage 8	1	-	-
Frage 9	1	-	-
Frage 10	.94	.89	.97
Frage 11	1	-	-
Frage 12	1	-	-

5.4.3.2 Reliabilität

„Die Reliabilität gibt den Grad der Zuverlässigkeit bzw. Messgenauigkeit eines Messwerts an" (BÜHNER 2021, S. 598). „Das wohl bekannteste und am häufigsten verwendete Reliabilitätsmaß ist Cronbachs Alpha" (GÄDE et al. 2020, S. 314). Andere Reliabilitätsüberprüfungen (z. B. Test-Retest oder Paralleltest) sind organisatorisch äußerst aufwendig und scheiden daher für die vorliegende Studie aus. Cronbachs Alpha erfährt, seiner ursprünglichen Idee entsprechend, in der Forschung eine häufige Verwendung bei Reliabilitätsanalysen von Skalen zu persönlichen Einstellungen und affektiven Variablen von Proband:innen. Trotzdem wird der Kennwert auch verbreitet in Studien zur Messung von kognitiven Variablen (z. B. Wissen) zur Bestimmung der Reliabilität angeführt (TABER 2018, S. 1275). Cronbachs Alpha zielt darauf ab, die interne Konsistenz eines Fragebogens zu ermitteln und so zu bestimmen, inwiefern die einzelnen Items des Tests einen Einfluss auf das gesamte Testkonstrukt besitzen. Wie bereits in Kapitel 5.4.1 angedeutet, weist Cronbachs Alphas daher Parallelen zur Bewertung von Testitems mithilfe der Itemtrennschärfe auf. Zur Beurteilung von Cronbachs Alpha Werten sei auf die Meta-Studie von TABER (2018, S. 1279) verwiesen, der verschiedene Intervalle für Interpretationen der Messgröße im Rahmen naturwissenschaftsdidaktischer Studien ermittelte. Demnach ist der im Rahmen der Pilotierung erhobene Cronbachs Alpha Wert von .48 als „acceptable" bzw. „sufficent" einzustufen. Unter Berücksichtigung der für die finale Version des Testinstruments gelöschten Items liegt Cronbachs Alpha nach der Pilotierung bei einem Wert von .50.

DÖRING und BORTZ (2016C, S. 444 f.) weisen darauf hin, dass bei Testskalen, die aus inhaltlichen Gründen heterogene Items enthalten, die tatsächliche Reliabilität unterschätzt werden kann und Cronbachs Alpha vergleichsweise niedrig ausfällt. Daher kann die Beurteilung der Reliabilität von Tests, die beabsichtigen domänenspezifisches Wissen zu messen (hier: Fachwissen zur Klimaanpassung), bei der Verwendung von Cronbachs Alpha auch fehlerhaft ausfallen (STADTLER et al. 2021, S. 1). Unter anderem PETER (2014, S. 56) sowie SCHMALOR (2021, S. 134) ermitteln für ihre entwickelten Testinstrumente zur Messung geographischer, kognitivistisch dominierter Kompetenzen ähnlich ausgeprägte Cronbachs Alpha Werte von .43 bzw. .41, sodass der in der vorliegenden Studie ermittelte Wert als zufriedenstellend beurteilt wird.

Mitunter kann das Entfernen von gewissen Items den Cronbachs Alpha Wert erhöhen (NEUHAUS, BRAUN 2001, S. 153). Da diese jedoch häufig einen wichtigen inhaltlichen Bestandteil des Testitems bilden, wird in der vorliegenden Arbeit von der Streichung von Items zugunsten der Erhöhung von Cronbachs Alpha abgesehen. Zudem gehen HERMAN (2015, S. 8) sowie GÄDE et al. (2020, S. 322) davon aus, dass mit einer niedrigen Anzahl an zu untersuchenden Items (hier zwölf) auch nur eine geringe interne Korrelation der Items untereinander aufgezeigt werden kann und kurze Tests somit generell eher geringere Cronbachs Alpha Werte aufweisen.

5.4.3.3 Validität

„Unter der Validität versteht man im eigentlichen Sinne das Ausmaß, in dem ein Messwert eines Tests das misst, was er zu messen beansprucht" (BÜHNER 2021, S. 600). Die Validität gilt für die Überprüfung von Testinstrumenten insgesamt als das bedeutendste Gütekriterium, das positiv durch die Objektivität und Reliabilität beeinflusst wird. Aufgrund der Empfehlung von SCHNELL et al. (2018, S. 136) wird an dieser Stelle die Untergliederung der Validität in Inhalts-, Kriteriums- und Konstruktvalidität fokussiert.

Zur Gewährleistung der Inhaltsvalidität, die sicherstellt, dass der Test tatsächlich das beabsichtigte Konstrukt misst, sind entgegen eines statistischen Kennwerts sachlogische Überlegungen notwendig. Aufgrund der Entwicklung des Messinstruments unter Zusammenarbeit mit verschiedenen Expert:innen aus der Geographiedidaktik sowie der Fachwissenschaft (Kap. 5.4.1) wird von einer fachlichen Güte des Fragebogens ausgegangen. Der positive Einfluss von Expert:innen auf die Inhaltsvalidität wird unter anderem von MOOSBRUGGER und KELAVA (2020, S. 32) dargelegt.

Für die Kriteriumsvalidität wird das Abschneiden innerhalb des Testinstruments mit einem extern erhobenen, äußeren Kriterium verglichen. Innerhalb der empirischen Bildungsforschung in schulischen Kontexten sind dabei die Fachnoten verbreitete Kriterien (u. a. BROCKMÜLLER 2019, S. 94; SCHMALOR 2021, S. 136). Die Schulnoten in den Fächern Erdkunde, Mathematik, Deutsch und Biologie wurden im

Pre-Test der vorliegenden Studie von allen Proband:innen erhoben. Zudem können das Interesse am Klimawandel bzw. an der Klimaanpassung als externe Kriterien verwendet werden, da davon auszugehen ist, dass ein hohes Interesse mit einem guten Abschneiden im Pre-Test korreliert. Aufgrund der Ordinalskalierung der Schulnoten und Interessensabfragen wird an dieser Stelle auf die Spearman Korrelation zurückgegriffen. Die Gesamtpunktzahl des Pre-Tests korreliert nach Spearman signifikant mit der Erdkundenote und lässt sich als kleiner Effekt klassifizieren (r = -.27; p < .01; N = 301). Auch die Mathematiknote (r = -.32; p < .01; N = 301), die Deutschnote (r = -.29; p < .01; N = 302) und die Biologienote (r = -.27; p < .01; N = 266) besitzen einen signifikanten Einfluss auf das Abschneiden im Pretest. Das negative Vorzeichen der Effektstärke lässt sich damit erklären, dass eine bessere, also absteigende Schulnote, einen Einfluss auf einen höheren Wert beim Absolvieren des Fragebogens besitzt. Zudem korreliert das Interesse am Klimawandel (r = .23;   p < .01; N = 301) bzw. an der Klimaanpassung (r = .16; p < .05; N = 297) signifikant mit der Gesamtpunktzahl des Pre-Tests.

„Konstruktvalidität liegt dann vor, wenn aus dem Konstrukt empirisch überprüfbare Aussagen über Zusammenhänge dieses Konstrukts mit anderen Konstrukten theoretisch hergeleitet werden können und sich diese Zusammenhänge empirisch nachweisen lassen" (SCHNELL et al. 2018, S. 138). Da bisweilen kein ähnliches Testinstrument zur Messung des Fachwissens im Bereich der Klimaanpassung bekannt ist, ist die statistische Prüfung der Konstruktvalidität nicht möglich.

5.4.4 Kurzskala intrinsischer Motivation (KIM)

Da neben dem Zuwachs an Fachwissen zudem untersucht wurde, ob und in welcher Form die Wahl des Exkursionsformats (analog oder digital gestützt), und damit auch die Wahl des medialen Zugangs, einen Einfluss auf die tätigkeitsbezogene Motivation besitzt, beantworteten die Proband:innen im Anschluss an die Durchführung der Exkursionen die Kurzskala intrinsischer Motivation (KIM) (WILDE et al. 2009). Für eine Einführung in die Motivationstheorie sowie der für den KIM-Fragebogen grundlegenden Selbstbestimmungstheorie sei auf Kapitel 2.4.1 verwiesen. Der KIM-Fragebogen stellt eine gekürzte und auf dem Intrinisic Motivation Inventory (IMI) beruhende Kurzskala dar, mit der die intrinsische Motivation anhand der Subkategorien *Interesse/Vergnügen*, *Wahrgenommene Kompetenz*, *Wahrgenommene Wahlfreiheit* und *Druck/Anspannung* ermittelt wird. Insgesamt umfasst der KIM-Fragebogen in seiner Grundfassung zwölf Items, die bei Bedarf durch weitere 33 Items des IMI erweitert werden können. Im Rahmen dieser Arbeit wurde auf die grundlegende Version der KIM mit zwölf Items zurückgegriffen. Die KIM eignet sich insbesondere für die Analyse der Schülermotivation an außerschulischen Lernorten (WILDE et al. 2009, S. 31) und wurde in diesem Lernsetting sowie im MOL bereits in mehreren empirischen Forschungsarbeiten verwendet (u.

a. WILDE et al. 2009; SCHNEIDER 2018; BROCKMÜLLER 2019; FEULNER 2020). Zudem erweiterte beispielsweise SCHAAL (2016, S. 61) die KIM mit für sie geeigneten Kategorien des IMIs zur Beurteilung ihrer Lernumgebung. FEULNER (2020, S. 167) verknüpfte die KIM zudem mit dem PENS-Fragebogen (Player Experience of Need Satisfaction), der insbesondere bei Spielen eingesetzt wird. Durch die hohe empirische Verwendung und wissenschaftliche Akzeptanz wurde die KIM auch in der vorliegenden Studie, nach einer von WILDE et al. (2009, S. 45) empfohlenen und notwendigen sprachlichen Anpassung der vorgeschlagenen Items mit dem Begriff „Exkursion", eingesetzt (Anhang B5).

5.4.5 Teilnehmende Beobachtung

Die teilnehmende Beobachtung als qualitative Forschungsmethode gilt laut SEGBERS und KANWISCHER (2015, S. 297) neben dem Gespräch als „Herzstück der Ethnographie". Bei der in den Sozialwissenschaften verbreiteten Methode wird, anders als in den Natur- und Ingenieurswissenschaften, nicht auf unterstützende Hilfsmittel (z. B. Messgeräte) zurückgegriffen, da im Forschungsprozess Erkenntnisse aus der Beobachtung mit allen menschlichen Sinnesorganen abgeleitet werden (DÖRING, BORTZ 2016C, S. 324). Dabei ist zu beachten, dass soziales Geschehen, wie Lernprozesse auf Exkursionen, auch immer affektive und emotionale Komponenten beinhaltet, die mitunter nicht rein kognitiv gemessen werden können (SEGBERS, KANWISCHER 2015, S. 297). Daher wurden die KIM und der erstellte Fachwissentest zur Klimaanpassung um die teilnehmende Beobachtungsmethode als qualitatives Forschungsinstrument ergänzt, um mögliche Störvariablen des Lernens während der Exkursionen protokollieren und im Anschluss auswerten zu können.
Durch die aktive beobachtende Rolle ist es der forschenden Person innerhalb der teilnehmenden Beobachtung möglich, authentische und tiefe Einblicke in Untersuchungsgruppen zu gewinnen, die auf Exkursionen von Interesse sind (SEGBERS, KANWISCHER 2015, S. 297). LÜDERS (2015, S. 393) weist darauf hin, dass „der Ethnograph" in der Lage sein sollte, sich auf die jeweiligen situativen Gegebenheiten des Forschungsprozesses einzustellen: „Dies impliziert auch, dass er in der Lage sein muss, sein methodisches Vorgehen anzupassen und die Balance zwischen Erkenntnisinteresse und situativen Anforderungen aufrechtzuerhalten" (ebd.). Abgrenzend von der alltäglichen Beobachtung, basiert die wissenschaftliche Beobachtung dabei nicht auf pragmatischen und emotionalen, sondern auf kognitiv und analytisch gewonnen Erkenntnissen (LAMNEK, KRELL 2016, S. 519).
DÖRING und BORTZ (2016C, S. 328 f.) greifen verschiedene Klassifikationen der teilnehmenden Beobachtung auf, die an dieser Stelle für das Forschungsinteresse spezifiziert werden. Für die Felduntersuchung der Exkursion bietet sich eine teilstrukturierte Beobachtung an, indem im Vorfeld Kategorien festgelegt werden, in denen Beobachtungen gesammelt werden sollen. So werden mögliche Störvariab-

len oder Ablenkungen im Exkursionsraum aufgenommen, die potentiell an einzelnen Tagen auftreten und somit zu Unterschieden zwischen den Exkursionsgruppen führen können. Diese Kategorien können anschließend zur Auswertung der Erkenntnisse verwendet werden. Auf Grundlage der wissenschaftlichen Erkenntnisse zum Lernen auf Exkursionen und Diskussionen mit Expert:innen der Geographiedidaktik wurden daher das Wetter (u. a. STREIFINGER 2010, S. 143), die Gruppenaktivität (u. a. NEEB 2010, S. 296), die Navigation im Raum (u. a. RUCHTER 2010, S. 1065), technische Probleme (u. a. FEULNER 2020, S. 417; Schmalor et al. i. V.) und die institutionelle Rahmung (z. B. Auffälligkeiten im Kursverband) als feste Betrachtungsaspekte im Beobachtungsbogen aufgegriffen. Zudem beinhaltet das Erhebungsinstrument ein Freifeld für Beobachtungen, die keiner der Kategorien eindeutig zuzuordnen sind. Die im Rahmen der Studie verwendete teilnehmende Beobachtung befindet sich in Anhang B6.

Die Beobachtung im Exkursionsraum war als sogenannte indirekte Fremdbeobachtung gekennzeichnet. Bei dieser findet kein direkter Kontakt zwischen der beobachtenden Person und den Beobachteten statt, sodass diese Rolle in der vorliegenden Studie auch vom Studienplaner selbst übernommen wurde, der somit nicht als Störvariable in den Lernprozess der Experimental- und Vergleichsgruppe eingegriffen hat. Ergänzend beobachteten zudem studentische Hilfskräfte die Lernenden im Exkursionsraum mithilfe der vorstrukturierten Tabelle. Die Beobachtenden bewegten sich, wie die Exkursionsgruppen auch, frei durch das Untersuchungsgebiet, um so eine Vielfalt von potentiellen Störungen an verschiedenen Orten wahrnehmen zu können.

Da es beabsichtigt war, dass mindestens zwei Personen gleichzeitig und unabhängig voneinander die teilnehmende Beobachtung durchführen, wurden die jeweiligen Aufzeichnungen nach den Exkursionseinheiten zusammengefasst und aufbereitet. Dabei wurden beispielsweise doppelte Nennungen von Beobachtungen entfernt. Aufgrund der Gestaltung als teil-strukturierte Beobachtung bedarf es keiner gesonderten Analyse der Beobachtungsbögen, zum Beispiel durch eine qualitative Inhaltsanalyse (z. B. MAYRING 2022), sodass die verwendeten Kategorien als Impulse im Rahmen der Ergebnisdiskussion (Kap. 7) zur Hilfe genommen werden können. An dieser Stelle sei erneut darauf hinzuweisen, dass die teilnehmende Beobachtung lediglich als qualitative Begleitforschung nachrangig zu den quantitativen Erhebungsinstrumenten des Tests zur Messung des Fachwissens zur Klimaanpassung sowie der KIM anzusehen ist und lediglich Indizien für mögliche Unterschiede zwischen den Exkursionsgruppen abgeleitet werden sollen.

5.4.6 GPS-Tracking

Ergänzend zu den bereits beschriebenen Forschungsinstrumenten wurden die Routen der teilnehmenden Exkursionsgruppen mit sog. GPS-Trackern aufgezeichnet. Jede Kleingruppe erhielt ein entsprechendes Gerät, sodass im Anschluss an die Exkursionen die jeweils gewählten Routen über eine Computersoftware extrahiert werden konnten. Die GPS-Tracker wurden eingsetzt, um weitere Aspekte zur Deutung potentieller Unterschiede zwischen den Interventionsgruppen durch ihr Verhalten im Exkursionsraum aufzuschlüsseln.

Bei den verwendeten GPS-Geräten handelte es sich um die Spezialform der GPS-Logger, mit denen keine Live-Daten aufgezeichnet werden können. Dafür wäre für jedes Gerät eine Sim-Karte mit entsprechendem Datenvolumen notwendig. Deshalb wurde das Modell GT-730FL-S der Firma Renkforce ausgewählt. Mithilfe der zugehörigen Software CanVas konnten die Routen im Anschluss an die Exkursionen ausgelesen und in verschiedenen Dateiformaten (z. B. csv oder gpx) für die Weiterverarbeitung exportiert werden.

Die GPS-Tracker nahmen während der Exkursion jede Sekunde eine Standortkoordinate auf und haben diese mit einer zugehörigen Zeitangabe versehen. Auf dieser Grundlage können die benötigten Zeitdauern und gewählten Routen der Experimental- und Vergleichsgruppe miteinander verglichen (Kap. 6.2) und dadurch mögliche Points of Interest mit einer erhöhten Aufenthaltsdauer sowie potentielle Störquellen (z. B. Ablenkungen) identifiziert werden.

Die extrahierten GPS-Dateien aller Gruppen wurden im Anschluss an die Exkursionen mithilfe der Software QGIS (Version 3.22.12) bearbeitet, sodass alle Routen der Vergleichs- bzw. Experimentalgruppe jeweils in einem gemeinsamen Layer zusammengefasst werden konnten. Über die in QGIS integrierte Funktion „Heatmap" können die in Punktform erhobenen GPS-Daten anschließend gemäß ihrer Dichte im Raum dargestellt werden. Mithilfe des wählbaren Radius wird die Kreisumgebung definiert, in der zwei Datenpunkte miteinander interagieren (MENKE et al. 2016, S. 107). Für die in dieser Arbeit verwendeten Heatmaps wurde der entsprechende Interaktionsradius auf 10 Meter festgelegt. Eine schematische Visualisierung der Punktdichte mithilfe eines festgelegten Radius und Überschneidungen zwischen verschiedenen Punkten, die das Vorgehen der Software vereinfacht visualisiert, zeigt Abbildung 25. Neben dem definierten Radius ist zudem die Farbgebung der Punktdichte für die spätere Kartendarstellung der Heatmaps zentral. POKOJSKI et al. (2021, S. 25) empfehlen eine Differenzierung zwischen Räumen hoher und niedriger Punktdichte über eine Farbverlaufsskala, die in der zugehörigen Kartenlegende angegeben wird. Für die Kartengestaltung wurde für Experimental- und Vergleichsgruppe die identische Farbverlaufsskala verwendet. DICKMANN et al. (2015, S. 276 f.) weisen darauf hin, dass Heatmaps zu visuellen und somit weniger zu quantifizierten Analysezwecken verwendet werden, da mit der Variation von Radius und Farbabstufung Einfluss auf die schlussendliche kartographische Darstellung genommen werden kann.

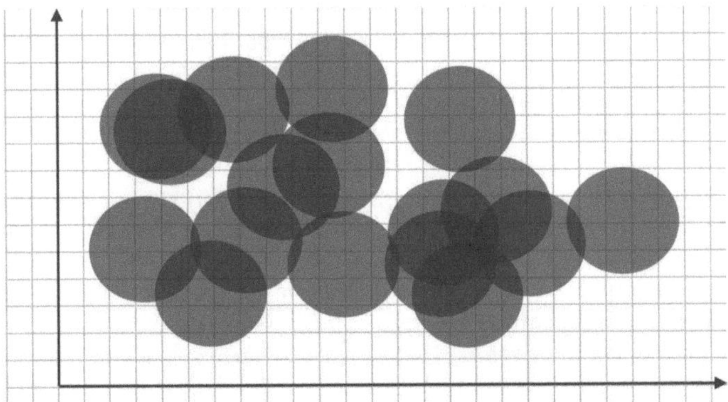

Abb. 25 | Schematische Darstellung der Punktdichte mithilfe von überlappenden Kreisen (eigene Darstellung nach POKOJSKI et al. 2021, S. 24)

5.5 Statistische Auswertungsverfahren

Die statistische Auswertung und Aufbereitung der erhobenen Daten erfolgt mithilfe der Software SPSS Statistics (Version 29). Für die Untersuchung der Unterschiede zwischen den drei Untersuchungsgruppen hinsichtlich ihres Zuwachses an Fachwissen als Teil der Forschungsfragen der Arbeit (Kapitel 4) werden Varianzanalysen[14] (Analysis of Variance oder ANOVA) angewendet. Bei den Berechnungen wird die Kontrastanalyse als eine Sonderform der ANOVA angewendet. Des Weiteren werden im Folgenden die Voraussetzungen und Anwendungsfälle verschiedener statistische Verfahren für den Vergleich von Gruppenunterschieden bei ordinal oder nominal skalierten Daten (z. B. Kruskal-Wallis H-Test) oder die Messung des Einflusses von verschiedenen äußeren Variablen auf die Messergebnisse (Moderations- und Mediationsanalysen) näher erläutert.

5.5.1 Kontrastanalysen als Sonderform der ANOVA

Die zentrale Idee der sogenannten ANOVA ist es, die Ausprägung einer Variable (in dieser Arbeit in der Regel die Punktzahl im Fachwissenstest) in Abhängigkeit ihrer Gruppenzugehörigkeit (Experimental-, Vergleichs- oder Kontrollgruppe) zu untersuchen. „Dabei ist die zentrale Frage, ob die Variation der Mittelwerte ‚nur'

---

[14] Für eine vertiefende Auseinandersetzung mit der Varianzanalyse empfiehlt sich ausdrücklich BACKHAUS et al. (2021, S. 162-221).

den Stichprobenfehler widerspiegelt, also zufallsbedingt ist, oder ob die experimentelle Manipulation [...] einen ‚Effekt' hat, der statistisch nachweisbar ist" (BROCKMÜLLER 2019, S. 98). Die Nullhypothese, die von keinem Effekt zwischen den Untersuchungsgruppen ausgeht, wird entsprechend verworfen, wenn sich die Mittelwerte mindestens zweier Gruppen statistisch voneinander unterscheiden (BACKHAUS et al. 2021, S. 175).

Existieren mehr als zwei Untersuchungsgruppen, wird die Varianzanalyse den einzelnen Vergleichen der Gruppen untereinander, zum Beispiel durch t-Tests, vorgezogen. Dies lässt sich mit der sog. α-Fehlerinflation begründen, da bei jedem einzelnen Vergleich zwischen zwei Gruppen die Gefahr besteht, einen Fehler 1. Art (α-Fehler) zu begehen und somit die Nullhypothese (H_0) fälschlicherweise zu verwerfen (Tabelle 17). Die Wahrscheinlichkeit einen Fehler 1. Art zu begehen, bemisst sich mit der Formel $1 - (1 - \alpha)^k$, wobei k die Anzahl an unabhängigen Einzelvergleichen und α das Fehlerniveau angeben. Bei einem Fehlerniveau von .05, wie in dieser Arbeit bereits festgelegt wurde, würde bei fünf Einzelvergleichen mit 23-prozentiger Wahrscheinlichkeit eine Nullhypothese fälschlicherweise verworfen werden. Somit hilft die Varianzanalyse beim Vergleich mehrerer Gruppen dabei, „die Inflation durch mehrere Einzeltests zu vermeiden" (BÜHNER, ZIEGLER 2017, S. 377).

Neben dem Fehler 1. Art gilt es auch den Fehler 2. Art (β-Fehler) zu berücksichtigen. Dieser obliegt der Prämisse, dass eine Nullhypothese fälschlicherweise bestätigt wird, obwohl die Alternativhypothese eigentlich korrekt ist. Der β-Fehler wird maßgeblich durch die sog. Teststärke (engl. Power) bestimmt, da sie der Wahrscheinlichkeit entspricht, keinen Fehler 2. Art zu begehen (1- β). Unter anderem DÖRING und BORTZ (2016, S. 670) sowie BÜHNER und ZIEGLER (2017, S. 175) empfehlen das β-Fehlerniveau nach wissenschaftlichem Konsens auf 20 % festzulegen. Somit beläuft sich die Teststärke in dieser Arbeit auf 1- $\beta \geq$ 80 %. Bevor innerhalb der in Kapitel 6 berechneten Ergebnisse also eine Nullhypothese akzeptiert und die Alternativhypothese entsprechend verworfen wird, muss die tatsächliche Teststärke berechnet werden. Dies erfolgt mithilfe des Programms G*Power als posteriori-Poweranalyse. Nähere Informationen zu diesem Programm und den integrierten Verfahren finden sich bei FAUL et al. (2007).

Tab. 17 | Übersicht eines Hypothesentests mit Alpha- bzw. Beta-Fehler (eigene Darstel-lung in Anlehnung an LÜCKEN 2007, S. 111).

	H_0 trifft zu	H_0 trifft nicht zu
H_0 wird angenommen	korrekte Entscheidung wird getroffen	Fehler 2. Art (β-Fehler)
H_0 wird abgelehnt	Fehler 1. Art (α-Fehler)	korrekte Entscheidung wird getroffen

In dieser Arbeit wird auf die Kontrastanalyse als Sonderform der ANOVA zurück-gegriffen, da sich diese bei einem hypothesengeleiteten Untersuchungsdesign gegenüber Post-hoc-Tests anbietet. Dies wird unter anderem auch seitens der American Psychological Association (APA) empfohlen (WILKINSON & THE TASK FORCE ON STATISTICAL INFERENCE 1999, S. 599). Eine ANOVA selbst kann, wie bereits beschrieben, nur ermitteln, dass ein potentieller Mittelwertsunterschied zwischen mindestens zwei Gruppen existiert, jedoch nicht genau angeben, zwischen welchen Gruppen dieser relevant ist. Die Ausrichtung einer Forschungshypothese gibt eine Vermutung an, zwischen welchen Gruppen und an welchen Testzeitpunkten der Interventionsstudie Mittelwertsunterschiede liegen könnten. Aus diesem Grund ist es a-priori (vor der Messung) möglich, gewisse Kontraste auf Grundlage der Hypothesen in der Analyse zu definieren und so zielgerichtet und effizient den Datensatz zu analysieren (ROSNOW et al. 2000, S. 446-450; FURR, ROSENTHAL 2003, S. 45-50). Ein Post-hoc-Test überprüft die Mittelwertsunterschiede hingegen erst im Anschluss und bietet sich bei Tests an, bei denen im Vorfeld keine Hypothesen getätigt wurden (u. a. DÖRING, BORTZ 2016D, S. 709).

Für den Fall, dass eine Gruppe aus dem Mittelwertsvergleich der Kontrastanalyse exkludiert werden soll, wird ihr der Kontrast bzw. Wert 0 zugeordnet. Wichtig zu beachten ist, dass die Summe der zugeordneten Koeffizienten für einen sinnvollen Vergleich null ergeben muss. So kann beispielsweise bei einem gezielten Vergleich zwischen Experimental- und Vergleichsgruppe der Kontrollgruppe der Kontrast 0 beigemessen werden. Die Experimentalgruppe könnte indes beispielsweise den Wert 1 und die Vergleichsgruppe den Wert -1 zugewiesen bekommen (HAYES 2022, S. 229).

Neben dem beschriebenen Vorgehen zum Vergleich verschiedener Gruppenkonstellationen ist es zudem möglich, einzelne Testzeitpunkte im Sinne der Messwiederholung miteinander zu kontrastieren. So wird bei einem Vergleich der ersten beiden Testzeitpunkte innerhalb der Studie dem Pre-Test der Wert 1 und dem Post-Test der Wert -1 zugeordnet. Der Follow-Up-Test, ohne gewünschten Einfluss in der Berechnung, erhält somit den Wert 0. Im folgenden Kapitel werden die notwendigen statistischen Voraussetzungen zur Anwendung der Kontrastanalyse und weitere genutzte Analyseverfahren definiert.

5.5.2 Voraussetzungen der angewendeten statistischen Analyseverfahren

Eine ANOVA bemisst nach ihrer Definition den Einfluss von einer nominalskalierten Variable (z. B. Gruppenzugehörigkeit) auf eine abhängige, zwingend metrisch skalierte, Variable (z. B. erzielter Punktewert im Fragebogen). Aus diesem Vorgehen ergeben sich somit schon die ersten zu berücksichtigenden Voraussetzungen des Verfahrens. Auf die Vorzüge der Kontrastanalyse gegenüber anderen Varianzanalysen wurde im vorigen Kapitel bereits eingegangen. Zur Anwendung der Kontrastanalyse müssen folgende statistische Voraussetzungen erfüllt sein: Intervallskaliertheit der abhängigen Variable, Normalverteilungsannahme und Homogenität der Varianzen (auch Homoskedazität) (BACKHAUS 2021, S. 179; STEINER, BENESCH 2021, S. 156).

Zur Analyse der Normalverteilung[15] (auch Gaußverteilung) existieren verschiedene statistische Testverfahren, unter anderem der Shapiro-Wilk- und der Kolmogorov-Smirnov-Test. Beide Tests gehen bei der Prüfung der Nullhypothese von einer Normalverteilung aus, sodass diese verletzt ist, wenn statistische Tests einen signifikanten Wert ($p < .05$) ergeben. An dieser Stelle sei jedoch explizit darauf hinzuweisen, dass statistische Tests auf Normalverteilung bei größeren Stichproben sensibel auf Ausreißer reagieren und entsprechend ungenau ausfallen können (FIELD 2018, S. 248 f.). Als alternative Prüfung können graphische Diagnosen Aufschlüsse über etwaige Abweichungen von einer Normalverteilung geben. Zudem ist es in der Fachliteratur Konsens, dass auf Grundlage des zentralen Grenzwertsatzes — *approximativ ist eine Summe aus Zufallsvariablen normalverteilt, wenn diese Zufallsvariablen unabhängig und identisch verteilt sind sowie eine endliche Varianz besitzen* (vgl. LANGE, MOSLER 2017, S. 60-62) — bei Stichprobengrößen von $n > 30$ auf eine Normalverteilung geschlossen werden kann (WERNER et al. 2016, S. 966; FIELD 2018, S. 235; STEINER, BENESCH 2021, S. 97). Aufgrund der Stichprobengröße der drei Untersuchungsgruppen von jeweils über 30 Proband:innen kann in dieser Studie demnach von einer Normalverteilung ausgegangen werden. Auf eine jeweilige gesonderte Prüfung des Shapiro-Wilk- bzw. Kolmogorov-Smirnov-Tests wird innerhalb der Ergebnisdarstellung demnach verzichtet. Zudem weisen unter anderem STEINER und BENESCH (2021, S. 97) darauf hin, dass „viele statistische Prüf-

---

[15] Für eine ausführliche Erklärung der Normalverteilung siehe beispielsweise KÄHLER (2010, S. 29-32) oder BÜHNER, ZIEGLER (2017, S. 159-161).

verfahren, die sich von der Voraussetzung der Normalverteilung ableiten, […] robust gegenüber Abweichungen der realen Verteilungen von der Normalverteilung" verhalten.

Die Überprüfung der Gleichheit von Varianzen ist insbesondere für statistischen Rechnungen, bei denen mehrere Gruppen untersucht werden (z. B. Mittelwertsvergleiche), relevant (BROSIUS 2013, S. 405). Mithilfe des Levene-Tests können die Stichprobengruppen auf Varianzhomogenität überprüft werden. Dieser „geht von der Nullhypothese aus, dass sich die Varianzen in den Gruppen nicht unterscheiden" (BACKHAUS et al. 2021, S. 179).

Der Kruskal-Wallis H-Test findet innerhalb der Ergebnisdarstellung eine Verwendung, wenn die Voraussetzungen der ANOVA hinsichtlich der Normalverteilung verletzt sind. Zudem ist es mit dem Kruskal-Wallis H-Test möglich, Gruppenunterschiede von mehr als zwei unabhängigen Gruppen hinsichtlich Daten mit ordinalen Skalenniveaus zu untersuchen, und wird daher auch als Rangvarianzanalyse bezeichnet (RASCH et al. 2021, S. 120). Für die Untersuchung von Unterschieden ordinalskalierter Daten zwischen zwei Untersuchungsgruppen kann hingegen der Mann-Whitney U-Test verwendet werden (ebd., S. 107-118). Eine zentrale Idee des Kruskal-Wallis H-Tests ist es zu prüfen, ob unabhängige Stichproben aus derselben Grundgesamtheit bzw. Population entstammen (KRUSKAL, WALLIS 1952, S. 584). Ausgehend davon, dass den ordinalskalierten Daten gewisse Rangplätze zugeordnet werden, sollten diese Rangplätze sich gleichmäßig über die einzelnen Untersuchungsgruppen verteilen (Nullhypothese). Daher wird der Kruskal-Wallis H-Test zur Untersuchung potentieller Unterschiede der Untersuchungsgruppen hinsichtlich ihrer Ausgangsbedingungen (z. B. Schulnoten oder Interesse) in Kapitel 6.1 verwendet.

Auf den Chi-Quadrat Test wird bei der Untersuchung der Ausgangsbedingungen der Interventionsgruppen im Hinblick auf nominalverteilte Variablen zurückgegriffen. Mithilfe des Tests kann die Unabhängigkeit von zwei oder mehr Variablen voneinander gemessen werden und wird häufig auch bei der Analyse dichotomer Items eingesetzt. Neben der Nominalskalierung der Variablen, müssen die beobachteten Messungen zudem unabhängig sein, sodass die verglichenen Gruppen sich nicht gegenseitig beeinflussen können (BACKHAUS et al. 2021, S. 390 f.). Ferner weisen die Autor:innen (2021, S. 390 f.) darauf hin, dass bei Stichprobengrößen bis 60 Beobachtungen, auf andere Testverfahren zurückgegriffen werden sollte. Durch die hohe Stichprobenzahl der Studie, kann der Chi-Quadrat Test ohne Einschränkungen verwendet werden.

Zur Untersuchung potentieller, äußerer Störvariablen, die die Ergebnisse der Untersuchungsgruppen innerhalb der Interventionsstudie beeinflussen könnten, werden sogenannte Moderationsanalysen durchgeführt. Dabei wird, wie in Abbildung 26 visualisiert, der Einfluss einer äußeren, moderierenden Variable auf Unterschiede einer unabhängigen Variablen hinsichtlich einer metrisch skalierten, abhängigen Variable untersucht (HAYES 2022, S. 234). Zum besseren Verständnis dient das abgebildete Beispiel: „Hängen die Unterschiede zwischen digital und analog gestützter Exkursion hinsichtlich des Lernzuwachses im Fachwissen zur Klimaanpassung vom Wetter auf der Exkursion ab?".

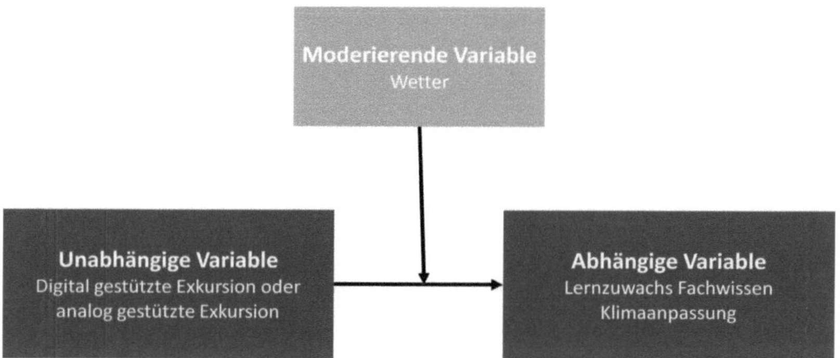

Abb. 26 | Beispielhaftes Wirkungsschema einer Moderationsanalyse (eigene Darstellung)

Die Berechnung der Moderationsanalysen findet mit einem von Andrew HAYES (2022) entwickelten Plug-in für SPSS statt (Software PROCESS Model 4.1). Als Voraussetzungen für die Moderationsanalyse, die auf den Grundsätzen einer linearen Regression beruht, gelten nach HAYES (2022, S. 71-75) Linearität, Normalverteilung, Homoskedastizität sowie Unabhängigkeit der beobachteten Daten. Das von HAYES (2022, S. 71) beschriebene Vorgehen gilt als robust hinsichtlich der potentiellen Verletzungen von Voraussetzungen, sodass er anführt: „I do not believe you should lose too much sleep over the potentials that you have violated one or more of those assumptions" (ebd.). Zudem ist es mithilfe von SPSS und der im Plug-in integrierten Johnson-Neyman-Analyse möglich, Intervalle zu bestimmen, in denen signifikante Einflüsse der moderierenden Variable vorliegen.
Auf sogenannte Mediationsanalysen wird zurückgegriffen, wenn der Zusammenhang zweier Variablen durch eine dritte Variable, den sog. Mediator, vermittelt werden kann. Der Mediator erklärt in diesem Fall den Zusammenhang zwischen unabhängiger und abhängiger Variable als kausalen Zusammenhang. Als Beispiel dient die folgende Abbildung 27, in der die Motivation als mediierender Einflussfaktor des Zusammenhangs zwischen digital bzw. analog gestützter Exkursion und dem Lernzuwachs im Fachwissen fungiert. Eine hohe Motivation wird, wie in Kap. 2.4 beschrieben, als lernförderlich angesehen, sodass davon auszugehen ist, dass die Motivation einen potentiellen Effekt hinsichtlich des Zuwachses an Fachwissen mediiert. Auf die Mediationsanalyse wird in der Arbeit lediglich zur Überprüfung von Forschungsfrage 5 zurückgegriffen. Auch die Mediationsanalyse wird mit dem

in der Moderationsanalyse beschriebenen Plug-in für SPSS von Andrew Hayes durchgeführt. Daher seien an dieser Stelle die weiteren Ausführungen von HAYES (2022, S. 79-117) ausdrücklich empfohlen. Mediationsanalysen basieren auf einer Reihe von Regressionsanalysen (BARON, KENNY 1986, S. 1177) und benötigen daher entsprechenden Voraussetzungen: Linearität, Normalverteilung, Homoskedaszität, Unabhängigkeit der Messungen, zeitliche Präzedenz (vgl. SHROUT, BOLGER 2002, S. 422-445; HAYES 2022, S. 79-117).

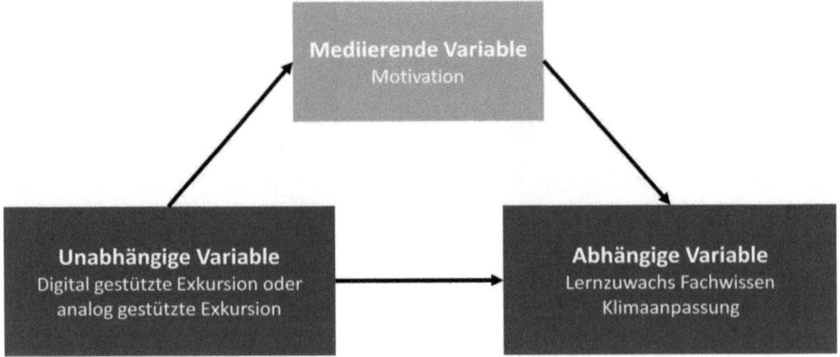

Abb. 27 | Beispielhaftes Wirkungsschema einer Mediationsanalyse (eigene Darstellung)

6 Ergebnisse

Die Ergebnisdarstellung orientiert sich an den in Kapitel 4 formulierten Forschungsfragen und -hypothesen. Grundlegend für diese Untersuchung ist die Darstellung der Ausgangsbedingungen der Experimental-, Vergleichs- und Kontrollgruppe zu Beginn der Intervention (Kap. 6.1). Für die Beantwortung der Forschungsfragen werden im Anschluss die im vorangegangenen Kapitel beschriebenen statistischen Testverfahren angewendet. Sofern nicht anders beschrieben wird, ist davon auszugehen, dass die jeweils benötigten statistischen Voraussetzungen entsprechend erfüllt sind. Zur besseren Übersicht sind in Tabelle 18 die verwendeten statistischen Kennwerte (inkl. Effektmaße) zusammengefasst.[16]
Die Ergebnisse der teilnehmenden Beobachtung und des GPS-Trackings der Exkursionsrouten, als qualitative Erhebungsinstrumente der Studie, werden in Kapitel 6 nicht gesondert berichtet. Ihre Auswertung findet, vor dem Hintergrund der Forschungsfragen und –hypothesen der Arbeit, in Kapitel 7 zur Interpretation und Diskussion der statistischen Ergebnisse statt.

Tab. 18 | Übersicht der verwendeten statistischen Kennwerte & Effektmaße

Statistischer Kennwert	Definition
α-Fehler-Niveau	5 % bzw. p < .05
β-Fehler-Niveau	20 %
Effektmaß ηp² (nach Cohen 1988: 368)	.01 ≤ ηp² < .06 (kleiner Effekt) .06 ≤ ηp² < .14 (mittlerer Effekt) ηp² ≥ .14 (großer Effekt)
Effektmaß r (nach Cohen 1988: 79-81)	r > .1 (kleiner Effekt) r > .3 (mittlerer Effekt) r > .5 (großer Effekt)
Effektmaß Φ' (nach Cohen 1988: 224)	.1 ≤ w < .3 (kleiner Effekt) .3 ≤ w < .5 (mittlerer Effekt) w ≥ .5 (großer Effekt)
Effektmaß d (nach Cohen 1988: 40)	d ≥ .20 (kleiner Effekt) d ≥ .50 (mittlerer Effekt) d ≥ .80 (großer Effekt)

---

[16] Zur Umrechnung der jeweiligen Effektstärken untereinander empfiehlt sich die Website https://www.psychometrica.de/effektstaerke.html.

6.1 Ausgangsbedingungen der Interventionsgruppen

Die Erhebungen des Pretests geben einen näheren Einblick in die Ausgangsbedingungen der einzelnen Interventionsgruppen. Um eine spätere Vergleichbarkeit der Gruppen zu gewährleisten, sollten diese sich zum Zeitpunkt des Pre-Tests nicht grundlegend unterscheiden. Neben verschiedenen potentiellen Störvariablen (z. B. Alter, Geschlecht), die einen Einfluss auf die Ergebnisse der Gruppen haben könnten, ist es zentral zu prüfen, ob bereits beim ersten Testzeitpunkt Unterschiede zwischen den Gruppen hinsichtlich des Abschneidens im Testinstrument existieren.

Für die Überprüfung potentieller Unterschiede zwischen den Untersuchungsgruppen im Wissenstest wird eine ANOVA zum Testzeitpunkt des Pre-Tests durchgeführt. Der Shapiro-Wilk-Test zur Überprüfung der Normalverteilung von Stichproben, zeigte sowohl für die Vergleichs- als auch für die Experimentalgruppe beim Scoring-Wert im Pretest eine Verletzung der Voraussetzung an. Wie im vorangegangenen Kapitel beschrieben, kann statistisch aufgrund des zentralen Grenzwertsatzes und der Stichprobengröße (N > 30) dennoch von einer Normalverteilung der Daten ausgegangen werden.

Die weiteren Voraussetzungen der einfaktoriellen ANOVA sind somit an dieser Stelle erfüllt und es kann festgestellt werden, dass zum Zeitpunkt des Pre-Tests kein signifikanter Unterschied (F(2,300) = .76; p = .47) beim Abschneiden im Fragebogen zwischen Kontroll- (M = 22.43; SD = 2.85), Vergleichs- (M = 23.96; SD = 6.94) und Experimentalgruppe (M = 23.60; SD = 7.16) existiert. Somit sind die Ausgangsbedingungen der drei Untersuchungsgruppen bezüglich ihres Stands an Fachwissen zur Klimaanpassung für die weitere Intervention im Post- und Follow-Up-Test vergleichbar.

Im Folgenden werden weitere potentielle Störvariablen des Lernerfolgs innerhalb der Interventionsstudie dargestellt, die im Pre-Test als Ausgangsbedingungen der Gruppen erhoben wurden. Dabei ist darauf hinzuweisen, dass teilweise lediglich Unterschiede zwischen Experimental- und Vergleichsgruppe von gesondertem Interesse sind, da diese beiden Gruppen innerhalb der Studie ein Treatment in Form einer Exkursion erhalten. Dies ist beispielsweise bei ihren unterrichtlichen Vorerfahrungen mit der Arbeitsform der Exkursion der Fall.

Für die Untersuchung der Ausgangsbedingungen der Gruppen wird für ordinalskalierte Daten der Kruskal-Wallis H-Test zur Hilfe genommen. Als Einflussvariable für Interventionsstudien stellen oftmals Schulnoten einen Faktor für das Abschneiden in entsprechenden Tests dar. Die drei Untersuchungsgruppen unterscheiden sich nicht bezüglich ihrer Erdkunde- und Deutschnoten (p = .74 bzw. p = .49). Bezüglich der Mathematik- und Biologienote lassen sich jedoch Unterschiede zwischen den Gruppen auffinden. So ist die durchschnittliche Mathematiknote der Experimentalgruppe signifikant besser im Vergleich zur Kontrollgruppe. Dabei liegt nach dem

Effektmaß r mit r = .24 (z = -3.21; p = .004) ein schwacher Effekt vor. Die Experimentalgruppe weist im Vergleich zur Kontrollgruppe zudem eine signifikant bessere Biologienote mit einem mittleren Effekt von r = .31 (z = -3.72; p = .001) auf.

Neben den Schulnoten wurde auch das Interesse der Proband:innen am Unterrichtsfach Erdkunde, am Klimawandel, an der Klimaanpassung, an Exkursionen und dem Arbeiten mit digitalen Medien zum Zeitpunkt des Pretests erhoben. Das Interesse steht dabei im engen Zusammenhang mit der (intrinsischen) Motivation (u. a. DECI, RYAN 1993, S. 225-234) und wird deshalb als potentieller Einflussfaktor berücksichtigt. Nach Kruskal-Wallis H-Tests bestehen keine Unterschiede beim Interesse am Klimawandel, an der Klimaanpassung sowie am Arbeiten mit digitalen Medien. Im Vergleich zur Kontrollgruppe weisen sowohl Experimental- als auch Vergleichsgruppe ein größeres Interesse am Unterrichtsfach Geographie auf. Dabei lässt sich ein mittlerer Effekt mit r = .32 für die Experimentalgruppe (p = 001; z = 3.5) sowie ein kleiner Effekt von r = .27 für die Vergleichsgruppe (p < .001; z = 4.16) feststellen. Ein ähnliches Bild ergibt sich bei der Betrachtung des Interesses an Exkursionen. Auch hier besteht ein jeweiliger signifikanter Unterschied zwischen Experimental- (r = .26; p = .001; z = 3.63) und Vergleichsgruppe (r = .21; p = .01; z = 2.96) mit der Kontrollgruppe mit schwachen Effektstärken. Bei allen erhobenen Interessenskonstrukten liegen somit keine Unterschiede zwischen den beiden teilnehmenden Exkursionsgruppen der Intervention vor.

Als potentieller Einflussfaktor wurde zudem die Vorerfahrung mit der methodischen Großform der Exkursion abgefragt. An dieser Stelle ist jedoch nur ein Vergleich zwischen Experimental- und Vergleichsgruppe relevant, da die Kontrollgruppe im Verlauf der Studie kein Exkursionstreatment absolviert. Der Kruskal-Wallis H-Test zeigt, dass die Experimentalgruppe über signifikant mehr Vorerfahrungen mit Exkursionen verfügt. Es liegt dabei ein zugehöriger kleiner Effekt mit r = .20 (p = .001; z = 3,56) vor.

Neben den schulischen Erfahrungen mit Exkursionen stellt auch die Ortskundigkeit in Dortmund-Hörde einen potentiellen Einflussfaktor dar. Die Kontrollgruppe weist eine signifikant geringere Ortskundigkeit als die anderen beiden Untersuchungsgruppen auf. Dieser Aspekt wird nicht weiter statistisch spezifiziert und lässt sich sachlogisch mithilfe des Stichprobenplans (Kapitel 5.2) und der Entfernung der Schulstandorte der Kontrollgruppe zum Exkursionsgebiet Dortmund-Hörde erklären. Interessant für die weitere Ergebnisdarstellung ist hingegen die signifikant höhere Ortskundigkeit der Vergleichsgruppe gegenüber der Experimentalgruppe. Diese ist mit einem kleinen Effekt mit r = .26 (p < .001; z = -4.18) ausgeprägt. Auch hier liefert der Blick auf den Stichprobenplan Aufschlüsse. Da nach der zufälligen Verteilung der Schulklassen fünf aus Dortmund stammende Kurse der Vergleichs- und drei Kurse der Experimentalgruppe zugewiesen wurden, fällt die Ortskundigkeit der Vergleichsgruppe in Dortmund-Hörde höher aus. Inwiefern dieser Unterschied zwischen den beiden Exkursionsgruppen auch einen

Einfluss auf das Abschneiden in der Interventionsstudie besitzt, wird in Kapitel 6.6 analysiert.

Signifikante Unterschiede zwischen Vergleichs- und Experimentalgruppe treten zudem jeweils bei der alltäglichen Nutzung von digitalen Medien (r = .18; p = .012; z = -2.87), der Nutzung von digitalen Medien in der Schule (r = .23; p = .001; z = -3.75) sowie bei ihrer Nutzung im Geographieunterricht (r = .31; p < .001; z = -5.19) auf. Somit lässt sich bezüglich der Ausgangsbedingungen zwischen den Gruppen festhalten, dass die Experimentalgruppe signifikant weniger digitale Medien sowohl im Alltag als auch im (Geographie-)Unterricht gegenüber der Vergleichsgruppe nutzt. Wie bereits in diesem Kapitel angeführt, existieren entgegen den Vorerfahrungen mit digitalen Medien jedoch keine Unterschiede beim Interesse am Arbeiten mit digitalen Medien im Unterricht zwischen den Gruppen.

Zudem wurde untersucht, inwiefern sich die Wetterbedingungen der Exkursionsgruppen an den jeweiligen Tagen der Treatments unterschieden haben. Dafür wurde, basierend auf der teilnehmenden Beobachtung (Kap. 5.4.5), eine Klassifikation der jeweilig vorherrschenden Wetterbedingungen am Exkursionstag vorgenommen und in einer 3-stufigen Skala (schlechtes Wetter, mittleres Wetter, gutes Wetter) eingetragen. Der Kruskal-Wallis H-Test ergibt an dieser Stelle ein signifikantes Ergebnis mit großem Effekt (r = 1.46; p < .001; z = 23.76; n = 264). Somit besaß die Vergleichsgruppe signifikant bessere Wetterbedingungen als die Experimentalgruppe. Inwiefern diese Auswirkungen auf das Abschneiden in der Studie hatten, wird in Kapitel 6.6 statistisch unter Verwendung von Moderationsanalysen analysiert.

Zur Untersuchung der Ausgangsbedingungen auf nominalverteilte Eigenschaften der Stichprobe (z. B. Geschlecht) wird der Chi-Quadrat Test verwendet (Rasch et al. 2021, S. 128 f.). Dieser ergibt, dass sich die Verteilung des Geschlechts (männlich, weiblich, divers) der Proband:innen innerhalb der drei Untersuchungsgruppen nicht signifikant unterscheidet (χ^2 (2) = 1.81; p = .77; Φ' = .08; N = 303). Auch bezüglich der im Elternhaus am häufigsten gesprochenen Sprache (Deutsch oder andere Sprache) lassen sich keine Unterschiede auffinden (χ^2 (2) = 1.20; p = .55; Φ' = .06; N = 291). Für die Darstellung der weiteren nominalverteilten Items des Pretests hinsichtlich der Ausgangsbedingungen der Untersuchungsgruppen sei auf die folgende Tabelle 19 verwiesen. Gemäß den in der Tabelle dargestellten Ergebnissen existieren zwischen den Gruppen lediglich signifikante Unterschiede bei der bisherigen Thematisierung der Klimaanpassung im Unterricht (Φ' = .19) mit einem kleinen Effekt zugunsten der Vergleichs- gegenüber der Experimentalgruppe. Inwiefern die dargestellten unterschiedlichen Ausgangsbedingungen einen tatsächlichen statistischen Einfluss auf die Ergebnisse der Intervention besitzen, wird in Kapitel 6.6 überprüft.

Tab. 19 | Chi-Quadrat Tests zur Untersuchung der Ausgangsbedingungen der Interventi-ons-gruppen im Hinblick auf nominalskalierte Variablen

Item	Chi-Quadrat Test hinsichtlich der Untersuchungsgruppen
Beschäftigen Sie sich in Ihrer Freizeit mit dem Thema „Klimawandel"?	χ^2 (2) = 1.20; p = .55; Φ' = .07; N = 287
Haben Sie im Unterricht bereits das Thema „Klimawandel" behandelt?	χ^2 (2) = .49; p = .78; Φ' = .04; N = 295
Beschäftigen Sie sich in Ihrer Freizeit mit dem Thema „Klimaanpassung"?	χ^2 (2) = 2.62; p = .27; Φ' = .10; N = 288
Haben Sie im Unterricht bereits das Thema „Klimaanpassung" behandelt?	χ^2 (2) = 10.00; p = .007; Φ' = .19; N = 286
Kennen Sie die App Biparcours?	χ^2 (2) = 4.21; p = .12; Φ' = .12; N = 302
Haben Sie im Unterricht schon mit der App Biparcours gearbeitet?	χ^2 (2) = 2.70; p = .26; Φ' = .10; N = 302

6.2 Entwicklung des Fachwissens vom Pre- zum Post-Test (t_1 zu t_2)

Nachdem nachgewiesen wurde, dass die drei Untersuchungsgruppen sich zum ersten Testzeitpunkt nicht signifikant hinsichtlich ihres Vorwissens unterscheiden, soll im Folgenden in Anlehnung an Forschungsfrage 1 die Effektivität der Intervention bzw. der Treatments vom Testzeitpunkt t_1 zu t_2 analysiert werden. Gemäß der formulierten Hypothese wird davon ausgegangen, dass die Experimental- und Vergleichsgruppe im Vergleich mit der Kontrollgruppe unter Zuhilfenahme des Testinstruments[17] einen signifikanten Anstieg im Bereich des Fachwissens vorweisen können.

Im Vergleich zum Pretest erzielen alle drei Untersuchungen einen Kompetenzzuwachs an Fachwissen (Tabelle 20). Inwiefern dieser Zuwachs sich zwischen den Interventionsgruppen unterscheidet, wird mit der Kontrastanalyse als spezielle Form der ANOVA (Kap. 5.5.1) untersucht. Zu Beginn ist der Vergleich zwischen der Kontrollgruppe und der Gesamtheit aus Vergleichs- und Experimentalgruppe interessant. Daher werden der Experimental- und der Vergleichsgruppe jeweils der Kontrast 1 und der Kontrollgruppe der Kontrast -2 zugeordnet. Damit lediglich die Unterschiede zwischen Pre- (Kontrast 1) und Post-Test (Kontrast -1) einbezogen werden, wird dem Follow-Up-Test der Kontrast 0 zugeordnet. Mithilfe der Kontrastanalyse wird ein mittlerer, signifikanter Effekt gemessen (F(1,300) = 46.10; p

---

[17] Wie bereits innerhalb der Darstellung des Testinstruments beschrieben (Kap. 5.4.2) können maximal 48 Punkte (4 Punkte pro Aufgabe) innerhalb des Fragebogens erreicht werden.

< .001; ηp^2 = .13). Somit ist bestätigt, dass die beiden an den Exkursionen teilnehmenden Gruppen einen signifikant größeren Lernzuwachs als die Kontrollgruppe besitzen. Der sogenannte Kontrastschätzer ergibt einen Wert von -17.91. Dieser sagt aus, dass die Kontrollgruppe durchschnittlich 8.95 (Rechnung: 17.91 / 2) Punkte weniger Kompetenzzuwachs an Fachwissen zwischen den ersten beiden Testzeitpunkten im Vergleich zu den beiden Exkursionsgruppen besitzt.

Tab. 20 | Mittelwerte und Standardabweichung des Fragebogens zum Fachwissen im Pre-, Post- und Follow-Up-Test (maximal 48 Punkte)

	Experimentalgruppe (N = 134)	Vergleichsgruppe (N = 130)	Kontrollgruppe (N = 39)
Pre-Test	23.60 (7.15)	23.96 (6.94)	22.43 (4.85)
Post-Test	34.67 (8.17)	32.58 (8.84)	23.32 (6.71)
Follow-Up-Test	35.40 (7.91)	32.63 (8.72)	25.21 (7.59)

Die Ermittlung der zugehörigen Teststärke wird mithilfe des gemessenen Effekts von ηp^2 = .13 als sogenannte posteriori-Poweranalyse durchgeführt[18]. Unter Einbezug der Stichprobe von N = 303 sowie der transformierten Effektstärke f = .39 ist mit einer Wahrscheinlichkeit von über 99.99 % vom ermittelten signifikanten Ergebnis mit mittlerem Effekt auszugehen.

Neben der gemeinsamen Gegenüberstellung der beiden Interventionsgruppen der Exkursionen mit der Kontrollgruppe folgt an dieser Stelle der jeweils einzeln getätigte Vergleich zwischen Experimental- bzw. Vergleichsgruppe mit der Kontrollgruppe an den ersten beiden Testzeitpunkten. Die Kontraste werden wie folgt definiert: Experimentalgruppe 1, Vergleichsgruppe 0, Kontrollgruppe -1, Pre-Test 1, Post-Test -1, Follow-Up-Test 0.

Die Experimentalgruppe weist mit einem großen Effekt von ηp^2 = .15 ($F_{(1,300)}$ = 52.97; p < .001) einen signifikant größeren Zuwachs an Fachwissen als die Kontrollgruppe zwischen den ersten beiden Testzeitpunkten auf. Diese Aussage lässt sich mit einer Teststärke von über 99.99 % bestätigen. Der Kompetenzzuwachs der Experimentalgruppe ist gemäß des Kontrastschätzers 10.81 Punkte besser als der zugehörige Wert der Kontrollgruppe.

---

[18] Das Programm G*Power verwendet das Effektgrößenmaß f nach COHEN (1988, S. 284), das mithilfe der Formel $f = \sqrt{\frac{\eta^2}{1-\eta^2}}$ transformiert werden kann.

Ein ähnliches Ergebnis zeigt sich bei der Gegenüberstellung von Vergleichs- und Kontrollgruppe, bei der eine mittlere Effektstärke von $\eta p^2 = .09$ (F(1,300) = 30.32; p < .001) ermittelt werden kann. Dieses Ergebnis wird mit einer Teststärke von 99,99 % Wahrscheinlichkeit gestützt. Der Kompetenzzuwachs der Vergleichsgruppe ist gemäß des Kontrastschätzers 7.73 Punkte besser als der zugehörige Wert der Kontrollgruppe.

Zur Untersuchung der Fragestellung 2 (Unterschiede des Kompetenzzuwachses an Fachwissen zwischen Experimental- und Vergleichsgruppe zwischen den ersten beiden Testzeitpunkten) wird im Folgenden eine weitere Kontrastanalyse durchgeführt. Die formulierte Hypothese vermutet eine stärkere Entwicklung des Fachwissens bei der Experimentalgruppe gegenüber der Vergleichsgruppe.

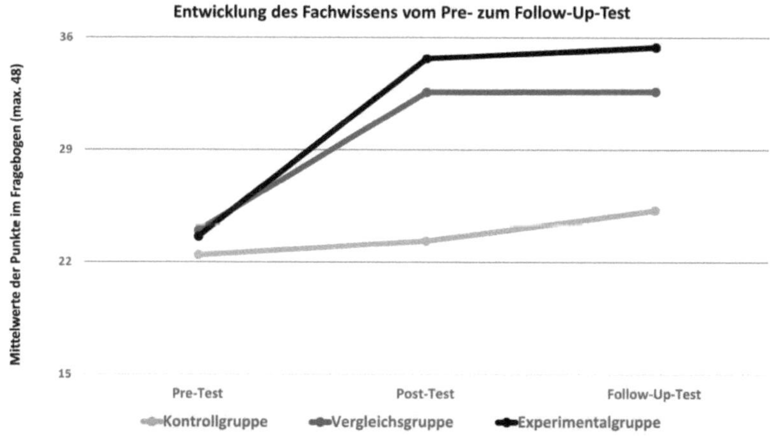

Abb. 28 | Mittelwerte des Fragebogens der Punktzahl des Fachwissens zur Klimaanpassung zu den Zeitpunkten des Pre-, Post- und Follow-Up-Tests (eigene Darstellung)

Bereits Tabelle 20 sowie Abbildung 28 zeigen, dass der Zuwachs an Fachwissen der Experimentalgruppe höher als der zugehörige Wert der Vergleichsgruppe ausfällt. Dieser Unterschied zwischen den Mittelwerten liegt bei 2.45 Punkten. Für die zugehörige Kontrastanalyse werden folgende Kontraste gewählt: Experimentalgruppe 1; Vergleichsgruppe -1; Kontrollgruppe 0; Pretest 1; Posttest -1, Follow-Up-Test 0. Da sowohl die Kontrollgruppe als auch der Follow-Up-Test kein Bestandteil der zugehörigen Forschungsfrage sind, werden ihnen jeweils die Kontrastwerte 0 zugewiesen. Die Kontrastanalyse zeigt, dass das Ergebnis der Experimentalgruppe sich mit einer kleinen Effektstärke von $\eta p^2 = .02$ (F(1,300) = 6.71; p = .01) signifikant von der Vergleichsgruppe unterscheidet. Die Teststärkenanalyse bestätigt den gemessenen Effekt mit einer Wahrscheinlichkeit von 99.8 %.

Auf Grundlage der Zuordnung der einzelnen Fragen des Testinstruments in die Anforderungsbereiche (AFB) I und II des Fachwissens (Kap. 5.4.2) lassen sich weitere, differenzierende Kontrastanalysen durchführen[19]. Tabelle 21 verdeutlicht die jeweils erzielten Punkte der Untersuchungsgruppen innerhalb der beiden AFB.

Beim gemeinsamen Vergleich von Experimental- und Vergleichsgruppe mit der Kontrollgruppe innerhalb der Aufgaben aus AFB I lässt sich ein mittlerer Effekt mit der Stärke $\eta p^2 = .08$ (F(1,300) = 26.23; p < .001) und einer Wahrscheinlichkeit von über 99 % aufzeigen. Somit bestätigt die Subanalyse des AFB I die vorausgegangenen Ergebnisse. Zudem kann auch der signifikante Unterschied zwischen Experimental- und Vergleichsgruppe (F(1,300) = 5.70; p = .02) mit einer Effektstärke von $\eta p^2 = .02$ und einer Wahrscheinlichkeit von 99.8 % bestätigt werden.

Tab. 21 | Mittelwerte und Standardabweichung des Fragebogens zum Fachwissen im Pre-, Post- und Follow-Up-Test in AFB I und II (im AFB I maximal 28 Punkte; im AFB II maximal 20 Punkte)

		Experimental-gruppe (N = 134)	Vergleichsgruppe (N = 130)	Kontrollgruppe (N = 39)
AFB I	**Pre-Test**	15.80 (5.06)	16.16 (5.04)	15.06 (3.77)
	Post-Test	21.33 (4.48)	20.15 (5.04)	15.26 (4.58)
	Follow-Up-Test	21.81 (4.46)	20.33 (4.93)	16.19 (4.86)
AFB II	**Pre-Test**	7.79 (3.20)	7.81 (3.33)	7.37 (2.49)
	Post-Test	13.34 (4.96)	12.43 (4.99)	8.06 (3.75)
	Follow-Up-Test	13.59 (4.80)	12.30 (4.99)	9.03 (3.65)

Ähnliche Beobachtungen lassen sich auch für die Aufgaben des AFB II zwischen Pre- und Post-Test tätigen. So kann mit einer über 99.9-prozentigen Wahrscheinlichkeit ein signifikanter, mittlerer Effekt ($\eta p^2 = .09$) der beiden Exkursionsgruppen gegenüber der Kontrollgruppe gemessen werden (F(1,300) = 29.43; p < .001). Die Ausprägungen der Unterschiede zwischen Experimental- und Vergleichsgruppe sind mit p =.11 (F(1,300) = 2.54; $\eta p^2 = .01$) knapp nicht signifikant.

---

[19] Die Wahl der Kontraste erfolgt im weiteren Verlauf der Arbeit analog zu den bereits dargestellten Ergebnissen. Auf eine analoge Darstellung der verwendeten Kontraste wird daher fortfolgend verzichtet.

6.3 Entwicklung des Fachwissens vom Post- zum Follow-Up-Test (t_2 zu t_3)

Die Entwicklung des Fachwissens zwischen den Testzeitpunkten t_2 und t_3 zeigt, dass die Experimentalgruppe weiterhin über den höchsten Scoringwert im Fachwissenstest verfügt (Tabelle 20 bzw. Abbildung 28 im vorigen Kapitel). Kontrastiert man wiederum die Experimental- und Vergleichsgruppe gemeinsam gegenüber der Kontrollgruppe zeigt sich, dass kein signifikanter Unterschied bei der Entwicklung des Fachwissens vom zweiten zum dritten Testzeitpunkt besteht (F(1,300) = 2.03; p = .16 ηp^2 = .007). Auch zwischen Experimental- und Vergleichsgruppe existieren keine signifikanten Unterschiede (F(1,300) = .83; p = .36; ηp^2 = .003). Auffällig an der Entwicklung ist allerdings, dass jede der drei Untersuchungsgruppen einen Zuwachs an Fachwissen zwischen Post- und Follow-Up-Test vorweisen kann. Um zu überprüfen, ob die Zuwächse der Gruppen signifikant ausfallen, werden jeweils t-Tests für gepaarte bzw. abhängige Stichproben durchgeführt. Jeder der drei t-Tests zeigt ein nicht signifikantes Ergebnis für die Entwicklung des Fachwissens (Experimentalgruppe: t(133) = -1.34; p = .18; Vergleichsgruppe: t(129) = -.09; p = .93; Kontrollgruppe: t(38) = -1.92; p = .06). Der Zuwachs der Kontrollgruppe fällt dabei am stärksten aus und ist knapp nicht signifikant. Die Entwicklungen der Ausprägungen des Fachwissens innerhalb AFB I und II zwischen den Testzeitpunkten t_2 und t_3 weisen analoge und ebenso wenig auffällige Tendenzen auf, sodass diese zur Vollständigkeit lediglich in tabellarischer Form angegeben werden (Tabelle 22).

Tab. 22 | Kontrastanalyse zur Entwicklung des Fachwissens in den AFB I und II zwischen Post- und Follow-Up-Test

	Untersuchter Kontrast	Ergebnis Kontrastanalyse
AFB I	EG (1); VG (1); KG (-2)	F(1,300) = .63; p = .43; ηp^2 = .002
	EG (1); VG (-1); KG (0)	F(1,300) = .32; p = .57; ηp^2 = .001
AFB II	EG (1); VG (1); KG (-2)	F(1,300) = 2.04; p = .15; ηp^2 = .007
	EG (1); VG (-1); KG (0)	F(1,300) = .71; p = .40; ηp^2 = .002

6.4 Entwicklung des Fachwissens vom Pre- zum Follow-Up-Test (t_1 zu t_3)

Zur Bewertung der langfristigen Entwicklung des Kompetenzzuwachses an Fachwissen werden an dieser Stelle die Ergebnisse über den gesamten Zeitraum der Intervention dargestellt (Forschungsfrage 3). Die zugehörige Forschungshypothese geht davon aus, dass das Fachwissen zur Klimaanpassung in der Experimentalgruppe langfristig, bis zum dritten Testzeitpunkt, stärker als bei der Vergleichsgruppe ausgeprägt ist. Durch den im vorherigen Kapitel dargestellten Anstieg des

Fachwissens der Kontrollgruppe zum Zeitpunkt des Follow-Up-Tests, fällt der kontrastierte, gemittelte Unterschied zwischen Experimental- und Vergleichsgruppe mit der Kontrollgruppe etwas geringer aus als zwischen den Testzeitpunkten t_1 und t_2. Die Experimental- und Vergleichsgruppe schneiden die Intervention somit mit einem mittleren Effekt von ηp^2 = .1 signifikant besser als die Kontrollgruppe (F(1,300) = 31.56; p < .001) ab. Dieser Effekt kann mit einer Wahrscheinlichkeit von über 99 % bestätigt werden.

Die Experimentalgruppe besitzt gemäß der zugehörigen Kontrastanalyse einen über die drei Testzeitpunkte signifikant höheren Zuwachs an Fachwissen als die Vergleichsgruppe, der mit einem kleinen Effekt von ηp^2 = .04 ausgeprägt ist (F(1,300) = 10.88; p = .001). Dies lässt sich mit einer Wahrscheinlichkeit von über 99 % bestätigen.

Betrachtet man die Entwicklungen von AFB I und II des Fachwissens über den gesamten Interventionszeitraum (Abbildung 29 & Abbildung 30), fällt auf, dass die Unterschiede der Experimental- und Vergleichsgruppe gegenüber der Kontrollgruppe ähnliche Ausprägungen besitzen. Sowohl bei der Betrachtung des AFB I (F(1,300) = 19.58; p < .001) als auch beim AFB II (F(1,300) = 18.67; p < .001) liegt ein signifikanter Effekt mittlerer Stärke von ηp^2 = .06 vor.

Das signifikant bessere Abschneiden der Experimentalgruppe gegenüber der Vergleichsgruppe besitzt höhere Ausprägungen im AFB I mit einer Effektstärke von ηp^2 = .03 (F(1,300) = 8.13; p = .005). Die Unterschiede im AFB II sind ebenfalls signifikant mit einem Effekt von ηp^2 = .02 (F(1,300) = 5.09; p = .025).

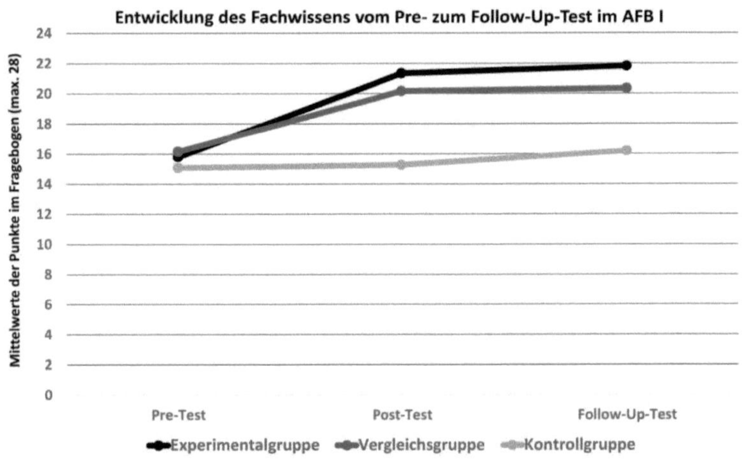

Abb. 29 | Entwicklung des Fachwissens zur Klimaanpassung im AFB I über den gesamten Verlauf der Intervention zwischen den drei Interventionsgruppen (eigene Darstellung)

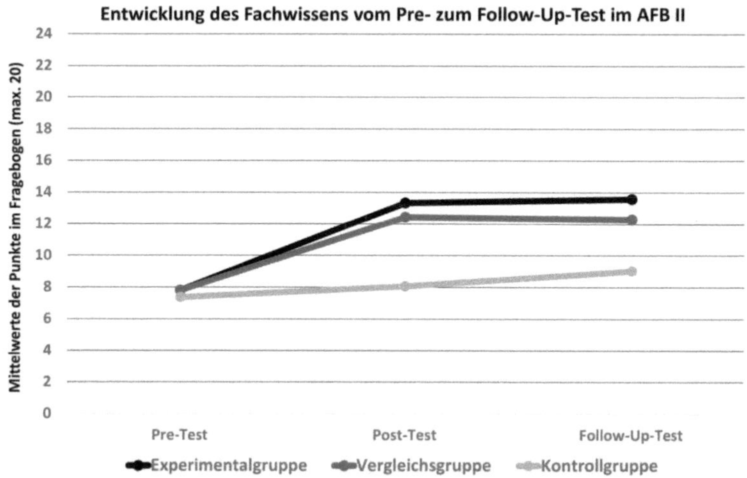

Abb. 30 | Entwicklung des Fachwissens zur Klimaanpassung im AFB II über den gesamten Verlauf der Intervention zwischen den drei Interventionsgruppen (eigene Darstellung)

6.5 Motivationale Unterschiede der Exkursionsgruppen

Die in Kapitel 4 aufgestellte Forschungsfrage 4 widmet sich der Analyse motivationaler Unterschiede der beiden Exkursionsformate der Experimental- und der Vergleichsgruppe. Die zugehörige Hypothese vermutet eine höhere Motivation der Experimentalgruppe gegenüber der Vergleichsgruppe. Zum Abschluss des Kapitels wird zudem der in Fragestellung 5 aufgegriffene positive Einfluss der Motivation auf den Wissenszuwachs im Verlauf der Intervention mithilfe von Mediationsanalysen untersucht.

Zum Abschluss des jeweiligen Exkursionstages wurde von den Schüler:innen die KIM beantwortet, mit der die Motivation anhand von zwölf Items auf vier Skalen (Interesse/Vergnügen, Anspannung/Druck, Wahrgenommene Kompetenz, Wahrgenommene Wahlfreiheit) erfasst wird. Da die Messung der Motivation der Kontrollgruppe ohne Interventionstreatment hinfällig ist, werden lediglich zwei Gruppen miteinander verglichen, sodass statt auf Varianzanalysen auf t-Tests mit unabhängigen Variablen zurückgegriffen wird. Die Unterschiede der einzelnen Skalen der KIM werden dabei als zweiseitige t-Tests überprüft. Die Antworten der Schüler:innen wurden jeweils auf einer fünfstufigen Likert-Skala abgetragen, sodass Werte zwischen 1 und 5 innerhalb der Skalen angenommen werden können.

An dieser Stelle sei darauf hingewiesen, dass lediglich bei der Skala Anspannung/Druck ein niedrig ausgeprägter Wert als positiv hinsichtlich der Motivation zu bewerten ist, da die Proband:innen entsprechend weniger Anspannung bzw. Druck empfinden.

Sowohl Tabelle 23 als auch Abbildung 31 verdeutlichen, dass die vier Skalen der KIM sowohl bei der Experimental- als auch bei der Vergleichsgruppe hohe Ausprägungen besitzen und die Proband:innen auf beiden Exkursionsformaten entsprechend ähnlich motiviert gewesen sind. Die Experimentalgruppe weist dabei, bis auf in der Skala Wahrgenommene Wahlfreiheit, bessere Werte hinsichtlich der Motivation auf.

Tab. 23 | Mittelwerte und Standardabweichungen der Motivationsskalen der KIM hinsichtlich der beiden Exkursionsgruppen (5-stufige Likert-Skala)

	Experimentalgruppe (N = 133)	Vergleichsgruppe (N = 129)
Interesse/Vergnügen	3.98 (0.78)	3.82 (0.85)
Wahrgenommene Kompetenz	4.04 (0.62)	3.94 (0.79)
Wahrgenommene Wahlfreiheit	3.61 (0.89)	3.62 (0.85)
Anspannung/Druck	1.94 (0.89)	2.01 (0.98)

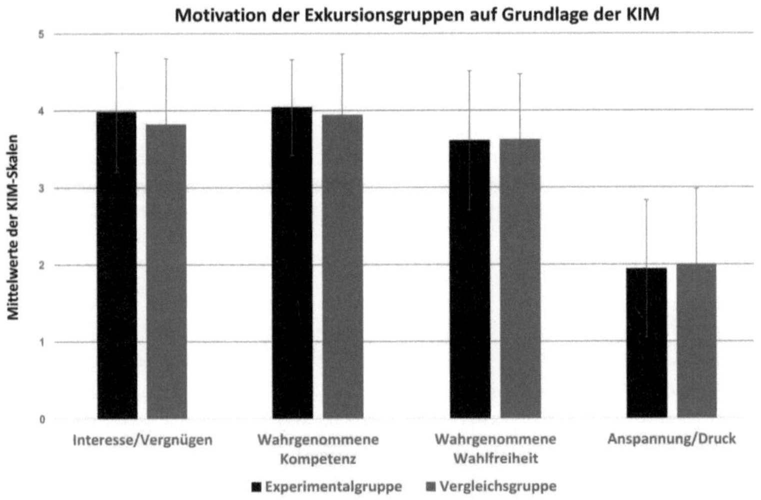

Abb. 31 | Vergleich der Motivation von Experimental- und Vergleichsgruppe zum Zeitpunkt des Post-Tests auf Grundlage der Skalen der KIM (eigene Darstellung)

Die jeweiligen t-Tests ergeben für keine der Motivationsskalen einen signifikanten Unterschied zwischen den beiden Exkursionsgruppen (Tabelle 24).[20] Demzufolge ist davon auszugehen, dass beide Exkursionsformate auf Grundlage der Skalen der KIM ähnlich motivierend auf die Schüler:innen im Rahmen der Intervention gewirkt haben. Zur Vollständigkeit sind tabellarisch zudem die potentiell notwendigen Stichprobengrößen für signifikante Unterschiede zwischen den beiden Exkursionsformaten hinsichtlich der Motivationsskalen mit zugehörigen Effektstärken d angegeben (Tabelle 24). Die Berechnungen gehen dabei von einer gleichmäßigen Verteilung der Proband:innen auf die beiden Exkursionsgruppen aus und zeigen, dass bei drei der vier Skalen weit über 1000 Proband:innen für signifikante Ergebnisse nötig während. Lediglich die Skala Interesse/Vergnügen würde in etwa bei einer Verdopplung der Stichprobengröße zu signifikanten Unterschieden zwischen beiden Gruppen führen. Diese statistischen Berechnungen unterstützen die sichtbare Beobachtung aus Abbildung 31, dass die beiden Exkursionsformate, gemäß der verwendeten Skalen der KIM, in einer ähnlichen Art und Weise motivierend gewirkt haben.

Tab. 24 | T-Tests potentieller Unterschiede hinsichtlich der Motivation der beiden Exkursionsgruppen (inkl. benötigte Stichprobengröße für signifikante Ergebnisse)

Motivationsskala	t-Test	Notwendiges N für Signifikanz
Interesse/Vergnügen	$t(260) = 1.53; p = .13; d = .20$	620
Wahrgenommene Kompetenz	$t(260) = 1.20; p = .23; d = .14$	1 264
Wahrgenommene Wahlfreiheit	$t(260) = -.06; p = .96; d = .01$	247 304
Anspannung/Druck	$t(260) = -.63; p = .53; d = .08$	3 866

Da Forschungsfrage 5 ergänzend darauf abzielt, den Einfluss der Motivation auf die Wissensentwicklung der Exkursionsgruppen zu ergründen, wird an dieser Stelle ergänzend der Zusammenhang der vier Skalen der KIM mit dem Zuwachs an Fachwissen auf der Exkursion untersucht. Dazu werden Mediationsanalysen (Kap. 5.5.2) unter Berücksichtigung der vier Skalen durchgeführt.
Die ersten Mediationsanalysen widmen sich potentiellen Einflüssen der Motivation auf die Veränderung des Fachwissens zwischen t_1 und t_2. An dieser Stelle lässt

---

sich beispielhaft das in Kapitel 5.5.2 aufgegriffene Schema zur Beschreibung der mediierenden Effekte der Variable Anspannung/Druck aufgreifen (Abbildung 32). Die vorliegende Mediationsanalyse wurde berechnet, um zu überprüfen, ob die Variable Anspannung/Druck der KIM einen mediierenden Effekt für die Veränderung des Fachwissens zwischen den Testzeitpunkten für die beiden Interventionsgruppen besitzt. Wie bereits in Kapitel 6.2 beschrieben, existiert ein signifikanter Effekt zwischen den Interventionsgruppen hinsichtlich der Veränderung des Fachwissens ($c = -2.40$; $p = .02$) ohne inkludierten Mediator (sog. totaler Effekt). Nachdem der Mediator ins Modell aufgenommen wurde, konnte ermittelt werden, dass die Interventionsgruppen die Variable Anspannung/Druck nicht signifikant vorhersagen ($a = .07$; $p = .53$). Die Variable Anspannung/Druck sagt die Veränderung des Fachwissens wiederum ebenfalls, äußerst knapp, nicht signifikant vorher ($b = -1.03$; $p = .06$). Da die beiden Pfade a und b keine signifikanten Werte ergeben, lassen sich die Unterschiede der Exkursionsgruppen hinsichtlich der Veränderung des Fachwissens nicht über die Variable Anspannung/Druck erklären. Falls einer der Pfade a bzw. b signifikant gewesen wäre, hätte der Einfluss der mediierenden Variable auf die Veränderung des Fachwissens bestimmt werden können (Baron & Kenny 1986: 1177). Auch die anderen Motivationsskalen sagen den bestehenden signifikanten Effekt der Exkursionsgruppen hinsichtlich ihrer Änderung von Fachwissen zwischen Pre- und Post-Test nicht voraus (Tabelle 25). Trotz der fehlenden Signifikanzen ist an dieser Stelle auf die Mediationsanalysen der Variable Anspannung/Druck hinzuweisen, bei der sowohl zwischen den Testzeitpunkten t_1 und t_2 als auch zwischen t_1 und t_3 der Pfad b mit einem Wert von jeweils $p = .06$ nur knapp nicht signifikant ausfällt. Zudem ist Pfad b der Analyse der Variable Wahrgenommene Kompetenz mit $p = .07$ zwischen t_1 und t_3 ebenfalls nur knapp nicht signifikant. Diese Ergebnisse werden gesondert in der Diskussion in Kapitel 7.4 aufgegriffen und interpretiert.

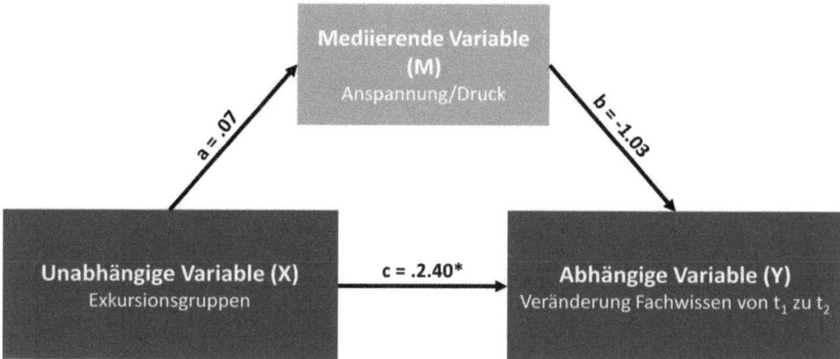

Abb. 32 | Schematische Mediationsanalyse für den Einfluss der Variable Anspannung/Druck auf die Gruppenunterschiede hinsichtlich der Veränderung von Fachwissen zwischen Experimental- und Vergleichsgruppe zwischen t_1 und t_2 (eigene Darstellung)

Die weiteren Mediationsanalysen in Tabelle 25 zeigen, dass keiner der Pfade a bzw. b zwischen den drei Testzeitpunkten auf signifikant mediierende Effekte der Motivationsskalen hindeutet. Dass Pfad a keinesfalls signifikant für die vier unterschiedlichen Motivationsskalen ausfällt, ist nicht verwunderlich, da wie bereits zu Beginn dieses Kapitels aufgezeigt, keine signifikanten Unterschiede zwischen den beiden Exkursionsgruppen hinsichtlich der Motivation existieren. Dementsprechend kann der Pfad a innerhalb der Mediationsanalysen auch nicht signifikant ausfallen. Auch die signifikanten Ausprägungen des Pfades c für die Unterschiede zwischen t_1 und t_2 bzw. t_1 und t_3 lassen sich mit den Analysen aus den Kapiteln 6.2 und 6.4 erklären, da hier jeweils signifikante Unterschiede zwischen den Exkursionsgruppen hinsichtlich des Zuwachses an Fachwissen zur Klimaanpassung ermittelt wurden. Zwischen den Testzeitpunkten t_2 und t_3 existiert, wie bereits berichtet (Kap. 6.3), kein signifikanter Unterschied zwischen den beiden Gruppen.

Tab. 25 | Mediationsanalysen bzgl. des Einflusses der Motivation auf die Gruppenunterschiede der Entwicklung an Fachwissen zwischen allen Testzeitpunkten (N = 262)

Subskala der KIM	Veränderung des Fachwissens von		
	t_1 zu t_2	t_2 zu t_3	t_1 zu t_3
Interesse/Vergnügen	a = -.15; p = .13 b = .84; p = .22 c = -2.40; p = .02	a = -.15; p = .13 b = -.52; p = .33 c = -.69; p = .38	a = -.15; p = .13 b = .32; p = .64 c = -2.81; p = .005
Wahrgenommene Kompetenz	a = -.10; p = .23 b = .51; p = .52 c = -2.40; p = .02	a = -.10; p = -23 b = .90; p = .14 c = -.69; p = .38	a = -.10; p = -23 b = 1.41; p = .07 c = -2.81; p = .005
Wahrgenommene Wahlfreiheit	a = .01; p = .96 b = -.65; p = .30 c = -2.40; p = .02	a = .01; p = .96 b = -.18; p = .71 c = -.69; p = .38	a = .01; p = .96 b = -.83; p = .18 c = -2.81; p = .005
Anspannung/Druck	a = .07; p = .53 b = -1.03; p = .06 c = -2.40; p = .02	a = .07; p = .53 b = .01; p = .99 c = -.69; p = .38	a = .07; p = .53 b = -1.03; p = .06 c = -2.81; p = .005

6.6 Explorative Datenanalyse & Störvariablen

In Kapitel 6.1 wurden die verschiedenen Ausgangsbedingungen der drei Interventionsgruppen näher beleuchtet. Um zu untersuchen, ob die teilweise unterschiedlichen Ausgangsbedingungen, zum Beispiel hinsichtlich des Wetters auf den Exkursionseinheiten, auch einen tatsächlichen Einfluss auf das Abschneiden in der Intervention besitzen, werden verschiedene Moderationsanalysen durchgeführt. Die Moderationsanalysen dienen zudem dazu, Einflussfaktoren der beschriebenen Gruppenunterschiede beim Wissenszuwachs zwischen den jeweiligen Testzeitpunkten näher zu beleuchten. Die Ergebnisse der Moderationsanalysen werden dabei zur besseren Übersicht in Gänze tabellarisch dargestellt (Tabelle 26). Besonders interessante bzw. signifikante Ergebnisse werden ergänzend in schriftlicher Form dargestellt.

Tab. 26 | Moderationsanalysen von potentiellen Einflussfaktoren auf die Entwicklung des Fachwissen zwischen den drei Testzeitpunkten bei Experimental- und Vergleichsgruppe

Potentiell Moderierende Variable	Einfluss auf die Entwicklung des Fachwissens bei Experimental- und Vergleichsgruppe zwischen		
	Pre- und Post-Test	Post- und Follow-Up-Test	Pre- und Follow-Up-Test
Wetter auf Exkursion	ΔR^2 = .23 %, F(1,260) = .63; p = .43; CI[-4.64, 1.97]; N = 264	ΔR^2 = .16 %, F(1,260) = .42; p = .52; CI[-3.40, 1.72]; N = 264	ΔR^2 = .61 %, F(1,260) = 1.70; p = .19; CI[-5.46, 1.11]; N = 264
Lehrkraft der Exkursion	ΔR^2 = .13 %, F(1,260) = .35; p = .56; CI[-5.35, 2.89]; N = 264	ΔR^2 = .03 %, F(1,260) = .09; p = .77; CI[-3.61, 2.67]; N = 264	ΔR^2 = .25 %, F(1,260) = .65; p = .42; CI[-5.85, 2.44]; N = 264
Note Erdkunde	ΔR^2 = .54 %, F(1,258) = 1.47; p = .23; CI[-.86, 3.61]; N = 262	ΔR^2 = 1.43 %, F(1,258) = 3.76; p = .054; CI[-3.43, .03]; N = 262	ΔR^2 = .03 %, F(1,258) = .08; p = .77; CI[-2.57, 1.91]; N = 262
Note Mathematik	ΔR^2 = .05 %, F(1,258) = .13; p = .72; CI[-1.44, 2.10]; N = 262	ΔR^2 = .78 %, F(1,258) = 2.05; p = .15; CI[-2.40, .38]; N = 262	ΔR^2 = .21 %, F(1,258) = .59; p = .44; CI[-2.44, 1.07]; N = 262
Note Deutsch	ΔR^2 = 6.40 %, F(1,259) = .07; p = .79; CI[-1.77, 2.32]; N = 263	ΔR^2 = .53 %, F(1,259) = 1.39; p = .24; CI[-2.56, .64]; N = 263	ΔR^2 = .15 %, F(1,259) = .43; p = .51; CI[-2.73, 1.37]; N = 263
Note Biologie	ΔR^2 = .53 %, F(1,231) = 1.31; p = .25; CI[-.81, 3.06]; N = 235	ΔR^2 = .66 %, F(1,231) = 1.54; p = .22; CI[-2.46, .56]; N = 235	ΔR^2 = .01 %, F(1,231) = .03; p = .86; CI[-1.76, 2.10]; N = 235

Potentiell Moderierende Variable	Einfluss auf die Entwicklung des Fachwissens bei Experimental- und Vergleichsgruppe zwischen		
	Pre- und Post-Test	Post- und Follow-Up-Test	Pre- und Follow-Up-Test
Sprache zu Hause (D/nicht D)	ΔR^2 = .75 %, F(1,251) = 2.06; p = .15; CI[-7.88, 1.24]; N = 255	ΔR^2 = .08 %, F(1,251) = .20; p = .66; CI[-4.37, 2.76]; N = 255	ΔR^2 = 1.15 %, F(1,251) = 3.28; p = .07; CI[-8.62, .36]; N = 255
Interesse Erdkunde (Pre-Test)	ΔR^2 = .01 %, F(1,259) = 3.26; p = .07; CI[-.19, 4.43]; N = 263	ΔR^2 = .10 %, F(1,259) = .27; p = .60; CI[-2.25, 1.31]; N = 263	ΔR^2 = .73 %, F(1,259) = 1.98; p = .16; CI[-.66, 3.96]; N = 263
Interesse Klima-wandel (Pre-Test)	ΔR^2 = .01 %, F(1,258) = .02; p = .89; CI[-2.06, 2.38]; N = 262	ΔR^2 = .83 %, F(1,258) = 2.16; p = .14; CI[-.43, 2.96]; N = 262	ΔR^2 = .60 %, F(1,258) = 1.61; p = .21; CI[-1.86, 1.26]; N = 262
Interesse Klimaanpassung (Pre-Test)	ΔR^2 < .01 %, F(1,255) = .001; p = .97; CI[-2.34, 2.26]; N = 259	ΔR^2 < 1.29 %, F(1,255) = 3.34; p = .07; CI[-.13, 3.40]; N = 259	ΔR^2 < .70 %, F(1,255) = 1.87; p = .17; CI[-.70, 3.89]; N = 259
Interesse Exkur-sionen (Pre-Test)	ΔR^2 = .53 %, F(1,256) = 1.41; p = .24; CI[-.92, 3.72]; N = 260	ΔR^2 = .15 %, F(1,256) = .38; p = .54; CI[-1.21, 2.32]; N = 260	ΔR^2 = 1.00 %, F(1,256) = 2.70; p = .10; CI[-2.19, 1.41]; N =
Klimawandel in der Freizeit	ΔR^2 = .10 %, F(1,246) = .25; p = .62; CI[-5.07, 3.02]; N = 250	ΔR^2 = .10 %, F(1,246) = .25; p = .62; CI[-3.91, 2.34]; N = 250	ΔR^2 = .30 %, F(1,246) = .76; p = .39; CI[-5.89, 2.28]; N = 250

Potentiell Moderierende Variable	Einfluss auf die Entwicklung des Fachwissens bei Experimental- und Vergleichsgruppe zwischen		
	Pre- und Post-Test	Post- und Follow-Up-Test	Pre- und Follow-Up-Test
Klimawandel im Unterricht	ΔR^2 = .15 %, $F(1,253)$ = .40; p = .53; CI[-3.56, 6.95]; N = 257	ΔR^2 = .16 %, $F(1,253)$ = .40; p = .53; CI[-2.74, 5.35]; N = 257	ΔR^2 = 49 %, $F(1,253)$ = 1.31; p = .25; CI[-2.17, 8.16]; N = 257
Klimaanpassung im Unterricht	ΔR^2 = .03 %, $F(1,243)$ = .06; p = .80; CI[-3.76, 4.87]; N = 247	ΔR^2 = .03 %, $F(1,243)$ = .07; p = .79; CI[-3.72, 2.85]; N = 247	ΔR^2 = .01 %, $F(1,243)$ = .003; p = .96; CI[-4.15, 4.38]; N = 247
Exkursionserfahrung im Unterricht	ΔR^2 = 1.61 %, $F(1,259)$ = 4.35; p = .038; CI[.43, 14.89]; N = 263	ΔR^2 = .04 %, $F(1,259)$ = .11; p = .74; CI[-6.47, 4.61]; N = 263	ΔR^2 = 1.2 %, $F(1,259)$ = 3.28; p = .07; CI[-.59, 14.05]; N = 263
Ortskundigkeit Dortmund-Hörde	ΔR^2 = 1.27 %, $F(1,256)$ = 3.39; p = .07; CI[-.10, 2.93]; N = 260	ΔR^2 = .12 %, $F(1,256)$ = .;30 p = .58; CI[-1.48, .84]; N = 260	ΔR^2 = .73 %, $F(1,256)$ = 1.97; p = .16; CI[-.44, 2.27]; N = 260
Interesse Erdkunde (Follow-Up-Test)	ΔR^2 = .18 %, $F(1,260)$ = 4.97; p = .027; CI[.30, 4.82]; N = 264	ΔR^2 = .04 %, $F(1,260)$ = .09; p = .76. CI[-2.02, 1.48]; N = 264	ΔR^2 = 1.45 %, $F(1,260)$ = 4.00; p = .047; CI[.03, 4.54]; N = 264
Interesse Klimawandel (Follow-Up-Test)	ΔR^2 = .19 %, $F(1,258)$ = .50; p = .48; CI[-1.15, 3.29]; N = 262	ΔR^2 = .42 %, $F(1,258)$ = 1.08; p = .30; CI[-.87, 2.82]; N = 262	%, $F(1,258)$ = 2.31; p = .13; CI[-.55, 4.24]; N = 262

Potentiell Moderierende Variable	Einfluss auf die Entwicklung des Fachwissens bei Experimental- und Vergleichsgruppe zwischen		
	Pre- und Post-Test	Post- und Follow-Up-Test	Pre- und Follow-Up-Test
Interesse Klimaanpassung (Follow-Up-Test)	ΔR^2 = .47 %, F(1,259) = 1.25; p = .26; CI[-1.00, 3.62]; N = 263	ΔR^2 = .18 %, F(1,259) = .48; p = .49; CI[-1.15, 2.40]; N = 263	ΔR^2 = 1.01 %, F(1,259) = 2.78; p = .097; CI[-.35, 4.23]; N = 263
Interesse Exkursionen (Follow-Up-Test)	ΔR^2 = .37 %, F(1,257) = .98; p = .32; CI[-2.00, 1.33]; N = 261	ΔR^2 = .04 %, F(1,257) = .11; p = .74; CI[-1.45, 2.03]; N = 261	ΔR^2 = .58 %, F(1,257) = 1.56; p = .21; CI[-.82, 3.69]; N = 261

Innerhalb der Ausgangsbedingungen der Untersuchungsgruppen wurde aufgezeigt, dass die Vergleichsgruppe während der Exkursionen gegenüber der Experimentalgruppe über signifikant bessere Wetterverhältnisse verfügt hat. Die Wetterverhältnisse hatten gemäß der zugehörigen Moderationsanalyse keinen statistischen Effekt auf den Zuwachs an Fachwissen der beiden Exkursionsgruppen zwischen allen drei Testzeitpunkten (Tabelle 26). Somit kann das Wetter als Einflussfaktor im Rahmen dieser Interventionsstudie ausgeschlossen werden.

Aufgrund des besseren Abschneidens der Experimentalgruppe hinsichtlich des Zuwachses an Fachwissen bleibt zu überprüfen, ob die im Pre-Test ermittelte signifikant größere Exkursionserfahrung gegenüber der Vergleichsgruppe einen Einfluss besitzt. Die Moderationsanalyse hinsichtlich der Änderung des Wissens zwischen t_1 und t_2 ermittelt einen signifikanten Effekt (ΔR^2 = 1.61 %, F(1,259) = 4.35; p = .038; CI[.43, 14.89]; N = 263). Mithilfe des in Kapitel 5.5.2 beschriebenen Vorgehens der Moderationsanalyse konnten mithilfe der in SPSS integrierten Johnson-Neyman-Analyse Intervalle bestimmt werden, in denen die Exkursionserfahrung einen signifikanten Einfluss auf die Unterschiede zwischen den beiden Untersuchungsgruppen besitzt.[21] Das Intervall, in dem die Exkursionserfahrung über signifikanten Einfluss verfügt, liegt zwischen den Werten 1 und 1.08. Schüler:innen ohne Exkursionserfahrungen weisen somit signifikant bessere Werte bezüglich des Zuwachses an Fachwissen auf, wenn sie der Experimentalgruppe angehören. Oberhalb des Wertes 1.08 existieren keine signifikanten Intervalle, sodass die größere Erfahrung mit der Methode der Exkursion als Einfluss für das bessere Abschneiden der Experimentalgruppe hier auszuschließen ist. Jedoch bleibt anhand der Häufigkeitsverteilung aus Experimental- und Vergleichsgruppe zu berücksichtigen, dass das zugehörige signifikante Intervall 232 von insgesamt 264 Proband:innen umfasst und somit fast alle Schüler:innen über keinerlei Exkursionserfahrungen verfügen. Ähnliche Ergebnisse lassen sich auch für den Wissenszuwachs zwischen Pre- und Follow-Up-Test mit dem Signifikanzintervall 1 bis 1.19 auffinden (Tabelle 26).

Die Vergleichsgruppe kann aufgrund ihrer Ausgangsbedingungen als ortskundiger gegenüber der Experimentalgruppe angesehen werden (Tabelle 27). Die Moderationsanalyse zeigt, dass die Variable Ortskundigkeit knapp kein signifikanter Mo-

---

[21] Die Exkursionserfahrung wurde im Pre-Test auf einer vierstufigen Skala mit der Frage „Wie häufig haben Sie im Erdkundeunterricht schon an Exkursionen teilgenommen?" erhoben (1 = noch nie; 1-3-mal; 4-5-mal; mehr als 5-mal).

derator des Wissenszuwachses der digital und analog gestützten Exkursion zwischen t_1 und t_2 ist (ΔR^2 = 1.27 %, F(1,256) = 3.39; p = .07; CI[-.10, 2.93]; N = 260).[22] Trotz der knappen Nicht-Signifikanz der Moderationsanalyse, zeigt die Johnson-Neyman-Analyse signifikante Intervalle zwischen den Werten 1 und 2.63 (Abbildung 33). Innerhalb des zugehörigen Intervalls lassen sich insgesamt circa 45 % der Gesamtstichprobe aus Experimental- und Vergleichsgruppe auffinden (Tabelle 27). Die größere Ortskundigkeit der Vergleichsgruppe besitzt somit keinen signifikanten Einfluss auf die Intervention und signifikante Unterschiede existieren lediglich zugunsten der Experimentalgruppe bei geringer Ausprägung der Ortskundigkeit.

Tab. 27 | Häufigkeitsverteilung der Experimental- und Vergleichsgruppe hinsichtlich der Ortskundigkeit im Exkursionsgebiet Dortmund-Hörde

| **Wie oft waren Sie bereits in Dortmund Hörde?** | | | | |
	Noch nie	**1-3-mal**	**3-5-mal**	**Mehr als 5-mal**	**Fehlend**
Experimentalgruppe	56	21	9	48	0
Vergleichsgruppe	24	18	9	75	4
Gesamtstichprobe N = 264	30 %	15 %	7 %	46 %	2 %

---

[22] Die Ortskundigkeit wurde im Pre-Test auf einer vierstufigen Skala mit der Frage „Wie häufig waren Sie bereits in Dortmund-Hörde?" erhoben (1 = noch nie; 1-3-mal; 4-5-mal; mehr als 5-mal).

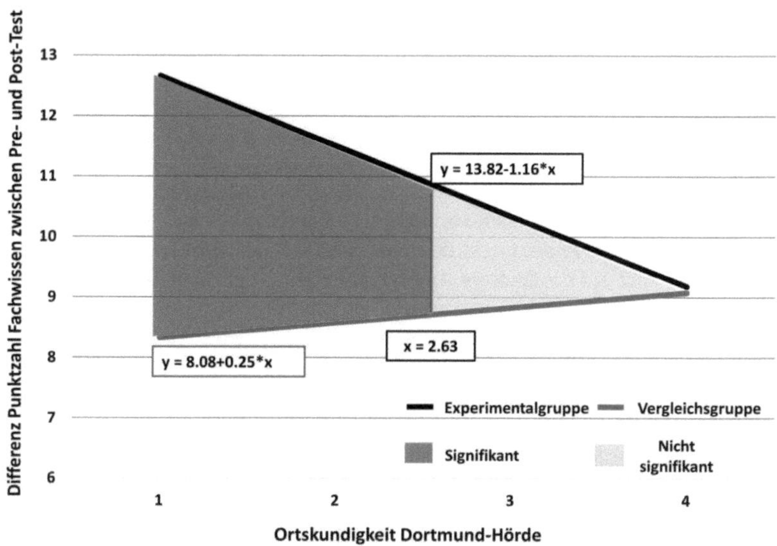

Abb. 33 | Moderationsanalyse des Einflusses der Ortskundigkeit der Proband:innen in Dortmund-Hörde auf die Wissensentwicklung zwischen Pre- und Post-Test (eigene Darstellung)

Als weitere zu untersuchende Variable der Ausgangsbedingungen gab die Vergleichsgruppe im Pre-Test an, signifikant mehr Unterricht zur Klimaanpassung gegenüber der Experimentalgruppe gehabt zu haben. Diese Selbsteinschätzung der Schüler:innen besitzt keinen Einfluss auf die Interventionsergebnisse des Zuwachses an Fachwissen zwischen allen drei Testzeitpunkten (Tabelle 26).

Nachdem die unterschiedlichen Ausgangsbedingungen von Experimental- und Vergleichsgruppe hinsichtlich ihres Einflusses auf den Wissenszuwachs überprüft wurden, folgen an dieser Stelle explorative Moderationsanalysen anderer potentieller Einflussvariablen, die das bessere Abschneiden der Experimentalgruppe hinsichtlich ihres Wissenszuwachses erklären könnten. Im Pre-Test konnten keine Unterschiede zwischen den verschiedenen Interessensskalen der Exkursionsgruppen festgestellt werden. Dennoch liefert die Moderationsanalyse bezüglich des Interesses am Unterrichtsfach Erdkunde[23] aufschlussreiche Ergebnisse. Die zugehörige Analyse zeigt für die Fachwissensentwicklung zwischen Pre- und Post-Test einen knapp nicht-signifikanten Einfluss der Variable für verschiedene Intervalle der Interessensausprägung (ΔR^2 = .01 %, F(1,259) = 3.26; p = .07; CI[-.19, 4.43]; N = 263). Den zugehörigen Johnson-Neyman-Intervallen ist jedoch zu entnehmen, dass die Experimentalgruppe gegenüber der Vergleichsgruppe hinsichtlich des Interesses bis zu einem Schwellenwert von 4.12 signifikant besser abschneidet. Somit liegt ein moderierender Effekt des Interesses am Fach Erdkunde zwischen den Werten 1 bis 4.12 auf das bessere Abschneiden der Experimental- gegenüber der Vergleichsgruppe bei der Wissenszunahme zwischen t_1 und t_2 vor. Im zugehörigen Intervall der Interessensausprägung am Fach befinden sich circa 75 % der berücksichtigten Stichprobe. Ähnliche Ergebnisse lassen sich auch für das im Follow-Up-Test wiederholt abgefragte Interesse am Fach Erdkunde auffinden, die weiterführend der Tabelle 26 zu entnehmen sind.

Wie Tabelle 26 verdeutlicht, besitzt die Note im Fach Erdkunde einen knapp nicht signifikanten Einfluss auf die Unterschiede der Wissensentwicklung zwischen Post- und Follow-Up-Test (ΔR^2 = 1.43 %, F(1,258) = 3.76; p = .054; CI[-3.43, .03]; N = 262). Bei der Betrachtung signifikanter Intervalle fällt hingegen auf, dass Schüler:innen mit einer Schulnote über 3.41 in der Experimentalgruppe signifikant besser als in der Vergleichsgruppe hinsichtlich ihrer Entwicklung an Fachwissen zur Klimaanpassung abschneiden (Abbildung 34). Somit scheinen leistungsschwächere Schüler:innen vom digital gestützten Exkursionsformat zu profitieren und ihr Wissen zwischen den Zeitpunkten t_2 und t_3 eher halten bzw. erweitern zu können. Dies betrifft gemäß der Häufigkeitsverteilung lediglich 12 % der Stichprobe, da 31 Proband:innen angeben eine Erdkundenote von vier oder höher auf dem letzten Zeugnis erhalten zu haben.

---

[23] Im verwendeten Testinstrument wurde der Begriff „Erdkunde" anstatt Geographie für das Unterrichtsfach gewählt, da es an den meisten Schulen der umgangssprachlich genutze Begriff ist.

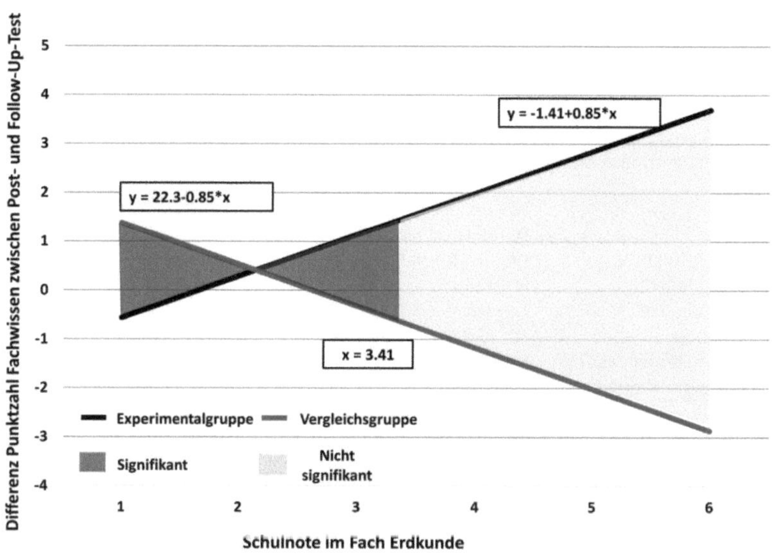

Abb. 34 | Moderationsanalyse des Einflusses der Erdkundenote für die Wissensentwicklung zwischen Post- und Follow-Up-Test (eigene Darstellung)

Neben der Schulnote im Fach Erdkunde lassen sich auch hinsichtlich des Interesses an der Thematik der Klimaanpassung (erhoben im Pre-Test) Auffälligkeiten für den Einfluss auf die Wissensentwicklung zwischen t_2 und t_3 auffinden. So ergibt die zugehörige Moderationsanalyse einen knapp nicht signifikanten Effekt ($\Delta R^2 < 1.29$ %, $F(1,255) = 3.34$; $p = .07$; CI[-.13, 3.40]; $N = 259$). Bei der Betrachtung signifikanter Intervalle fällt auf, dass Schüler:innen mit einer niedrigen Interessensausprägung bis zum Schwellenwert 2.28 signifikant mehr von der digital gestützten Exkursion profitieren und ihr Wissensstand geringer zurückgeht. Aufgrund der niedrigen Anzahl von 25 Proband:innen, die im zugehörigen Intervall liegen, muss das ermittelte Ergebnis wiederholt relativiert werden.

An dieser Stelle soll ergänzend der Einfluss der Mediennutzung auf den Lernzuwachs der Experimentalgruppe dargestellt werden. Die Nutzung digitaler Medien im Alltag ist bei der Experimentalgruppe als Teil der Ausgangsbedingungen signifikant höher als bei der Vergleichsgruppe. Da die Vergleichsgruppe während der Exkursion allerdings nicht mit digitalen Medien arbeitet, sind entsprechende Moderationsanalysen nicht zielführend. Daher werden lediglich die Ergebnisse der Experimentalgruppe auf Zusammenhänge der Nutzung digitaler Medien überprüft.

Da die verschiedenen Nutzungsangaben hinsichtlich digitaler Medien jeweils ordinalskaliert sind, wird auf die Spearman-Korrelation zurückgegriffen. Aufgrund der zugehörigen Analysen kann ein signifikanter Einfluss der Nutzung digitaler Medien für die Wissensentwicklung zwischen allen drei Testzeitpunkten ausgeschlossen werden.

Tab. 28 | Analyse des Einflusses der Nutzung digitaler Medien auf den Wissenszuwachs der Experimentalgruppe zwischen den verschiedenen Testzeitpunkten

	Entwicklung des Fachwissens zwischen		
	t_1 und t_2	t_2 und t_3	t_1 und t_3
Alltägliche Nutzung digitaler Medien	r = -.04; p = .67; N = 131	r = -.04; p = .62; N = 131	r = -.05; p = .54; N = 131
Nutzung digitaler Medien in der Schule	r = -.02; p = .83; N = 133	r = -.06; p = .46; N = 133	r = -.03; p = .76; N = 133
Nutzung digitaler Medien im Erdkundeunterricht	r = -.07; p = .41; N = 134	r = -.13; p = .14; N = 134	r = -.13; p = .14; N = 134

Die im Pre-Test integrierte Abfrage des Interesses der Proband:innen hinsichtlich des Fachs Erdkunde, des Klimawandels, der Klimaanpassung, der Durchführung von Exkursionen und digitalen Medien wurde im Follow-Up-Test wiederholt vorgenommen (5-stufige Likert-Skala). Somit können Veränderungen der Interessensskalen über den Verlauf der Intervention von t_1 zu t_3 statistisch ausgewertet werden. An dieser Stelle ist darauf hinzuweisen, dass das erhobene Interesse messtheoretisch betrachtet zwar ordinalskaliert ist, Likert-Skalen allerdings häufig als quasi-metrisch bezeichnet werden. Dies ermöglicht den Rückgriff auf eine erhöhte Anzahl an statistischen Testverfahren wie beispielsweise t-Tests (VÖLKL, KORB 2018: 20). Die ermittelten Werte der einzelnen Gruppen zu den jeweiligen Testzeitpunkten lassen sich Tabelle 29 entnehmen.

Im Hinblick auf potentielle Änderungen der Interessensskalen sind insbesondere die beiden Exkursionsgruppen relevant, sodass ihre Werte aus Pre- und Follow-Up-Test mithilfe von t-Tests verbundener Stichproben miteinander verglichen werden. Die Tests ergeben, dass lediglich das Interesse an der Klimaanpassung der Vergleichsgruppe eine signifikant positive Änderung nach der Intervention erfährt. Diese ist nach Rundung des Wertes als kleiner Effekt mit einer Stärke von d = .2 zu kennzeichnen (t(127) = -2.22; p = .03). Dieses Ergebnis lässt sich allerdings nur mit einer zugehörigen Wahrscheinlichkeit von 71 % bestätigen und liegt somit unter den definiert benötigten 80 %. Für ein signifikantes Ergebnis mit der festgelegten Power von 80 % würde eine Anzahl von 209 Proband:innen in der Vergleichsgruppe benötigt werden. Die weiteren t-Tests ergeben keine signifikanten Änderungen des Interesses der Schüler:innen im Verlauf der Intervention und werden daher zur Vollständigkeit in Tabelle 29 dargestellt. Aufgrund der niedrigen Ausprägungen der zugehörigen Effektstärken (Cohen's d) wird auf eine Darstellung der potentiell benötigten Stichprobenzahlen verzichtet. Neben den Veränderungen des Interesses innerhalb der jeweiligen Untersuchungsgruppen zwischen Pre- und Follow-Up-Test sind zudem die Unterschiede zwischen den einzelnen Gruppen am dritten Testzeitpunkt von Interesse. Die zugehörigen Gruppenmittelwerte bzw. Standardabweichungen sind weiterhin Tabelle 29 sowie Abbildung 35 zu entnehmen.

Tab. 29 | Änderung des Interesses der Experimental- und Vergleichsgruppe zwischen Pre- und Follow-Up-Test

	Experimentalgruppe (N = 133)			Vergleichsgruppe (N = 130)		
	Pre-Test	Follow-Up-Test	t-Test	Pre-Test	Follow-Up-Test	t-Test
Interesse Erdkunde	3.96 (.78)	3.95 (.81)	d = .03 t(132) = .300; p = .76	3.84 (.91)	3.85 (.91)	d = .01 t(129) = -.15; p =.88
Interesse Klimawandel	3.89 (.90)	3.83 (.77)	d = .07 t(131) = .78; p = .44	3.72 (.87)	3.74 (.84)	d = .03 t(127)= -.36; p = .72
Interesse Klimaanpassung	3.55 (.89)	3.66 (.87)	d = .12 t(129) = -1.40; p = .16	3.44 (.82)	3.59 (.83)	d = .20 t(127) = -.22; p = .03
Interesse Exkursionen	4.27 (.80)	4.16 (.87)	d = .12 t(129) = 1.33; p = .19	4.15 (.89)	4.04 (.86)	d = .11 t(126) = 1.20; p = .23
Interesse digitale Medien	4.13 (.95)	4.18 (.94)	d = .07 t(130) = -.77; p = .44	4.20 (.80)	4.15 (.95)	d = .06 t(128) = .67; p = .51

Da insbesondere Unterschiede zwischen Experimental- und Vergleichsgruppe im Follow-Up-Test relevant sind, wird für das beschriebene Vorgehen auf den t-Test unabhängiger Stichprobengruppen zurückgegriffen. Zum Zeitpunkt des Follow-Up-Tests liegen keine Unterschiede zwischen den beiden Exkursionsgruppen hinsichtlich der vier Interessensskalen vor (Tabelle 30). Diese Erkenntnis nach der Intervention deckt sich mit den in Kapitel 6.1 analysierten Ausgangsbedingungen, in denen keine Interessensunterschiede zwischen Experimental- und Vergleichsgruppe festgestellt werden konnten.

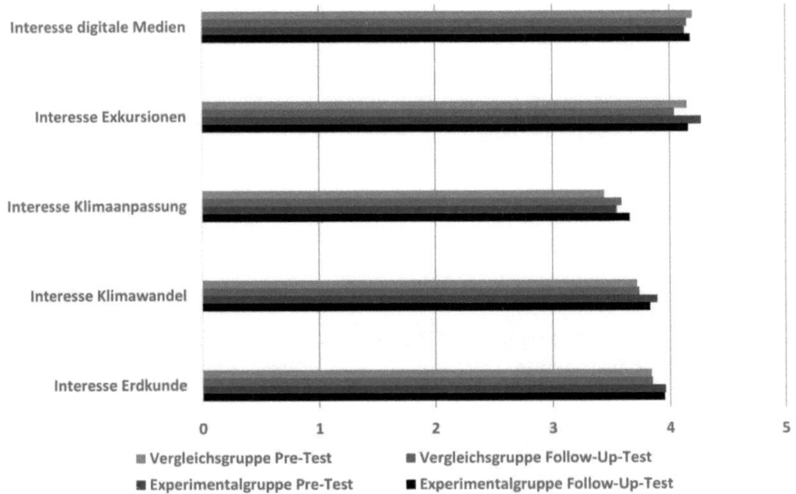

Abb. 35 | Änderung des Interesses von Experimental- und Vergleichsgruppe zwischen Pre- und Follow-Up-Test (eigene Darstellung)

Tab. 30 | Unterschiede zwischen den Interessensskalen der Experimental- und Vergleichsgruppe zum Zeitpunkt t3 als t-Test unabhängiger Stichproben

Interessensskala	Zugehöriger t-Test
Interesse Erdkunde	$t(261) = 1.28$; $p = .24$; $d = .15$
Interesse Klimawandel	$t(260) = 1.66$; $p = .10$; $d = .21$
Interesse Klimaanpassung	$t(257) = 1.12$; $p = .26$; $d = .14$
Interesse Exkursionen	$t(258) = 1.61$; $p = .25$; $d = .14$
Interesse digitale Medien	$t(260) = -.61$; $p = .54$; $d = .08$

7 Diskussion

In diesem Kapitel werden die in Kapitel 6 beschriebenen Ergebnisse der Interventionsstudie aufgegriffen und diskutiert. Die Diskussion orientiert sich strukturell an den in Kapitel 4 aufgestellten Fragestellungen und zugehörigen Hypothesen, die insbesondere unter Berücksichtigung der fachdidaktischen Grundlagen der Exkursionsdidaktik sowie des mobilen ortsbezogenen Lernens (Kap. 2) erörtert werden. Ergänzend dazu werden die Erkenntnisse der qualitativen Begleitforschung der Exkursionseinheiten, basierend auf der teilnehmenden Beobachtung und des GPS-Trackings[24] der Routen, in die Diskussion einbezogen. Abschließend werden die Ergebnisse der explorativen Datenanalyse, unter Berücksichtigung möglicher Störvaria-blen der Studie, sowie ergänzende Erkenntnisse der qualitativen Begleitforschung aufgegriffen.

7.1 Förderung von Fachwissen zur Klimaanpassung durch die Intervention

Die erste Fragestellung widmet sich der Untersuchung des Zuwachses an Fachwissen zur Klimaanpassung der beiden Exkursionsgruppen im Vergleich zur Kontrollgruppe ohne Treatment zwischen den Testzeitpunkten t_1 und t_2. Dazu wurde der entwickelte Fragebogen (Kap. 5.4.2) mit identischen Items zur Erhebung des Fachwissens zur Klimaanpassung im Pre- und Post-Test eingesetzt.

> **Hypothese 1:**
> Die Durchführung der Exkursionseinheit fördert sowohl bei der digital als auch bei der analog gestützten Exkursion einen signifikanten Zuwachs des Fachwissens zur Klimaanpassung im Vergleich zur Kontrollgruppe zwischen Pre- und Post-Test.

Zur Überprüfung der Fragestellung wurde in Kapitel 6.1 als Grundbedingung aufgezeigt, dass die drei Interventionsgruppen über nicht signifikant differierende Ausgangsvoraussetzungen hinsichtlich ihres Fachwissens zur Klimaanpassung im Pre-Test verfügen und somit als statistisch vergleichbar angesehen werden können. Zwischen den beiden ersten Testzeitpunkten weisen die Experimental- und die Vergleichsgruppe nach einer Kontrastanalyse gegenüber der Kontrollgruppe einen signifikant größeren Zuwachs an Fachwissen mit einem mittleren Effekt von

---

[24] Das Vorgehen bei der Aufbereitung sowie der Analyse der qualitativen Begleitforschung ist detailliert in den Kapiteln 5.4.5 (teilnehmende Beobachtung) und 5.4.6 (GPS-Tracking) dargestellt.

$\eta p^2 = .13$ (p < .001) auf. Unterstützt wird dieses Ergebnis durch die ergänzend durchgeführten Kontrastanalysen der AFB I und II des Testinstruments. Diese ergeben, dass Experimental- und Vergleichsgruppe jeweils einen signifikanten Zuwachs mittlerer Effektstärke im AFB I ($\eta p^2 = .08$; p < .001) und AFB II ($\eta p^2 = .09$; p < .001) gegenüber der Kontrollgruppe vorweisen. Auf Grundlage dieser Ergebnisse kann Hypothese 1 bestätigt und konstatiert werden, dass die Exkursionstreatments der Experimental- und Vergleichsgruppe für einen signifikanten Zuwachs an Fachwissen zur Klimaanpassung gegenüber der Kontrollgruppe als Referenzgröße sorgen. Dieser Zuwachs ist zudem gleichmäßig in AFB I und II ausgeprägt, sodass sich beide Exkursionsformate zur Förderung dieser AFB eignen. Eine kurze Auseinandersetzung hinsichtlich einer möglichen Förderung des AFB III, dessen Ausprägungen über den eingesetzten Fragebogen nicht erfasst wurden, findet im Ausblick (Kap. 8) unter Berücksichtigung der Knowledge-Action Gap (u. a. HEEREN et al. 2016; KNUTTI 2019; MOONEY et al. 2022) statt.

> **Ergebnis Hypothese 1:**
> Hypothese 1 kann bestätigt werden, da bei der Experimental- und der Vergleichsgruppe ein signifikanter Zuwachs an Fachwissen zur Klimaanpassung gegenüber der Kontrollgruppe zwischen den Testzeitpunkten t_1 und t_2 nachweisbar ist.

Neben den beiden Exkursionsgruppen weist auch die Kontrollgruppe einen leichten Zuwachs an Fachwissen zur Klimaanpassung von $M_1 = 22.43$ auf $M_2 = 23.32$ auf, ohne ein entsprechendes inhaltliches Treatment erhalten zu haben. Dies lässt sich mit dem Effekt der Testübung begründen (u. a. DÖRING, BORTZ 2016, S. 103), der insbesondere in Interventionsstudien von Relevanz ist und auf den in Kapitel 7.3, unter Berücksichtigung des langfristigen Erwerbs von Fachwissen im Rahmen der Intervention, vertieft eingegangen wird.

Die Ergebnisse der Forschungsfrage 1 unterstützen die geographiedidaktisch verbreitete Wertschätzung von Exkursionen, denen eine Eignung zur Wissensvermittlung, zum Beispiel aufgrund der originalen Begegnung (u. a. DICKEL, GLASZE 2009, S. 3; RINSCHEDE, SIEGMUND 2020, S. 235 f.) oder ihrer Handlungsorientierung (u. a. HEMMER, MEHREN 2014, S. 23; DGfG 2020, S. 7; KUO et al. 2022, S. 55), zugesprochen wird. Unter anderem Lößner (2011, S. 15) bemängelt unzureichende empirische Befunde hinsichtlich der bildenden Wirkung von Exkursionen bei Schüler:innen, da die Wertschätzung geographischer Exkursionen aus seiner Sicht eher historisch gewachsen zu sein scheint. Die vorliegende Studie liefert daher empirische Ergebnisse, die den verbreiteten Konsens der Eignung von Exkursion zur Vermittlung von Fachwissen – in diesem Fall zum Gegenstand der Klimaanpassung – bestätigen.

Die Ergebnisse der Studie stützen die Erkenntnisse anderer Forschungsarbeiten, die, ungeachtet ihrer inhaltlichen Schwerpunkte sowie ihrer medialen und methodischen Ausrichtung, Wissenszuwächse durch Exkursionen bei den teilnehmenden Proband:innen messen (u. a. RUCHTER et al. 2010; STREIFINGER 2010; NEEB 2012; BEHRENDT, FRANKLIN 2014; BENGEL, PETER 2023). Zudem verdeutlichen die Ergebnisse der Forschungsfrage 1, dass beide medialen Zugänge, in Form der digital und analog gestützten Exkursion, in dieser Studie für einen Zuwachs an Fachwissen zur Klimaanpassung bei den Schüler:innen führen. Dieser messbare Zuwachs in beiden Exkursionsgruppen ist die essenzielle Grundlage, um im Rahmen der folgenden Forschungsfragen potentielle Unterschiede des Zuwachses an Fachwissen der Experimental- und Vergleichsgruppe über einen kurzfristigen und langfristigen Zeitraum zu diskutieren.

7.2 Unterschiede zwischen digital und analog gestützter Exkursion hinsichtlich der Förderung von Fachwissen zur Klimaanpassung

Hypothese 2:
Die Experimentalgruppe weist zwischen Pre- und Post-Test einen stärkeren Zuwachs im Bereich Fachwissen zur Klimaanpassung als die Vergleichsgruppe auf.

Nachdem aufgezeigt wurde, dass sowohl die Experimental- als auch die Vergleichsgruppe über einen signifikanten Zuwachs an Fachwissen zur Klimaanpassung infolge der Exkursionseinheiten verfügen, widmet sich Fragestellung 2 den Unterschieden innerhalb dieser beiden Untersuchungsgruppen. Mithilfe einer Kontrastanalyse wurde aufgezeigt, dass die Experimentalgruppe über einen signifikant größeren Zuwachs an Fachwissen gegenüber der Vergleichsgruppe zwischen den ersten beiden Testzeitpunkten verfügt (p = 01; ηp^2 = .02). Auf Grundlage der Ergebnisse kann Hypothese 2 daher bestätigt werden. Beim Blick auf die weiteren durchgeführten Kontrastanalysen der beiden AFB ist auffällig, dass die ermittelten Unterschiede zwischen den beiden Exkursionsgruppen im AFB I (p = .02; ηp^2 = .02) signifikant und im AFB II nicht signifikant (p = .11; ηp^2 = .01) ausgeprägt sind.

Ergebnis Hypothese 2:
Der Zuwachs an Fachwissen zur Klimaanpassung ist auf Grundlage der durchgeführten Kontrastanalysen bei der Experimentalgruppe zwischen den Testzeitpunkten t_1 und t_2 signifikant stärker als bei der Vergleichsgruppe ausgeprägt, sodass Hypothese 2 bestätigt werden kann.

Die Ergebnisse von Fragestellung 2 zeigen, dass die Experimentalgruppe, also die digital gestützte Exkursion, gegenüber der Vergleichsgruppe einen signifikant stärkeren, kurzfristigen Zuwachs an Fachwissen zur Klimaanpassung aufweist. Dieser Befund wird im Folgenden unter Berücksichtigung der Erkenntnisse aus der Begleitforschung der qualitativen Erhebungsinstrumente (teilnehmende Beobachtung und GPS-Tracking), der zentralen Unterschiede der Exkursionstreatments (u. a. SAMR-Modell in Kapitel 5.3.3.3) sowie vor dem Hintergrund anderer Studien des MOL eingeordnet.

Einen ersten interessanten Erklärungsansatz für die Unterschiede des Zuwachses an Fachwissen zwischen Experimental- und Vergleichsgruppe ermöglicht die Betrachtung der über GPS-Tracker aufgezeichneten Exkursionsrouten. Wie in Kapitel 5.4.6 beschrieben, wurden die Routen der an der Exkursion teilnehmenden Kleingruppen mithilfe der „Heatmap-Funktion" der Software QGIS aufbereitet. Infolge der Überprüfung der erfassten GPS-Dateien hinsichtlich ihrer Eignung und Vollständigkeit konnten insgesamt 47 Routen der Vergleichsgruppe und 43 Routen der Experimentalgruppe für die weitere Nutzung identifiziert werden. Einzelne Routen wurden ausgeschlossen, zum Beispiel wenn Schüler:innen den Tracker, trotz Hinweisen im Einstieg der Exkursionseinheit, bewusst ausgeschaltet hatten und somit nur ein Teil der Route aufgezeichnet werden konnte. Durch die Auswahl der GPS-Tracks wurde sichergestellt, dass alle verwendeten Routen den Start- und Endpunkt der Exkursionseinheit beinhalten. Insgesamt wurden für die Experimentalgruppe 359943 (Ø 8371 pro Route) und für die Vergleichspunkte 324997 (Ø 6915 pro Route) Datenpunkte in die Heatmaps einbezogen. Aus der Anzahl der Datenpunkte aus Experimental- und Vergleichsgruppe geht hervor, dass die digital gestützten Exkursionen durchschnittlich 15 Minuten länger gedauert haben als die analog gestützten Exkursionen. Trotz einer geringeren Gesamtanzahl von 43 wertbaren Routen besitzen somit alle Routen der Experimentalgruppe mehr Datenpunkte als die Summe aller Routen der Vergleichsgruppe (47). Daraus lässt sich schließen, dass das Treatment der Experimentalgruppe mehr Zeit in Anspruch genommen hat und die Schüler:innen sich länger mit dem Themengebiet der Klimaanpassung im Gelände beschäftigt haben müssen.

Die erhöhte Zeitdauer der Experimentalgruppe während der Exkursionen lässt sich mithilfe der aufgezeichneten Routen näher differenzieren. Aus den erstellten Heatmaps der beiden Exkursionsgruppen lassen sich sog. ‚Hotspots' der Raumauseinandersetzung erfassen (Abbildung 36). Den Karten ist zu entnehmen, dass die

Experimentalgruppe deutlich mehr Räume mit einer hohen Aufenthaltsdauer bzw. einer hohen Punktdichte besitzt (orange/gelbe Färbung). Die einzelnen aufgesuchten Stationen der Exkursionsrouten sind den Heatmaps, insbesondere zu Beginn der Exkursionen, gut zu entnehmen. Auffällig im Falle der Vergleichsgruppe ist, dass sowohl die Wege zwischen den letzten Stationen als auch die Punktdichte an der letzten Station selbst eine deutlich schwächere Färbung als bei der Experimentalgruppe besitzen. Besonders gut sichtbar ist diese Beobachtung am Zielpunkt der Exkursionseinheiten.

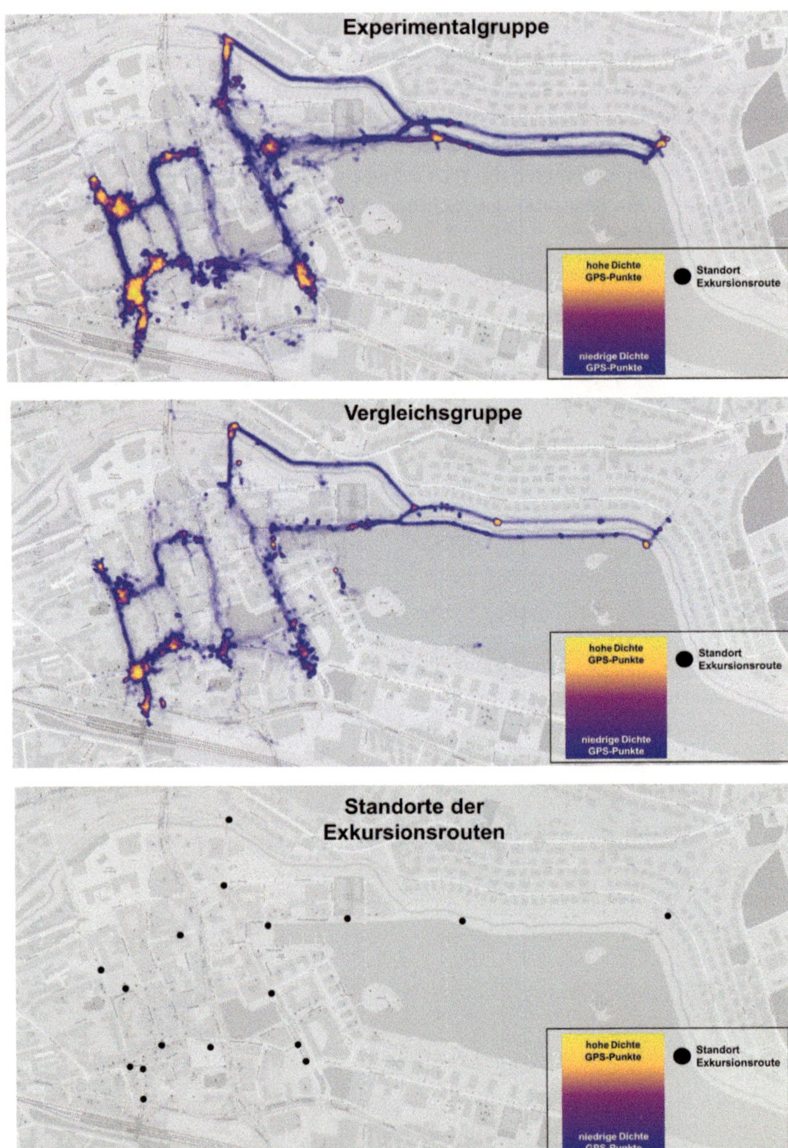

Abb. 36 | Heatmaps der Experimentalgruppe (oben), Vergleichsgruppe (mittig) sowie die räumliche Übersicht aller Exkursionsstandorte (eigene Darstellung)

Diese, in den Heatmaps abgebildete, geringere Raumauseinandersetzung der Vergleichsgruppe deckt sich mit der teilnehmenden Beobachtung, die erfasst hat, dass die Proband:innen der analog gestützten Exkursion bei den letzten Stationen zum Überspringen von Standorten neigten. Zudem wurde beobachtet, dass Aufgaben teilweise nicht ortsgebunden an den Standorten selbst, sondern an beliebigen Punkten auf der Route bearbeitet wurden, obwohl das Aufsuchen des Ortes für die korrekte Lösung eigentlich erforderlich gewesen wäre. Bei der Experimentalgruppe ist ein entsprechendes Verhalten sowohl auf Grundlage der GPS-Daten als auch der teilnehmenden Beobachtungen nicht zu erkennen. Der wesentliche Erklärungsansatz für diese Beobachtung zwischen den Exkursionsgruppen ist, dass die analog gestützte Exkursion mit der analogen Karte navigiert hat, auf der alle Standorte der Exkursion jederzeit abgebildet waren, während die digital gestützte Exkursion über die App jeweils punktuell zum Standort navigiert wurde. Mithilfe der analogen Karte war die Exkursionsroute für die Vergleichsgruppe dauerhaft präsent und dementsprechend auch hinsichtlich des Zeitaufwands der Wegstrecke abschätzbar, sodass sich einige Gruppen dafür entschieden haben, Laufstrecken zu kürzen bzw. Aufgaben ortsunabhängig zu bearbeiten.
Die unterschiedlichen Formen der Navigation bei beiden Exkursionseinheiten wurden in Kapitel 5.3.3.3 gemäß des SAMR-Modells nach Puentedura (2012) der Stufe „Änderung" zugeordnet. Die digital gestützte Navigation kann (über einen Live-Standort mit Entfernungsangabe zum Ziel) mithilfe der verwendeten App Biparcours passgenau in die Unterrichtseinheit integriert werden, sodass die Schüler:innen den nächsten Point of Interest erst dann aufsuchen, wenn die vorherige Aufgabe abgeschlossen wurde. Diese Funktion lässt sich nach den angeführten Erkenntnissen der qualitativen Begleitforschung als deutlicher Vorteil der digital gestützten Exkursion charakterisieren, die in der vorliegenden Studie für eine stärkere Ortsbindung der Aufgaben mit höherem Raumbezug bei der Bearbeitung vor Ort geführt hat. Weitere Auffälligkeiten hinsichtlich der Navigation der beiden Exkursionsgruppen werden in Kapitel 7.5 unter Einbezug der Erkenntnisse der teilnehmenden Beobachtung aufgegriffen.
Die teilnehmende Beobachtung in Kombination mit den GPS-Routen indiziert hinsichtlich der Bearbeitung von Arbeitsaufträgen, dass Aufgabenformate, bei denen die technischen Funktionen der verwendeten Tablets genutzt wurden (z. B. Aufnahme einer Sprachnachricht oder eines Fotos) für eine höhere Verweildauer an den Untersuchungsstandorten und eine stärkere Interaktion mit der Umgebung gesorgt haben. Es war auffällig, dass die Schüler:innen bei der Bearbeitung von Aufgaben über das Tablet häufiger intern diskutiert und oftmals mehrere Versuche bei der Abgabe einer Lösung angefertigt haben. Die Vergleichsgruppe neigte dazu, Aufgaben eher stichpunktartig zu formulieren, während die Experimentalgruppe, durch das Antwortformat bedingt, zusammenhängende Sätze formulierte. Somit deuten die Beobachtungen bei der Aufgabenbearbeitung auf eine

längere und bewusstere Auseinandersetzung der Experimentalgruppe mit dem Exkursionsraum hin.

Beispielhaft für die beschriebenen Beobachtungen werden hier die Arbeitsergebnisse der Station 10 angeführt, an der die Schüler:innen im Rahmen einer Spurensuche (HILLER et al. 2019, S. 46) in einem abgesteckten Gebiet Anpassungsmaßnahmen des Standorts gegenüber Starkregenereignissen erfassen sollten. Innerhalb der Experimentalgruppe wurde der Arbeitsauftrag mit der Aufnahme von Fotos der Anpassungsmaßnahmen durchgeführt, während die Vergleichsgruppe ihre Arbeitsergebnisse schriftlich festhalten sollte (SAMR-Modell, Kap. 5.3.3.3). Den Heatmaps der Exkursionsrouten (Abbildung 36) ist zu entnehmen, dass die Experimentalgruppe über eine höhere Raumauseinandersetzung während der Aufgabenbearbeitung an Station 10 verfügte. Als Ergänzung finden sich in Abbildung 37 beispielhafte Lösungen der beiden Exkursionsgruppen sowie die zugehörigen Arbeitsaufträge. Die Arbeitsergebnisse der Schüler:innen indizieren, dass das gewählte Aufgabenformat der digital gestützten Exkursion im MOL zu einer höheren Raumauseinandersetzung, im Vergleich zur analog gestützten Exkursion, geführt hat. Aus der Protokollierung durch Fotos bei der Experimentalgruppe ergibt sich, der methodischen Anlage geschuldet, ohnehin eine höhere Raumauseinandersetzung im Vergleich zum schriftlichen Protokollieren bei der Vergleichsgruppe. Durch die Aufnahme der Fotos waren die Schüler:innen gezwungen, sich aktiv im Untersuchungsgebiet zu bewegen, während die schriftliche Beantwortung potentiell auch von einem festen Standort möglich gewesen wäre. Für eine zukünftige Überarbeitung der analogen Aufgabenstellung, zugunsten einer höheren Raumauseinandersetzung, wäre es beispielsweise möglich, die Schüler:innen aufzufordern, innerhalb des vorgegebenen Untersuchungsgebiets Standorte mit aufgefundenen Anpassungsmaßnahmen auf einer Karte zu kennzeichnen und diese anschließend ergänzend schriftlich zu benennen. Die Beobachtungen dieser Studie gehen einher mit den Erkenntnissen von FEULNER (2020, S. 424 f.), die bei offenen Arbeitsaufträgen mit subjektiven Lösungsmöglichkeiten in ihrer MOL-Lerneinheit eine hohe Verweildauer und hohe Reflexionspotentiale bei den Schüler:innen ermittelt hat. Insbesondere konstruktivistisch und lösungsoffen gestaltete Aufgaben scheinen daher die Raumauseinandersetzung im MOL zu erhöhen und zu vertiefenten Lernprozessen anzuregen. Die vorliegende Studie liefert ergänzend lediglich vereinzelte Indizien hinsichtlich der Wirkung von verschiedenen angewendeten Aufgabentypen auf Schüler:innen. Im Rahmen des Projekts ExpeditioN Stadt (HILLER o. J.) sind verschiedene Lehrvignetten im MOL entstanden, die unter anderem auf einer Bewertung von Aufgabentypen durch (angehende) Lehrkräfte basieren und als Orientierung für die Erstellung eigener digital gestützter Exkursionen verwendet werden können. In diesem Zusammenhang wäre es zukünftig interessant, neben der Beurteilung durch Lehrkräfte, auch die konkrete Wirkung von verschiedenen Aufgabentypen auf Schüler:innen, zum Beispiel hinsichtlich der Förderung einer Raumauseinandersetzung oder Motivation, vertiefend zu untersuchen.

Gemäß der Unterteilung des Testinstruments zur Messung des Fachwissens zur Klimaanpassung in die AFB ist auffällig, dass die Unterschiede zwischen Experimental- und Vergleichsgruppe im AFB I von t_1 zu t_2 stärker ausgeprägt sind als im AFB II. Der AFB I umfasst dabei nach seiner Definition hauptsächlich die Reproduktion von Fachwissen. Im Rahmen der Darstellung der Exkursionseinheiten von Experimental- und Vergleichsgruppe wurde aufgezeigt, dass sich die beiden Treatments aufgrund ihres medialen Interventionsansatzes auf Grundlage des SAMR-Modells in Teilen unterscheiden. Hier ist unter anderem die Feedback-Funktion der App Biparcours anzuführen, die Schüler:innen beispielsweise bei Multiple Choice oder Sortieraufgaben ein unmittelbares Feedback über ihre Beantwortung ermöglicht. Dieses Zwischenfeedback war innerhalb der analog gestützten Exkursion nicht umsetzbar und wurde daher der SAMR-Stufe der Neubelegung als Alleinstellungsmerkmal der digital gestützten Exkursion zugeordnet. Aufgaben, bei denen die Feedback-Funktion in Biparcours möglich ist, sind geschlossene Aufgabenformate, die somit auch eher dem AFB I zugeordnet werden können. Dass Feedback einen signifikanten Einfluss auf den Lernerfolg bei Schüler:innen besitzt, zeigt unter anderem die Meta-Studie nach HATTIE (2014, S. 206 f.) (d = .73). Die Feedback-Funktion digitaler Endgeräte bzw. von Apps wird in verschiedenen Studien als lernwirksames Feature, beispielsweise aufgrund der Reduktion des Cognitive Loads der Lernenden, eingeordnet (HWANG, CHANG 2016, S. 1229; RÜTH et al. 2021, S. 9; MAIER, KLOTZ 2022, S. 11). Das unmittelbare Feedback für einzelne Aufgaben während der Exkursionseinheiten der Experimentalgruppe könnte demnach einen Einfluss auf das bessere Abschneiden im Fachwissenstest, speziell im AFB I, gehabt haben. Inwieweit sich diese Ausprägungen der AFB im Fachwissen zur Klimaanpassung auch im Follow-Up-Test bestätigen, wird im folgenden Kapitel aufgegriffen. An dieser Stelle ist abschließend nochmals darauf hinzuweisen, dass die Exkursionsplanungen (Kap. 5.3) explizit darauf abgezielt haben sowohl in der Experimental- als auch in der Vergleichsgruppe eine ausgewogene Mischung an geschlossenen kognitivistisch und offenen konstruktivistischen Aufgabenformaten als Charakteristik der Exkursionsdidaktik (Kap. 2.1.2) zu ermöglichen. Für folgende Studien wäre eine Isolation des Untersuchungsfaktor Feedback im Rahmen von MOL-Lerneinheiten interessant, um dessen tatsächlichen Einfluss auf den Zuwachs an Fachwissen evaluieren zu können.

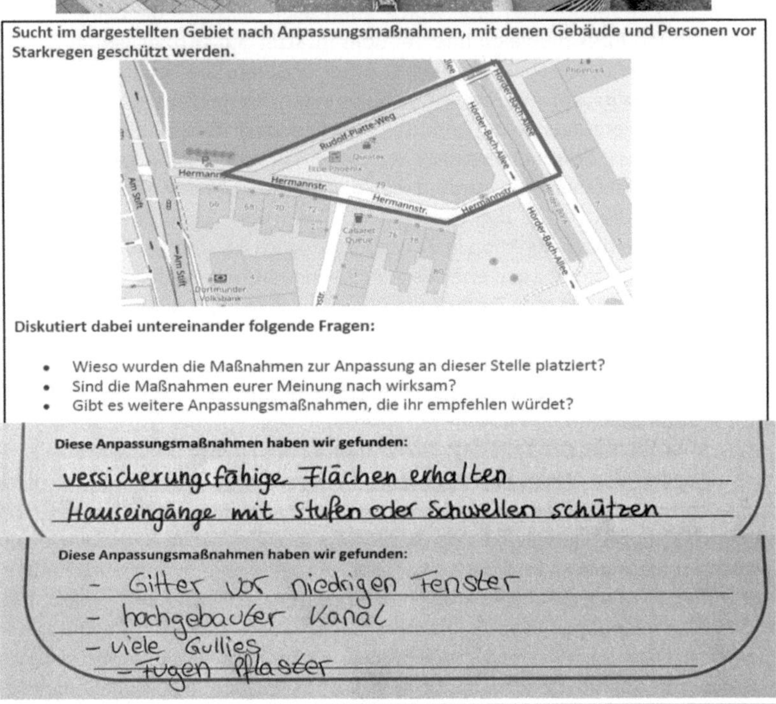

Abb. 37 | Arbeitsergebnisse der Experimentalgruppe (oben) sowie Vergleichsgruppe (unten) im Rahmen der Spurensuche an Station 10 (eigene Darstellung)

7.3 Langfristige Wirksamkeit der Intervention hinsichtlich der Entwicklung von Fachwissen zur Klimaanpassung

Die Interventionsstudie wurde vier Wochen nach den Exkursionen und dem Post-Test durch den Follow-Up-Test abgeschlossen, in dem das Fachwissen zur Klimaanpassung letztmalig erhoben wurde, um die langfristige Behaltensleistung der Interventionsgruppen beurteilen zu können.

Hypothese 3:
Die Experimentalgruppe weist gegenüber der Vergleichsgruppe zum Zeitpunkt des Follow-Up-Tests, vier Wochen nach der Exkursion, einen geringeren Rückgang an Fachwissen zur Klimaanpassung auf.

Für die Diskussion der Ergebnisse von Forschungsfrage 3 ist es auffällig und interessant, dass alle drei Interventionsgruppen ihr Fachwissen zur Klimaanpassung zwischen Post- und Follow-Up-Test mindestens auf einem identischen Niveau halten bzw. ausbauen konnten. Während die Vergleichsgruppe über ein nahezu identisches Maß an Fachwissen an t_3 verfügte, erhöhten sich die Punktzahlen der Kontroll- bzw. Experimentalgruppe um 1.89 respektive .73 Punkte. Wie bereits berichtet, sind diese Entwicklungen der einzelnen Gruppen sowie den AFB jeweils nicht als signifikant zu charakterisieren und können daher auch lediglich zufälliger Ausprägung sein (Kap. 6.3). Auf Grundlage der Erkenntnisse anderer Interventionsstudien (u. a. PETER 2014, S. 114; SCHMALOR 2021, S. 179; BENGEL, PETER 2023, S. 8) war es eher zu erwarten, dass die teilnehmenden Interventionsgruppen beim Follow-Up-Test einen Rückgang an Fachwissen verzeichnen würden. An diesen empirischen Studienergebnissen wurde auch die zugehörige Hypothese 3 ausgerichtet. Da kein Rückgang an Fachwissen zum Zeitpunkt des Follow-Up-Tests vorliegt, kann Hypothese 3 nicht bestätigt werden. Trotzdem ist es äußerst interessant und lohnend, die aufgezeigten Tendenzen der hohen Behaltensleistungen von Fachwissen zur Klimaanpassung für die drei Interventionsgruppen aufzugreifen.

Ergebnis Hypothese 3:
Zwischen Post- und Follow-Up-Test ist sowohl für die Experimental- als auch für die Vergleichsgruppe kein Rückgang an Fachwissen zur Klimaanpassung messbar. Daher ist die grundlegende Annahme von Hypothese 3 verletzt, sodass diese nicht bestätigt werden kann.

Die weiterführend in Kapitel 6.4 durchgeführten Kontrastanalysen zeigen, dass die Experimentalgruppe zum Testzeitpunkt t_3 über das höchste Niveau an Fachwissen verfügt und der Vergleichsgruppe mit einem signifikanten, kleinen Effekt von ηp^2 = .04 (p = .001) vier Wochen nach der Exkursion überlegen ist. Auch die Analysen der AFB fallen jeweils signifikant aus. Im AFB I ist die Überlegenheit der Experimentalgruppe mit ηp^2 = .03 (p = .005) etwas höher ausgeprägt als im AFB II (ηp^2 = .02; p = .025).

Die Ergebnisse der Studie lassen auf eine hohe langfristige Behaltensleistung des Fachwissens zur Klimaanpassung bei beiden Exkursionsgruppen, insbesondere aber innerhalb der Experimentalgruppe, schließen. Diese Erkenntnis deckt sich mit den Beobachtungen der Studie von BENGEL und PETER (2023, S. 12). In ihrer Studie wurde domänenspezifisches Wissen zur Biodiversität infolge einer Lernumgebung des MOL acht Wochen nach der Exkursionseinheit über einen Follow-Up-Test (N = 50) wiederholt erfasst. Die zugehörigen Ergebnisse zeigen zwar einen leichten Rückgang an Fachwissen, jedoch fällt dieser ebenfalls nicht signifikant aus und bleibt bei der digital gestützten Lernumgebung auf einem gefestigt hohen Niveau. Ein analog gestütztes Exkursionsformat wurde in dieser Studie nicht untersucht.

Da das Fachwissen der Experimentalgruppe vier Wochen nach der Exkursion, ohne ein weiteres Treatment der Interventionsstudie erhalten zu haben, weiter ansteigt, werden im Folgenden potentielle Einflussfaktoren dieser Entwicklung erläutert. Ein erster Erklärungsansatz für den Zuwachs an Fachwissen der Experimentalgruppe basiert auf einer Restriktion der Interventionsplanung. Während durch den geringen Abstand zwischen Pre- und Post-Test sichergestellt werden konnte, dass die Schüler:innen im Schulunterricht vorab der Exkursionen keine inhaltliche Auseinandersetzung mit der Klimaanpassung hatten, ist dies zwischen den letzten beiden Testzeitpunkten nur bedingt beurteilbar. Im Vorfeld der Studienteilnahme wurden die partizipierenden Lehrkräfte darauf hingewiesen, die Exkursionseinheiten erst nach Abschluss des Follow-Up-Tests inhaltlich nachzubereiten. Eine durchgeführte ANOVA, die die Entwicklung des Fachwissens aller sieben teilnehmenden Kurse der Experimentalgruppe vergleicht, stellt heraus, dass keine signifikanten Unterschiede zwischen den Kursen zwischen t_2 und t_3 existieren (F(6) = .82; p = .55). Somit schneidet statistisch kein Kurs der Experimentalgruppe zwischen Post- und Follow-Up-Test signifikant besser als die anderen ab. Trotzdem kann das Argument der unterrichtlichen Nachbereitung der Exkursion innerhalb von Kursen der Experimentalgruppe aufgrund der fehlenden Kontrolle als Restriktion des Studiendesigns abschließend nicht vollständig ausgeschlossen werden.

Durch das Design der Intervention bedingt, haben die Schüler:innen im Verlauf der Intervention zu drei Zeitpunkten den identischen Test zur Erhebung des Fachwissens zur Klimaanpassung beantwortet. Daher kann der statistische Effekt der Testübung (auch Pre-Test-Effekt genannt) einen Einfluss auf die langfristige Behaltensleistung gehabt haben (KIM, WILLSON 2010, S. 745). DÖRING und BORTZ (2016E, S. 103) weisen darauf hin, dass dieser Effekt oftmals fälschlicherweise als kausaler

Effekt der Interventionstreatments bewertet wird. Bei Betrachtung der Kontrollgruppe wird aber deutlich, dass die Referenzgruppe über den gesamten Studienverlauf einen Zuwachs von 2.78 Punkten im Testinstrument zum Fachwissen verzeichnet, ohne ein inhaltliches Treatment zur Klimaanpassung erhalten zu haben. Nach Rücksprache mit den Lehrkräften der Kontrollgruppe konnte bestätigt werden, dass die Klimaanpassung nicht im Unterricht thematisiert wurde. Da sich während des Studienzeitraums zudem keine relevanten Extremwetterereignisse ereigneten, die aufgrund ihrer medialen Präsenz für eine Steigerung des Fachwissens der Kontrollgruppe geführt haben könnten, lässt sich dieser externe Einfluss eines potentiellen Wissenszuwachses eher ausschließen. Neben der Kontrollgruppe könnten demnach auch die Vergleichs- bzw. Experimentalgruppe von einem Testübungseffekt im Verlauf der Interventionsstudie beeinflusst worden sein. Einen weiteren Ansatz zur Interpretation der erhöhten langfristigen Behaltensleistung der Experimentalgruppe liefert die Studie von Schmalor et al. (i. V.). Darin wurde eine Exkursion im MOL zur Klimaanpassung mit Lehramtsstudierenden im Fach Geographie, ebenfalls im Exkursionsraum Dortmund-Hörde, durchgeführt und evaluiert. Wie in Kapitel 5.3 berichtet, wurden Teile der Exkursionsplanung in Anlehnung an diese Studie erstellt. Nach Absolvierung der Exkursionseinheit gaben die Studierenden gemäß ihrer Selbsteinschätzung an, im Vergleich zum Pre-Test, signifikant mehr (d = .46; p < .001) (notwendige) Maßnahmen der Klimaanpassung in ihrem Alltag wahrzunehmen. Möglicherweise lässt sich diese Selbsteinschätzung auch auf die Schüler:innen der durchgeführten Studie übertragen, sodass diese nach der Exkursionseinheit im Alltag ebenfalls vertieft mit den Maßnahmen der Klimaanpassung im Alltag konfrontiert worden sind, sich mit ihnen vertieft auseinandergesetzt haben und ihr Fachwissen im Zuge dessen leicht gesteigert wurde. Ein vergleichbares Item der Wahrnehmung von Potentialen der Klimaanpassung wurde im Testinstrument bei den Schüler:innen in dieser Studie nicht eingesetzt, jedoch zeigen die verwendeten Interessensskalen, dass die Exkursionseinheiten bei Experimental- und Vergleichsgruppe das Interesse an der Klimaanpassung gefördert haben (vgl. Kap. 6.6). Zum Zeitpunkt des Follow-Up-Tests wies die Experimentalgruppe ein Interesse an der Klimaanpassung mit einem durchschnittlichen Wert von 3.66 (5-stufige Likert Skala) auf, der im Vergleich zum Pre-Test um .11 Punkte erhöht wurde. Das Interesse der Vergleichsgruppe an der Klimaanpassung wurde sogar signifikant (d = .20; p = .03) von 3.44 auf 3.59 Punkte gesteigert.

Aufgrund forschungsökonomischer Gründe, wie der Dauer des Schuljahres und des Durchführungszeitraums der Studie im Sommer 2022, wurde der Abstand zwischen Post- und Follow-Up-Test auf vier Wochen festgelegt. Zudem existieren keine einheitlichen wissenschaftlichen Empfehlungen für den Abstand des Follow-Up-Tests. Bengel und Peter (2023, S. 8) zeigen zwar, dass Wissen mithilfe einer MOL-Lernumgebung auch acht Wochen nach der Exkursionseinheit ohne einen signifikanten Rückgang bestehen bleiben kann, jedoch ist die Übertragbarkeit ihrer Ergebnisse auf die vorliegende Studie, beispielsweise aufgrund ihrer vergleichbar kleinen Stichprobe von 50 Proband:innen sowie einer anderen Exkursionseinheit mit entsprechend anderen Inhalten, eingeschränkt. Es kann daher nicht abschließend bewertet werden, inwieweit ein höherer Abstand des dritten Testzeitpunkts zur Exkursonseinheit in dieser Studie zu ähnlichen Ergebnissen geführt hätte.

7.4 Unterschiede zwischen digital und analog gestützter Exkursion hinsichtlich der Motivation

Im Folgenden werden die in Kapitel 6.5 dargestellten Ergebnisse hinsichtlich motivationaler Unterschiede der beiden Exkursionsgruppen unter Rückbezug auf Forschungsfrage 4 diskutiert. Zudem wird der in Forschungsfrage 5 aufgegriffene Einfluss der Motivation auf den Zuwachs von Fachwissen zur Klimaanpassung im Kontext der Interventionsstudie interpretiert. Zur Erhebung der Motivation wurde im direkten Anschluss an das Exkursionstreatment der Experimental- bzw. Vergleichsgruppe zum Testzeitpunkt t_2 die KIM (WILDE et al. 2009) mit den vier Subskalen Interesse/Vergnügen, Wahrgenommene Kompetenz, Wahrgenommene Wahlfreiheit sowie Anspannung/Druck eingesetzt. Die Schüler:innen wurden dabei retrospektiv hinsichtlich des Arbeitens auf der Exkursion mithilfe einer fünfstufigen Likert-Skala befragt.

Hypothese 4:
Die Experimentalgruppe weist während der Exkursionseinheit eine größere Motivation als die Vergleichsgruppe auf.

Die Ergebnisse aus Kapitel 6.5 zeigen, dass nach der Exkursion keine signifikanten Unterschiede hinsichtlich der Motivationsskalen Interesse/Vergnügen ($p = .13$; $d = .20$), Wahrgenommene Kompetenz ($p = .23$; $d = .14$), Wahrgenommene Wahlfreiheit ($p = .96$; $d = .01$) sowie Anspannung/Druck ($p = .53$; $d = .08$) zwischen Experimental- und Vergleichsgruppe existieren. Insgesamt beruhen die zugehörigen Analysen auf einer Stichprobenanzahl von $N = 260$ Schüler:innen aus den beiden Exkursionsgruppen.

Ergebnis Hypothese 4:
Es konnten keine signifikanten motivationalen Unterschiede zwischen Experimental- und Vergleichsgruppe unter Verwendung der KIM festgestellt werden. Daher kann Hypothese 4 nicht bestätigt werden.

Entgegen der vorab formulierten Hypothese existieren keine motivationalen Unterschiede zwischen den beiden Exkursionsgruppen. Unter Berücksichtigung der vier Skalen der KIM und den zugehörigen statistischen Analysen scheinen die analog und die digital gestützte Exkursion ähnlich motivierend auf die Schüler:innen gewirkt zu haben. Deutlich wird dies insbesondere an der Skala Wahrgenommene Wahlfreiheit, die einen Mittelwertsunterschied von .01 Punkten zwischen den beiden Gruppen aufweist. Die größten Unterschiede zwischen den Exkursionsgruppen ergeben sich bezüglich der Skala Interesse/Vergnügen mit einer durchschnittlich .16 Punkte größeren Ausprägung der Experimentalgruppe, die bei einer Stichprobenanzahl von 620 Proband:innen signifikant ausfallen würde (Kap. 6.5). Trotz der fehlenden signifikanten Unterschiede zwischen den Exkursionsgruppen ist zu konstatieren, dass sowohl digital als auch analog gestützte Exkursionen über motivationale Skalenausprägungen der KIM auf einem hohen Niveau verfügen und somit anscheinend stark motivierend auf die Schüler:innen gewirkt zu haben.

Die beschriebenen Erkenntnisse decken sich mit verschiedenen in Kapitel 2.4 angeführten Forschungsarbeiten des MOL. So ermittelte beispielsweise SCHNEIDER (2018, S. 89) ebenfalls keine signifikanten motivationalen Unterschiede zweier Exkursionsformate mit Bezug zum MOL mit jeweils hohen Motivationsausprägungen. Auch RUCHTER et al. (2010, S. 1065) sowie KREMER et al. (2013, S. 2) gelangten zur Erkenntnis, dass in ihrer Studie partizipierende Schüler:innen keine motivationalen Unterschiede beim Vergleich von Exkursionen im MOL und klassischeren Exkursionsansätzen besessen haben. RUCHTER et al. (2010, S. 1065) führen an, dass in ihrer Studie technische Probleme bei der Nutzung mobiler Endgeräte zu niedrigeren Motivationsausprägungen beigetragen hatten. Auf Grundlage der erfassten teilnehmenden Beobachtungen und der Bereitstellung von gewarteten technischen Geräten der Ruhr-Universität Bochum für die Exkursionseinheiten, kann diese Variable für die vorliegende Studie ausgeschlossen werden. Die in dieser Arbeit verwendete KIM ist ebenfalls Grundlage für die Motivationsanalyse von KREMER et al. (2013, S. 2), die für die vier verwendeten Skalen, wenn auch mit einer äußerst geringen Stichprobe von 28 Proband:innen, zu ähnlichen Ausprägungen zwischen einer spielbasierten Exkursion im MOL und einer Überblicksexkursion gelangten. Anders als bei den angeführten Studien ist im Rahmen dieser Arbeit hervorzuheben, dass sich die verwendeten Exkursionseinheiten im Wesentlichen nur in ihrem medialen Zugang (digital und analog gestützt) und nicht in ihrer methodischen Anlage (z. B. Vergleich Überblicksexkursion mit spielbasierter Exkursion) unterschieden haben.

Auch die in Kapitel 2.3.3 dargestellten Einflüsse des spielbasierten Lernens auf das MOL haben im Vorfeld der Studie eher auf eine höhere Motivation der Experimentalgruppe hingedeutet. Die Motivationsförderung von entsprechenden Lernumgebungen mit Gamification-Elementen wird unter anderem in den Forschungsarbeiten von FEULNER (2020, S. 128) und ADANALI (2021, S. 219) hervorgehoben. In der vorliegenden Studie konnte kein Einfluss des Gamification-Elements des integrierten Punktesystems der App Biparcours, das bei geschlossenen Aufgaben während der digital gestützten Exkursionseinheit aktiviert war, gefunden werden. Aufgrund des beabsichtigten, ausgewogenen Verhältnisses zwischen geschlossenen und konstruktivistisch offenen Aufgaben während der Exkursion, kam das Punktesystem nur bei einem Teil der Arbeitsaufträge der digital gestützten Exkursion zum Einsatz. Das Gamification-Element wurde innerhalb Kapitel 5.3.3.3 in die Stufe Neubelegung des SAMR-Modells eingeordnet, da eine unmittelbare Rückmeldung mit Punktesystem in der Vergleichsgruppe während der Exkursionseinheit nicht möglich war. Möglicherweise hätte sich eine intensivierte Nutzung von geschlossenen kognitivistischen Items anstatt offenen konstruktivistischen Items mit dem inkludierten Punktesystem als Gamification-Element auf eine höhere Motivation der Experimentalgruppe niedergeschlagen.

Auf Grundlage der Ergebnisse der durchgeführten Studie scheinen Exkursionen, unabhängig von ihrem medialen Zugang, motivierend auf Schüler:innen zu wirken, sodass beispielsweise motivationale Effekte von Gamification-Elementen der digital gestützten Exkursion überlagert worden sein könnten. Diese generell motivierende Wirkung von Exkursionen ist, wie innerhalb von Kapitel 2.1 dargestellt, fachdidaktischer Konsens auf Grundlage verschiedener Forschungsarbeiten (u. a. STREIFINGER 2010, S. 274 ff.; NEEB 2012, S. 240; SCHNEIDER 2018, S. 89; FEULNER 2020, S. 429; KUO et al. 2022, S. 53). Das im Pre-Test erhobene Interesse an Exkursionen im Geographieunterricht stützt diese Beobachtung. Die Schüler:innen gaben ihr entsprechendes Interesse an Exkursionen mit einem durchschnittlich hohen Wert von 4,14 an (fünfstufige Likert-Skala). Die Pre-Testergebnisse zeigen zudem, dass die teilnehmenden Schüler:innen auf wenig Exkursionserfahrungen im Geographieunterricht zurückgreifen können. Über 88 % der 303 teilnehmenden Schüler:innen gaben an, bisher noch nie eine Exkursion im Geographieunterricht absolviert zu haben, sodass statistische Neuheitseffekte der methodischen Arbeitsform der Exkursion und ihr Einfluss auf die Motivation von Relevanz sein können (u. a. THEYßEN 2014, S. 70; MIERWALD, BRAUCH 2020, S. 58). PRZYWARRA und RISCH (2022, S. 253) identifizieren in ihrer Interventionsstudie beispielsweise einen Neuheitseffekt, der aufgrund des „Eventcharakters" der Lerneinheit (in ihrem Fall mit dem Schwerpunkt Experimentieren) auf alle verglichenen Gruppen gleichermaßen wirkte. Traditionell werden dem Einsatz von digitalen Medien im Schulunterricht gegenüber analogen Medien ebenfalls Neuigkeitseffekte zugesprochen (u. a. KERRES 2003, S. 3), auf denen auch Hypothese 4 beruht, die im Falle dieser Studie allerdings nicht zu einer höheren Motivation der digital gestützten Exkursion geführt haben.

Gemäß der JIM-Studie (MPFS 2022, S. 5) verfügen über 99 % der befragten Jugendlichen zwischen 12 und 19 Jahren im Alltag über einen Zugang zu einem Smartphone bzw. 77 % zu einem Tablet. Diese Ergebnisse der JIM-Studie lassen vermuten, dass Schüler:innen in Deutschland über vielfältige alltägliche Handlungserfahrungen mit digitalen Medien verfügen. Im Rahmen des Pre-Tests der durchgeführten Studie wurden die Proband:innen ebenfalls zur Nutzung digitaler Medien in
ihrer täglichen Freizeit sowie im (Geographie-)Unterricht (wöchentlich) befragt
(Abbildung 38) Die Angaben zur alltäglichen Nutzung der Schüler:innen in dieser
Studie decken sich mit den Erkenntnissen der JIM-Studie (ebd.). Zudem lässt sich
für die Proband:innen dieser Studie konstatieren, dass auch die Nutzung von digitalen Medien im (Geographie-)Unterricht hoch ausfällt. So geben beispielsweise
156 Schüler:innen an, digitale Medien im Geographieunterricht wöchentlich ca.
ein bis drei Stunden zu nutzen. Die Schüler:innen der Interventionsstudie scheinen
also auch im Geographieunterricht über vertiefte Nutzungserfahrungen mit digitalen Medien zu verfügen, sodass etwaige Neuheitseffekte von digitalen Medien
im Geographieunterricht vermutlich keinen Einfluss auf die Motivation innerhalb
der Exkursionseinheiten gehabt haben.
Wie bereits oben angeführt, ist es möglich, dass der Neuheitseffekt der Arbeitsform Exkursion an sich so stark ausgeprägt gewesen ist, dass potentielle motivationale Effekte digitaler Medien überlagert worden sind. Nach Rücksprache mit den
begleitenden Lehrkräften war es im Rahmen der durchgeführten Studie beispielsweise bei vielen Schulen und Lerngruppen erstmalig nach zweijährigen Restriktionen der Corona-Pandemie wieder möglich, Exkursionen durchzuführen, sodass ein
Neuigkeitseffekt der Arbeitsform bei den Proband:innen im Hinblick auf ihre Motivation bei beiden Exkursionsformaten als wahrscheinlicher Einflussfaktor eingeschätzt werden kann und zu den ähnlichen Ausprägungen in Experimental- und
Vergleichsgruppe geführt hat.

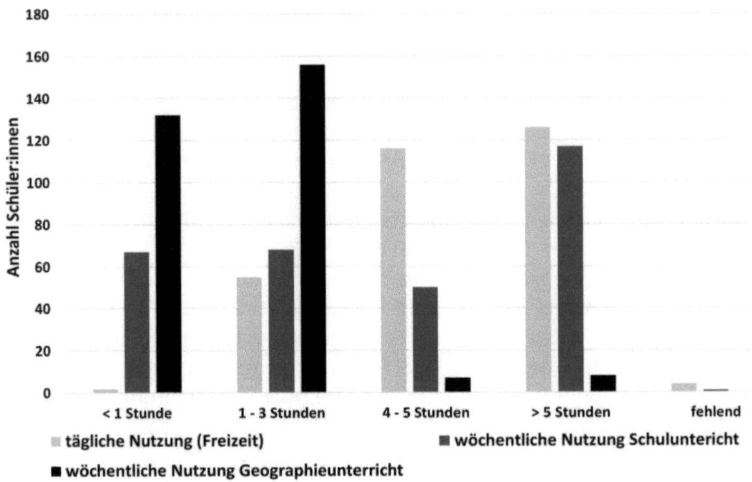

Abb. 38 | Durchschnittliche Nutzung von digitalen Medien in der Freizeit und im (Geographie-)Unterricht nach Anzahl der befragten Proband:innen (N = 303) (eigene Darstellung)

Hypothese 5:
Eine erhöhte Motivation bei den Proband:innen aus der Experimental- und Vergleichsgruppe führt zu einem größeren Zuwachs an Fachwissen zur Klimaanpassung.

Fragestellung 5 basiert auf der, unter anderem von HATTIES (2017, S. 278) umfassenden Meta-Studie begründeten Erkenntnis, dass eine erhöhte Motivation bei Schüler:innen auch zu einem größeren Lernerfolg beiträgt (d = .48). Daher wurden die vier Skalen der KIM hinsichtlich ihres Einflusses auf den Zuwachs an Fachwissen der beiden Exkursionsgruppen zwischen den verschiedenen Testzeitpunkten untersucht. Die Berechnungen wurden als Mediationsanalysen mit den vier Skalen der KIM als potentiell mediierendem Faktor auf den Zuwachs an Fachwissen zwischen den verschiedenen Erhebungszeitpunkten durchgeführt (Kapitel 6.5).
Die Analysen gelangen zur Erkenntnis, dass die signifikanten Unterschiede bei der Entwicklung von Fachwissen der Experimental- und Vergleichsgruppe nicht durch eine der vier Motivationsskalen mediiert werden. Diese Schlussfolgerung gilt auf Grundlage der durchgeführten Analysen für die Entwicklung des Fachwissens zwischen allen drei Testzeitpunkten. Daher kann der in Hypothese 5 vermutete Zusammenhang zwischen dem Erwerb von Fachwissen der Exkursionsgruppen und ihrer Motivation in dieser Arbeit nicht bestätigt werden.

Ergebnis Hypothese 5:
Auf Grundlage der durchgeführten Mediationsanalysen lassen sich keine signifikanten Einflüsse der vier Motivationsskalen der KIM auf den Zuwachs an Fachwissen festtellen. Daher kann Hypothese 5 nicht bestätigt werden.

Aus einer Perspektive des MOL bzw. der Exkursionsdidaktik sind keine Studien bekannt, die die Verknüpfung zwischen den Untersuchungsvariablen der Motivation und der Entwicklung von (Fach-)Wissen herstellen. Die Interventionsstudie von RUCHTER et al. (2010) erhebt beispielsweise beide Faktoren, stellt jedoch keinerlei statistische Verbindung zwischen den Variablen her. Innerhalb ihrer Interventionsstudien zum Einsatz von Modellen im Geographieunterricht gelangen sowohl BROCKMÜLLER (2019, S. 152) als auch SCHMALOR (2021, S. 169) zur Erkenntnis, dass bei ihnen keine belastbaren Interaktionseffekte zwischen der Motivation und der Ausbildung von Systemkompetenz bei ihren Untersuchungsgruppen festzustellen sind. Dabei ist darauf hinzuweisen, dass die Rechnungen der beiden Autor:innen jeweils nicht auf Mediationsanalysen, sondern auf anderen Interaktionsanalysen, beruhen.

Obwohl die Mediationsanalysen keine signifikanten Ausprägungen zwischen den Motivationsskalen der KIM und den Zuwächsen an Fachwissen der Exkursionsgruppen ermitteln, lassen sich Tendenzen aufzeigen, welche Motivationsfaktoren eher förderlich für den Zuwachs an Fachwissen zu sein scheinen. Aufgrund der fehlenden Signifikanzen ist explizit darauf hinzuweisen, dass im Folgenden beschriebene Ausprägungen der statistischen Analysen auch zufallsbedingt entstanden sein können. Wie bereits in Kapitel 5.5.2 bzw. 6.5 hingewiesen, ist eine Berechnung von Interaktionstermen nur bei signifikanten Pfadverbindungen in Mediationsanalysen sinnvoll (BARON, KENNY 1986, S. 1177), sodass für die folgende Argumentation auch auf post-hoc-Analysen zu potentiell benötigten Stichprobenzahlen verzichtet wird.

Eine interessante Auffälligkeit der Mediationsanalysen ergibt sich bei der Betrachtung der KIM-Skala Anspannung/Druck, deren Interaktion als potentiell mediierende Variable auf die abhängige Variable der Veränderung des Fachwissens sowohl zwischen Pre- und Post-Test (p = .06; b = -1.03) als auch zwischen Pre- und Follow-Up-Test (p = .06; -1.03) nur knapp nicht signifikant ausfällt. Den Ergebnissen nach weisen Proband:innen, die eine höhere Ausprägung der Skala Anspannung/Druck besessen haben, sich also mehr unter Druck gefühlt haben, auch einen niedrigeren Zuwachs an Fachwissen zur Klimaanpassung zwischen den jeweiligen Testzeitpunkten auf. Diese Interaktion ist eine übergreifende statistische Beobachtung unabhängig der Zugehörigkeit zur Experimental- bzw. Vergleichsgruppe und daher von Relevanz für beide durchgeführten Exkursionstreatments. Eine Reduktion von Anspannung bzw. Druck bei der Durchführung von Exkursionen könnte somit für bessere Zuwächse an Fachwissen bei Schüler:innen führen.

Auch FEULNER (2020, S. 429) identifiziert den Faktor Druck als relevanten Einflussfaktor des Lernprozesses in ihrer durchgeführten Lerneinheit im MOL.

An dieser Stelle lassen sich Überlegungen anstellen, inwiefern sich eine wahrgenommene Anspannung bei der Durchführung von Exkursionen bei Schüler:innen senken lassen könnte. Wie berichtet, gaben über 88 % der Proband:innen im Pre-Test der Studie an, bisher keine Exkursion im Geographieunterricht absolviert zu haben. Mithilfe einer häufigeren Durchführung von Exkursionen im Schulunterricht könnten Erfahrungswerte ausgebildet werden, die bei Schüler:innen möglicherweise eine Vertrautheit beim Lernen vor Ort aufbauen und somit auch die Anspannung reduzieren. Daher scheint auch eine verpflichtende Implementierung von Exkursionen in curriculare Standards von Kern- oder schulinternen Lehrplänen, die unter anderem auch von FÖGELE et al. (2022, S. 7) gefordert wird, äußerst sinnvoll. Zudem könnte auch die Rahmung der Exkursionseinheiten als Teil einer universitären Studie einen Einfluss auf die Anspannung der Schüler:innen gehabt haben, da diese möglicherweise erstmals Proband:innen der empirischen Forschung gewesen sind. Dieser potentiell motivationshemmende Faktor entfällt in der Regel bei regulären Schulexkursionen. Aufgrund der knapp nicht signifikanten Werte sollte die Variable Anspannung/Druck in weiteren Studien aufgegriffen und ihr Einfluss auf Lernprozesse weiterführend untersucht werden.

Neben der angeführten Variable Anspannung/Druck weist auch die Variable Wahrgenommene Kompetenz einen knapp nicht signifikanten Term mit Einfluss auf die Veränderung des Fachwissens zwischen t_1 und t_3, unabhängig von der Gruppenzugehörigkeit, auf ($p = .07$; $b = 1.41$). Die Interaktionen zwischen t_1 und t_2 ($p = .52$; $b = .51$) bzw. t_2 und t_3 ($p = .14$; $b = .90$) der Variable auf das Fachwissen sind jeweils deutlicher als nicht signifikant einzuschätzen. Anhand der Mediationsanalysen zur Wahrgenommenen Kompetenz ist eine mögliche Tendenz zu erkennen, dass der Einfluss der Variable auf den Zuwachs an Fachwissen im zeitlichen Verlauf der Intervention bis zum Follow-Up-Test an Bedeutung gewinnen könnte. Schüler:innen, die durch die Exkursionseinheiten ein höheres Maß der Variable Wahrgenommene Kompetenz erfahren haben, könnten somit langfristig von einer höheren Behaltensleistung an Fachwissen profitieren. Wie bei den Ausführungen zur Variable Anspannung/Druck, sollten auch die Ergebnisse der Wahrgenommenen Kompetenz im Kontext dieser Studie, insbesondere vor dem Hintergrund der nicht signifikant messbaren Einflüsse, nicht überinterpretiert und stattdessen eher weiterführend in nachfolgenden Studien beobachtet werden.

7.5 Auffälligkeiten der explorativen Datenanalyse und qualitativen Begleitforschung

Im Rahmen dieses Kapitels werden ergänzend die in Kapitel 6.6 dargestellten Ergebnisse der explorativen Datenanalyse, insbesondere unter Berücksichtigung potentieller Störvariablen der Interventionsstudie, erörtert. Die zugehörigen Ergebnisse beruhen größtenteils auf durchgeführten Moderationsanalysen, mit denen der Einfluss von verschiedenen Faktoren auf den größeren Zuwachs an Fachwissen zur Klimaanpassung der Experimentalgruppe gegenüber der Vergleichsgruppe untersucht wurde. Einzelne Teilergebnisse der explorativen Datenanalyse wurden bereits in die vorangegangene Diskussion der Forschungsfragen einbezogen. Zudem beinhaltet das Kapitel Folgerungen der teilnehmenden Beobachtungen, die den Lernprozess der Experimental- und Vergleichsgruppe bei den Exkursionseinheiten konkretisieren. Die nachfolgenden Darstellungen dieses Kapitels bilden teilweise Anknüpfungspunkte für weitere Studien im MOL mit vertiefenden Untersuchungsvariablen.

Auf Grundlage verschiedener empirischer exkursionsdidaktischer Studien war zu erwarten, dass unterschiedliche Wetterbedingungen einen Einfluss auf den Lernprozess der Untersuchungsgruppen haben (u. a. STREIFINGER 2010, S. 275; SCHAAL 2016, S. 103). Die Zuteilung der Treat-ments als digital bzw. analog gestützten Exkursion auf die teilnehmenden Kurse und somit auch auf die Durchführungstage mit den jeweiligen Wetterbedingungen erfolgte zufällig. Mithilfe der durchgeführten Moderationsanalysen konnte kein Einfluss des Wetters auf die Ergebnisse der vorliegenden Studie festgestellt werden, obwohl bei der Experimentalgruppe gegenüber der Vergleichsgruppe signifikant schlechtere Wetterbedingungen herrschten. Aufgrundlage der Ergebnisse ist zu vermuten, dass die wetterfesten Outdoor-Hüllen der verwendeten Tablets ein Arbeiten vor Ort auch bei widrigen Bedingungen (z. B. Regen) ermöglichen, während eine analog gestützte und papierbasierte Exkursion beispielsweise gegenüber Regen und Wind witterungsanfälliger ist.

Neben Wettereinflüssen wurde auch die durchführende Lehrkraft der Exkursionseinheiten als potentielle Störvariable der Interventionsstudie identifiziert (Kap. 5.1). Die Zuteilung der beiden durchführenden Lehrkräfte erfolgte mit einem ausgewogenen Verhältnis auf die Einheiten der Vergleichs- und Experimentalgruppe (Tabelle 31). Die Moderationsanalysen in Kapitel 6.6 (Tabelle 26) zeigen keinen Einfluss der unterrichtenden Lehrkraft auf den Zuwachs an Fachwissen zwischen den Exkursionsgruppen zwischen den verschiedenen Testzeitpunkten. Somit kann auch ein Einfluss dieser Störvariable auf die Studienergebnisse statistisch ausgeschlossen werden.

Ein weiterer Unterschied zwischen Experimental- und Vergleichsgruppe lag bei der Ausprägung der Exkursionserfahrung der Proband:innen vor. Die Experimentalgruppe verfügte über eine signifikant größere Ausprägung an Exkursionserfahrung, die im Wesentlichen jedoch auf einen einzelnen teilnehmenden Kurs mit größerer Erfahrung zurückzuführen ist. Die Ergebnisse der Moderationsanalysen zeigen, dass Schüler:innen ohne Exkursionserfahrung signifikant mehr vom digital gestützten Exkursionsformat hinsichtlich des Zuwachses an Fachwissen profitieren. Vor dem Hintergrund, dass über 88 % der Schüler:innen im Vorfeld der Studie über keine Exkursionserfahrung verfügt haben, deckt sich diese Beobachtung demnach lediglich mit dem generell signifikant besseren Abschneiden der Experimentalgruppe hinsichtlich des Zuwachses an Fachwissen im Rahmen der Intervention. Durch die ungleichmäßige Verteilung der Proband:innen in den verwendeten Kategorien der Exkursionserfahrung kann daher keine belastbare Aussage über den Einfluss der Variable auf den Zuwachs an Fachwissen getätigt werden und sollte daher in nachfolgenden exkursionsdidaktischen Studien aufgegriffen werden.

Tab. 31 | Zuteilung der unterrichtenden Lehrkräfte auf die Exkursionen der Experimental- und Vergleichsgruppe

Datum der Exkursion	Schule	Lehrkraft
24.03.22	Recklinghausen	B
07.04.22	Dortmund 1.1	A
04.04.22	Essen	A
08.04.22	Dortmund 1.2	B
27.04.22	Dortmund 2.1	B
28.04.22	Hagen	A
09.05.22	Dortmund 3.1	A
24.05.22	Dortmund 3.2	B
04.05.22	Iserlohn	B
16.05.22	Krefeld	B
18.05.22	Bochum	A
09.06.22	Dortmund 4.1	A
25.05.22	Dortmund 2.2	B
30.05.22	Dortmund 4.2	A

Die höhere Ortskundigkeit der Vergleichsgruppe, auch bedingt durch den Stichprobenplan mit einer größeren Anzahl an Dortmunder Schulen mit Nähe zum Exkursionsgebiet (Kap. 5.2), besitzt keinen signifikanten Einfluss auf die Entwicklung von Fachwissen zwischen den beiden Exkursionsgruppen auf Grundlage der Moderationsanalysen. Für die Veränderung des Fachwissens zwischen den Testzeitpunkten t_1 und t_2 fällt die Moderationsanalyse nur knapp nicht signifikant aus (p =. 07; $F(1,256)$ = 3.39). Ein signifikant besseres Abschneiden der Experimentalgruppe ergibt sich bei Betrachtung der Johnson-Neyman-Intervalle jedoch für Proband:innen mit einer niedrigen Ortskundigkeit. Ortsfremde Schüler:innen scheinen demnach signifikant mehr vom digital gestützten Exkursionsansatz profitiert zu haben, während sich der Effekt mit steigender Ortskundigkeit reguliert. Da bisweilen keine anderen Studien bekannt sind, die den Einfluss der Ortskundigkeit auf den Wissenszuwachs überprüfen, kann dieser Faktor nicht vor einem fachdidaktischen Hintergrund diskutiert werden.

Ergänzende interessante Beobachtungen liefern die Moderationsanalysen des Zuwachses an Fachwissen der Exkursionsgruppen unter Berücksichtigung des Interesses der Proband:innen am Fach Geographie sowie ihrer zugehörigen Schulnote. Schüler:innen, die ein geringes Interesse am Fach bzw. eine schwächere Schulnote besitzen, profitierten auf Grundlage der Moderationsanalysen und den berechneten Johnson-Newman-Intervallen in der durchgeführten Studie signifikant mehr von der digital gestützten als der analog gestützten Exkursion hinsichtlich des Zuwachses an Fachwissen (Kap. 6.6). Vor dem Hintergrund der zugehörigen Häufigkeitsverteilungen der Proband:innen in den Kategorien der Untersuchungsvariablen sollten auch diese Ergebnisse weiterführend aufgegriffen und beobachtet werden, um belastbare Tendenzen aufzeigen zu können.

Neben den statistischen Ergebnissen der Fragebögen liefert auch die teilnehmende Beobachtung interessante Hinweise zu möglichen Einflussfaktoren und Implikationen der durchgeführten Studie. Die teilnehmende Beobachtung wurde während der Exkursionseinheiten eingesetzt, um unter anderem das Arbeitsverhalten der Schüler:innen und Ablenkungen im Exkursionsraum zu protokollieren. Im Rahmen der selbstständigen Arbeit in Kleingruppen konnten die Schüler:innen ihre Exkursionsroute eigenständig wählen und haben insbesondere zwischen den ersten 5 Stationen sowie an anderen Stellen der Exkursion unter anderem Bäckereien oder Supermärkte aufgesucht. Diese Besuche lassen sich als Ablenkungen im Exkursionsraum bei beiden Exkursionsgruppen den Heatmaps der aufgezeichneten GPS-Tracks (Abbildung 36) entnehmen. Aufgrund der bewusst durchgeführten Lerneinheiten in selbstständig organisierten Arbeitsgruppen müssen die wahrgenommenen Ablenkungen der Exkursionsrouten im Rahmen der Studie akzeptiert werden, ohne ihren klaren Einfluss auf die Studienergebnisse beurteilen zu können. Für das Arbeiten vor Ort im Gelände, egal ob als analog oder digital gestützte Exkursion im MOL, bieten sich Gruppenarbeiten trotzdem weiterhin als Sozialform an, die zur Kommunikation und Diskussion anregt und mit der vielfältige Arbeitsaufträge, auch unter Rückbezug konstruktivistischer Exkursionsmethoden (Kap. 5.3), bearbeitet werden können.

Im Hinblick auf das Navigationsverhalten innerhalb der Exkursionsgruppen war es gemäß der teilnehmenden Beobachtung auffällig, dass die Vergleichsgruppe zu Beginn der Lerneinheit größere Schwierigkeiten bei der Ortsfindung besessen hat. Dies zeigte sich darin, dass die Kleingruppen der analog gestützten Exkursion anfangs häufiger in falsche Richtungen gelaufen sind und verstärkt über den korrekten Weg diskutiert haben. Wenige Kleingruppen der Vergleichsgruppe nutzten sogar ihr Smartphone bei der anfänglichen Navigation. Im Verlaufe der Exkursion wirkte die Navigation der Vergleichsgruppe im Anschluss weitestgehend sicher und zielstrebig. Probleme der anfänglichen Routenfindung waren bei der Experimentalgruppe nicht gegeben, die geübt mit der digital gestützten Navigation umgingen. Auf die Erfassung der räumlichen Orientierung als Untersuchungsvariable wurde im Rahmen dieser Studie verzichtet. Jedoch bietet diese Variable Potential zur weiteren Ausschärfung im MOL, wie auch Feulner (2020: 431) anführt. Unter anderem HERGAN und UMEK (2017, S. 91) vergleichen die räumliche Orientierung zwischen einer analogen und digitalen Karte und gelangen zu der Erkenntnis, dass Schüler:innen der sechsten Jahrgangsstufe in ihrer Studie eine bessere Navigation in Form einer höheren Selbstständigkeit und geringeren Fehleranfälligkeit beim Aufsuchen der Orte aufweisen.[25]

Zudem liefert die teilnehmende Beobachtung Indizien, dass Schüler:innen verschiedene Rollenprofile innerhalb der Gruppen bei Experimental- und Vergleichsgruppe eingenommen haben. Beispielsweise übernahm in der Regel eine Person maßgeblich die Navigation mit der analogen bzw. digitalen Karte. Im Rahmen der Aufgabenbearbeitung wurde zudem meist eine Person bestimmt, die nach einer Diskussion innerhalb der Gruppe die Ergebnisse im analogen Exkursionsbogen bzw. in der App eingetragen hat. Bei einer vertieften Analyse exkursionsdidaktischer Lernprozesse lassen sich diese Indizien möglicherweise in Rollentypisierungen übertragen, die auch in Relation zum Zuwachs an Fachwissen der Schüler:innen gesetzt werden können. Möglicherweise ist es aus diesen Beobachtungen daher auch lohnend, zukünftig verschiedene Lernstile von Schüler:innen innerhalb von Lernprozessen auf Exkursionen (des MOL) näher zu beobachten. Der Lernstil wird unter anderem nach HATTIE (2014, S. 231) auch als signifikanter Einfluss auf den Lernerfolg bei Schüler:innen charakterisiert (d = .41). Zur Klassifikation des Lernstils hat sich in im deutschsprachigen Raum das empirisch validierte Konzept nach KOLB und KOLB (2015, S. 198) etabliert, das zwischen vier verschiedenen Lernstilen (Diverging/‚feeling and watching'; Coverging/‚doing and thinking'; Accomodating/‚doing and feeling'; Assimilating/‚watching & thinking') differenziert[26]. Eine Analyse von Lernstilen im Rahmen einer geographiedidaktischen Intervention zu

---

[25] Zur weiteren Vertiefung empfehlen sich beispielsweise HÜTTERMANN et al. (2012), WRENGER (2015), COLLINS (2018) sowie BEDNARZ, LEE (2019).

[26] Zur vertieften Auseinandersetzung mit der Charakterisierung verschiedener Lernstilkonzepte sowie ihrer Messung empfehlen sich HUNT (1987), LUO (2015); BROCKMÜLLER (2019) und HALLER, NOWACK (o.J.).

den Effekten von digitalen und analogen Modellen wird beispielsweise von BROCK-MÜLLER (2019, S. 150) vorgenommen (ebd., S. 150). Aufgrund der medialen Gestaltung der in dieser Studie durchgeführten Lerneinheiten als digital bzw. analog gestützte Exkursion (SAMR-Modell in Kap. 5.3.3.3) könnte das jeweilige Format auch möglicherweise unterschiedliche Lernstile bzw. Rollenprofile stärker bzw. geringer angesprochen haben. So könnte beispielsweise die Aufnahme von Sprachnachrichten als Lösungsformat von Aufgaben Schüler:innen zugutekommen, die stärker von praktischen Handlungserfahrungen profitieren (Lernstile Accomodating und Diverging). Eine entsprechende Erhebung der Lernstile im Rahmen der Exkursionseinheiten ist daher für Folgestudien interessant und ließe sich beispielsweise mit den von HALLER und NOWACK (o.J.) häufig in der Forschung eingesetzten 40 Testitems, die den oben genannten vier Lernstilen zugeordnet sind, realisieren. Aus der Analyse der teilnehmenden Beobachtungen geht zudem hervor, dass die zufällige Gruppenzuteilung der Kleingruppen für die Arbeit auf den Exkursionen bei einigen Schüler:innen Unmut hervorgerufen hat. Die KIM umfasst in ihrer in dieser Arbeit verwendeten Form keine Items, die die Zufriedenheit der Gruppenzugehörigkeit messen. Mithilfe des IMI (DECI, RYAN 2003) wäre es möglich, das Testinstrument um entsprechende empfohlene Items zu erweitern, die den Einfluss der Gruppenzugehörigkeit inkludieren. Aufgrund des Fehlens dieser Erhebungsvariable können in dieser Arbeit keine Rückschlüsse der Gruppenzugehörigkeit auf die Motivation im Lernprozess gezogen werden.

Innerhalb von Kapitel 2.4 wurden technische Probleme als potentielle Einflussvariablen des Arbeitens vor Ort im MOL identifiziert. Für die Experimentalgruppe zeigte die teilnehmende Beobachtung, dass die verwendete App Biparcours sowie die eingesetzten IPads während der Studie in der Regel keine technischen Probleme verursachten. Äußerst vereinzelte Probleme traten nur aufgrund von Netzproblemen im Datenverkehr der Tablets auf, die bei den betreffenden Gruppen vor Ort unmittelbar behoben werden konnten. Es ist davon auszugehen, dass es bei einer Verwendung von Endgeräten der Schüler:innen für die digital gestützte Exkursion zu häufigeren technischen Störungen gekommen wäre. Im Rahmen von empirischen Studien des MOL kann daher die zentrale Bereitstellung und Wartung von digitalen Endgeräten empfohlen werden. Bei Verwendung der Geräte von Schüler:innen zur Bearbeitung digital gestützter Exkursionen im Schulalltag sollte die Lehrkraft im Vorfeld sicherstellen, dass entsprechende Voraussetzungen (z. B. Installation der verwendeten App, genug Akku, Mitbringen von Powerbanks) erfüllt sind, die das störungsfreie Arbeiten im Gelände erleichtern.

8 Fazit & Ausblick

Die fortschreitende Digitalisierung als relevantes Thema des gesellschaftlichen Diskurses prägt auch immer mehr schulische Bildungsprozesse. Nach EICKELMANN (2018, S. 11) werden „digitalen Medien besondere Potenziale zur Unterstützung fachspezifischer sowie fachübergreifender Kompetenzen zugeschrieben". Aus geographiedidaktischer Perspektive stellen „Fragen des fachlichen Lehren und Lernens mit digitalen Daten, Medien und Werkzeugen im Geographieunterricht [...] seit mehr als zwanzig Jahren [einen] Gegenstand des fachdidak-tischen Diskurses" (HGD 2020, S. 2) dar. In diesem Kontext ist das mobile ortsbezogene Lernen (MOL) ein aktuelles geographiedidaktisches Forschungsfeld, das das Lernen auf Exkursionen, als wertgeschätzte fachspezifisch Arbeitsweise, durch den Einsatz digitaler Medien verändert. In der vorliegenden Arbeit wurde anhand des thematischen Gegenstands der Klimaanpassung an die Extremwetterereignisse Hitze und Starkregen ergründet, inwiefern eine digital gestützte Exkursion im MOL das Fachwissen von Schüler:innen gegenüber einer analog gestützten Exkursion sowie in Relation zu einer Kontrollgruppe im Rahmen einer Intervention kurzfristig bzw. langfristig fördert. Zudem wurde die Motivation der Proband:innen als Einflussvariable des Lernprozesses während der Exkursionseinheiten von Experimental- und Vergleichsgruppe vertiefend untersucht.
Die Ergebnisse der Arbeit verdeutlichen eingehend, dass sowohl die eingesetzte digital als auch die analog gestützte Exkursion das Fachwissen zur Klimaanpassung bei Schüler:innen gegenüber der Kontrollgruppe ohne inhaltliches Treatment signifikant fördern. Diese Erkenntnis bestätigt das generell geographiedidaktisch wertgeschätzte Potential von Exkursionen zur Vermittlung von Fachwissen. Zudem zeigten die Proband:innen beider Exkursionsformate gegenüber der Kontrollgruppe eine hohe Behaltensleistung des Fachwissens zur Klimaanpassung vier Wochen nach der Teilnahme an den Treatments im Follow-Up-Test.

Gemäß der Zielsetzung dieser Arbeit liegt die zentrale Erkenntnis darin, dass die digital gestützte Exkursionseinheit, als Lerneinheit im MOL, gegenüber der analog gestützten Exkursion zu einer signifikant größeren Ausbildung von Fachwissen zur Klimaanpassung bei den teilnehmenden Schüler:innen führt. Dieser signifikante Unterschied zugunsten der digital gestützten Exkursion steigert sich infolge des Follow-Up-Test nochmals in Form einer höheren langfristigen Behaltensleistung der Experimentalgruppe. Da die Experimentalgruppe ihr Fachwissen zwischen Post- und Follow-Up-Test sogar ausbauen konnte (nicht signifikant) und auch die Vergleichsgruppe vier Wochen nach den Exkursionseinheiten über ein nahezu identisches Maß an Fachwissen verfügte, wird für Folgestudien ein Abstand von mehr als vier Wochen zwischen Post- und Follow-Up-Test empfohlen. Es bleibt sehr interessant zu beobachten, inwiefern das Fachwissen der Proband:innen auch über deutlich längere Zeiträume gefestigt bestehen bleiben kann.

Zur Erklärung und Diskussion der ermittelten Unterschiede zur Eignung der Vermittlung von Fachwissen zwischen den beiden Exkursionsgruppen haben sich die beiden qualitativen Begleitforschungsinstrumente in Form der teilnehmenden Beobachtung und des GPS-Trackings der Exkursionsrouten als geeignet erwiesen. Diese zeigen, dass die digital gestützte Exkursion im MOL über eine höhere Raumauseinandersetzung im Exkursionsgebiet, beispielsweise bei der Bearbeitung von Arbeitsaufträgen, verfügte. Zudem neigte die analog gestützte Exkursion stärker zum ortsunabhängigen Bearbeiten sowie zum Überspringen von Arbeitsaufträgen, bedingt durch das gewählte Navigationsformat. Für beide qualitativen Erhebungsinstrumente wird ein weiterer Aufgriff in exkursionsdidaktischer Studien empfohlen, um mit GPS-Tracks auch beispielsweise die realräumliche Orientierung mit Kartendiensten näher zu untersuchen.

Hinsichtlich der Motivation ergeben sich auf Basis der vier eingesetzten Subskalen der KIM (Anspannung/Druck, Interesse/Vergnügen, Wahrgenommene Wahlfreiheit, Wahrgenommene Kompetenz) keine Unterschiede zwischen den beiden Exkursionsformaten. Hervorzuheben ist dennoch die jeweils hoch ausgeprägte Motivation der Proband:innen innerhalb der Subskalen infolge der Absolvierung der jeweiligen Exkursionen. Unter anderem aufgrund der äußerst geringen Erfahrung der Proband:innen mit schulischen Exkursionen ist davon auszugehen, dass potentielle motivationale Unterschiede zwischen digital und analog gestützter Exkursion von Neuheitseffekten der Arbeitsweise überlagert werden.

Die im Rahmen der Studie ermittelten und diskutierten Ergebnisse verdeutlichen die Eignung des MOL zur Vermittlung von Fachwissen zur Klimaanpassung sowie zur Ausbildung von Motivation. Trotzdem besitzt die empirische Studie vor dem Hintergrund der Generalisierbarkeit ihrer Ergebnisse Einschränkungen, da Exkursionseinheiten im MOL unter anderem auch von der ausgewählten Stichprobe, der verwendeten Technologie, der Gestaltung der Lernaktivitäten sowie vom inhaltlichen Lerngegenstand abhängig sind. Die Auswahl der Schüler:innen innerhalb der 10. Jahrgangsstufe in der gymnasialen Oberstufe erfolgte aufgrund verschiedener inhaltlicher und forschungsökonomischer Faktoren (u. a. thematische Passung zum Lehrplan, Aufsichtspflicht im Gelände). Im Rahmen dieser Studie hat sich die ausgewählte Stichprobe für das selbstständige Arbeiten in Exkursionsgelände und mit digitalen Medien als geeignet erwiesen. Aufgrund der Fokussierung der Stichprobe lassen sich keine übertragbaren Aussagen treffen, inwiefern sich das MOL auch beispielsweise bei jüngeren Schüler:innen oder Lernenden anderer Schulformen zur Vermittlung von geographischen Kompetenzen eignet. Zudem wurde bei der digital gestützten Exkursion auf Tablets sowie die zugehörige App Biparcours und ihre spezifischen integrierten Funktionen zurückgegriffen (Kap.

5.3.3.1). Obwohl in der Forschung zum MOL auch häufig Smartphones für die Ausgestaltung und Durchführung der Exkursionseinheiten verwendet werden, wurde in dieser Studie, unter anderem aufgrund ihrer größeren Präsentationsfläche für die Arbeit in Gruppen, auf Tablets zurückgegriffen. Aufgrund der spezifischen Funktionen der App lassen sich zudem keine generalisierbaren Schlüsse für andere Anwendungen im MOL tätigen.

Nach Empfehlungen, unter anderem von GRAULICH et al. (2021, S. 16), WANKMÜLLER et al. (2022, S. 79) und SCHMALOR et al. (2022, S. 96), wurde die Klimaanpassung an die Extremwetterereignisse Starkregen und Hitze als Lerngegenstand, beispielsweise aufgrund der lokalen Sichtbarkeit von Anpassungsmaßnahmen, ausgewählt. Die Erprobung von weiteren Lerngegenständen im MOL ist daher weiterführend interessant, um potentielle Merkmale der Eignung zu systematisieren.

Im Rahmen der Entwicklung des Testinstruments zur Erhebung des Fachwissens zur Klimaanpassung erfolgeaus testökonomischen und messtheoretischen Gründen eine Fokussierug auf die Messung der AFB I und II (Kap. 5.4.1). Die Ergebnisse der Arbeit verdeutlichen, dass die Förderung von Fachwissen in diesen beiden AFB mithilfe der Exkursionen und insbesondere mithilfe des MOL bei Schüler:innen äußerst gut realisierbar ist. Allerdings lassen sich keine Aussagen über mögliche Zuwächse an Fachwissen innerhalb des AFB III tätigen, der in seiner Definition insbesondere anwendungsfähiges und handlungsorientiertes Wissen beinhaltet. Dass Exkursionen bzw. außerschulisches Lernen in der Lage zu sein scheinen, auch ebendiese Facette von Fachwissen zu fördern, führen unter anderem SCHOCKEMÖHLE (2009, S. 266) und NEEB (2012, S. 193) an. Die Transferfähigkeit von Wissen in tatsächliche Handlungen wird insbesondere innerhalb der BNE und Climate Change Education als sog. *Knowledge-Action Gap* häufig diskutiert (vgl. z. B. MEIMETH, ROBERTSON 2012; BOEVE-DE PAUW et al. 2015; HEEREN et al. 2016; KNUTTI 2019; MOONEY et al. 2022). Das Konzept geht davon aus, dass sowohl Wissen als auch affektive Variablen (z. B. Einstellungen) sowie Überzeugungen notwendige Voraussetzungen für die Realisierung einer tatsächlichen Handlung darstellen (CHANG 2022, S. 98 f.). Allerdings symbolisiert die benannte Lücke (engl. Gap), dass es trotz des Vorhandenseins von Wissen und affektiven Variablen bei einem Individuum nicht zwingend zu einer Handlung kommen muss. Diese Bedeutung wird auch dem ausgewählten inhaltlichen Schwerpunkt der Klimaanpassung als Teil der Climate Change Education zuteil, mit dem Schüler:innen auch zu klimasensiblen Verhalten befähigt werden sollen (Kap. 3.6). Obwohl die Schüler:innen in dieser Studie also einen Zuwachs an Fachwissen zur Klimaanpassung besitzen und dieser auch langfristig gefestigt zu sein scheint, lassen sich keine Aussage tätigen, inwiefern sie ihr zukünftiges Handeln auch an diesem Wissen ausrichten. Nachfolgende Studien im MOL sollten daher vertiefend ergründen, inwiefern Individuen tatsächlich zu eigenständigen Handlungen befähigt werden. Da sich die Eignung der Klimaanapassung als Lerninhalt des MOL und auf Exkursionen in dieser Arbeit bestätigt hat, könnte diese Thematik weiterführend als exemplarischer Gegenstand hinsichtlich der Handlungsfähigkeit von Wissen innerhalb der CCE untersucht werden. Möglicherweise bieten sich Testinstrumente zu epistemologischen Überzeugungen sowie der wahrgenommenen Selbstwirksamkeit infolge der Lerneinheiten in diesem Kontext zur Annäherung an. Beispielsweise indiziert die Subskala Wahrgenommene Kompetenz, der in dieser Studie eingesetzten KIM, als Teil der Motivation, dass Schüler:innen sowohl bei der digital als auch bei der analog gestützten Exkursion ein hohes Maß an selbsteingeschätzter Kompetenzerfahrung wahrgenommen haben.

Unter Rückbezug auf SANDER (2010, S. 21), BEYER (2011, S. 4) und FÖGELE (2016, S. 56) ist zudem darauf hinzuweisen, dass Testinstrumente zur schwerpunktmäßigen Messung des Fachwissens auch Überschneidungen zu anderen Kompetenzbereichen aufweisen können. So führen beispielsweise MEHREN et al. (2015, S. 29) an, dass Systemkompetenz und Fachwissen miteinander korrelieren. Zudem wird auch der ausgewählte thematische Schwerpunkt der Klimaanpassung als komplex angesehen, für den sich eine systemische Betrachtung anbietet (WANKMÜLLER et al. 2022, S. 77). Daher könnte zukünftig auch die Eignung des MOL zur Vermittlung von Systemkompetenz für das Systemkonzept als geographisches „Hauptbasiskonzept" (DGFG 2020, S. 11) empirisch untersucht werden.

Insgesamt bestätigen die aufgezeigten Ergebnisse der vorliegenden Arbeit den geographiedidaktisch gefestigten Konsens, dass Exkursionen eine wertvolle, fachspezifische Arbeitsweise darstellen, mit der – sowohl in digital als auch in analog gestützter Form – Fachwissen bei Schüler:innen gefördert werden kann und die bei Lernenden eine hohe Motivation bzw. ein hohes Interesse hervorruft. Hervorzuheben ist zudem die von den Proband:innen dieser Studie als äußerst gering angegebene bisherige Durchführungshäufigkeit von Exkursionen im Geographieunterricht, trotz einer häufig ausgedrückten hohen Wertschätzung der Arbeitsweise in Fachdidaktik und Unterrichtspraxis (u. a. HEMMER, UPHUES 2009, S. 49; RENNER 2020, S. 3; FÖGELE et al. 2022, S. 5). Den unzureichenden Einbezug von Exkursionen in die Schulpraxis stellen unter anderem HEMMER und MIENER (2013, S. 73) heraus, sodass auf Grundlage der Ergebnisse der vorliegenden Studie — hinsichtlich der hier nachgewiesenen Lernförderlichkeit von Exkursionen, sowohl in digital als auch in analog gestützter Form, in den Bereichen Fachwissen und Motivation — eine Stärkung der Arbeitsweise in Unterrichtspraxis und Fachpolitik erfolgen sollte. Eine Förderung von Exkursionen sollte dabei mit verschiedenen Bausteinen auf allen Ebenen der Lehrkräftebildung sowie der Unterrichtspraxis ansetzen (Abbildung 39). Im Folgenden werden erste exemplarische Bausteine der Stärkung von Exkursionen, unter besonderer Berücksichtigung des MOL, in schriftlicher Form skizziert

Eine zentrale Stellschraube für die Förderungen von Exkursionen ist die verpflichtende unterrichtliche Durchführung von Exkursionen, die in geographischen

Curricula als zentraler Bestandteil aufgenommen werden sollte. Diese Forderung formulieren unter anderem auch FÖGELE et al. (2022, S. 7) auf Grundlage einer aktuellen Lehrkräftebefragung. Die Geographie ist eine Raumdisziplin, die ihre wissenschaftlichen Erkenntnisse aus der Erforschung desRaums generiert. Schüler:innen können demnach auch mithilfe von Exkursionen und zugehörigen fachspezifischen Arbeitsweisen (z. B. Messung oder Kartierung) für die geographischen Wege der Erkenntnisgewinnung sensibilisiert werden. Naturwissenschaftliche Arbeitsweisen besitzen zudem teilweise Überschneidungen zu den Fachmethoden anderer MINT-Fächer. Exkursionen werden – abgesehen von wenigen anderen Fächern (z. B. Geschichte, Biologie) – fast ausschließlichim Geographieunterricht durchgeführt. Siesollten daher auch vor dem Hintergrund schrumpfender Stundentafeln für die fachpolitische Stärkung des Faches stärker genutzt und hervorgehoben werden.

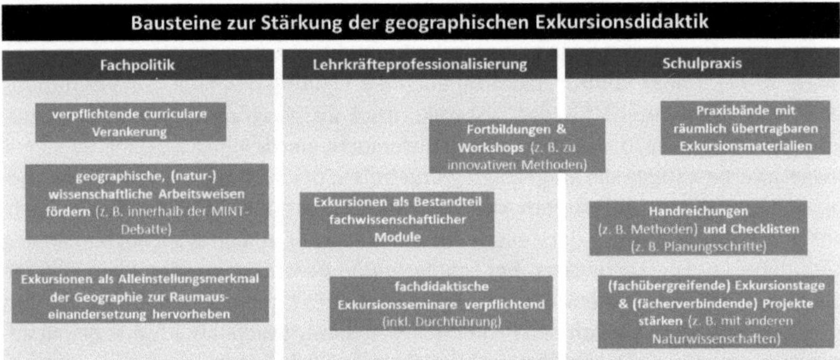

Abb. 39 | Bausteine zur Stärkung der geographischen Exkursionsdidaktik (eigene Darstellung)

Limitiert wird die Durchführungshäufigkeit von Exkursionen im Schulalltag zudem häufig durch verschiedene strukturelle Restriktionen wie begrenzte Stundentafeln, notwendige Absprachen mit der Schulleitung oder anderen Lehrkräften sowie einem hohen Organisationsaufwand bei der Planung und Durchführung (vgl. Kap. 2.1.3). Auch hier lassen sich Vorschläge zur Reduktion von Hemmnissen zur stärkeren Implementierung von Exkursionen anführen. Beispielsweise könnten Praxisbände mit räumlich übertragbaren Exkursionsbeispielen sowie Handreichungen für Lehrkräfte für die Gestaltung von Exkursionen den Planungsaufwand im Vorfeld von Exkursionen reduzieren. Es existieren zahlreiche thematische Exkursionsbeispiele, wie auch die Klimaanpassung von Städten an Starkregen und Hitzeereignisse (beispielsweise aufgrund der Verfügbarkeit kommunalen Anpassungskonzepte), deren Inhalte sich räumlich gut auf verschiedene Standorte übertragen lassen. Eine Checkliste zur Durchführung von Exkursionen für Lehrkräfte mit zu berücksichtigenden organisatorischen sowie exkursionsdidaktischen Hinweisen ist beispielsweise innerhalb der Roadmap 2030 Initiative entstanden (CIPRINA et al. 2022). Im Rahmen des Projekts ExpeditioN Stadt haben HILLER et al. (2019) ein didaktisches Handbuch für die Erstellung von MOL-Exkursionen entwickelt, das mithilfe seiner Ausführungen die Hürden für den Einsatz digital gestützter Exkursionen bei Lehrkräften verringert. Zudem sind innerhalb des Projekts unter anderem auch Lehrvignetten sowie kopierbare Aufgabenbeispiele entstanden[27], die, wie in einer Art Bausatz, in eigene Exkursionen des MOL mithilfe der App Actionbound integriert werden können.

Um das MOL als Facette der Exkursionsdidaktik weiter zu fördern, sollten Schulen zudem mit der nötigen digitalen Infrastruktur für die Planung und Durchführung digital gestützter Exkursionen ausgestattet sein. Es hat sich innerhalb der durchgeführten Studie gezeigt, dass sich Tablets gut für die Gruppenarbeit im MOL im Gelände mit zugehörigen Outdoor-Hüllen nutzen lassen. Gemäß bildungspolitischem Bestreben könnten eigene Tablets in Zukunft für alle Schüler:innen verfügbar und zugänglich sein, sodass sich der Aspekt des BYOD („bring your own device") im MOL weiter ausbauen ließe. Es ist zudem denkbar, dass Schüler:innen das MOL nicht nur als reine Rezipienten auf Exkursionseinheiten nutzen, sondern auch selbst eigene Lerneinheiten erstellen. Dies entspricht auch der im Kernlehrplan des Faches Geographie (SII) (MSW 2014, S. 27) integrierten Handlungskompetenz, in der Schüler:innen „themenbezogenen Elemente von Unterrichtsgängen und Exkursionen" planen, organisieren und durchführen sowie ihre „Ergebnisse fachspezifisch angemessen" präsentieren sollen. Aus dieser Überlegung eröffnet sich auch ein weiteres Forschungsfeld des MOL, das die Perspektive auf die Erstellung digital gestützter Exkursionen durch Schüler:innen rückt und nach derzeitigem Erkenntnisstand noch nicht im deutschsprachigen Raum erforscht wurde.

Zudem ergeben sich Ansatzpunkte für Bausteine innerhalb der Lehrkräfteprofessionalisierung in Aus- und Weiterbildung. Gemäß der Lehrkräftebefragung von Meurel (i. V.) sind sowohl Exkursionen als auch digitalen Medien stark nachgefragte Fortbildungsinhalte für Geographielehrkräfte. Da der Ansatz des MOL in seinem Kern diese beiden Fortbildungsschwerpunkte vereint, könnten Fortbildungen für Lehrkräfte mit ebendiesem Schwerpunkt auf große Resonanz treffen. Neben Fortbildungen für Lehrer:innen in der Schulpraxis wäre zudem ein vertiefter Aufgriff der Exkursionsdidaktik in der Lehrkräftebildung an Universitäten und im Referendariat wünschenswert. Unter anderem RENNER (2021, S. 187) hebt die Rolle

---

[27] Für vertiefende Ausführungen siehe www.expedition-stadt.de.

von angehenden Lehrkräften als potentielle Multiplikator:innen für Exkursionen in der schulischen Praxis hervor. Beispielsweise können digital gestützte Exkursionen als innovative Lernformate, wie bei Sᴄʜᴍᴀʟᴏʀ et al. (2022), in Studienveranstaltungen integriert werden. Eine frühe Auseinandersetzung von Lehrkräften mit digitalen Medien besitzt zudem unter anderem nach Bɪʀᴋᴇʟʙᴀᴄʜ et al. (2018, S. 11 f.) positive Einflüsse auf die spätere Lernleistung ihrer Schüler:innen. Zudem sind auch vermehrt Seminare wünschenswert, in denen angehende Lehrkräfte selbst Exkursionen planen und anschließend erproben können. Für die Erstellung und Durchführung von Exkursionen im MOL benötigen Lehrkräfte zudem auch notwendige Kompetenzen beim Umgang mit digitalen Medien[28], die insbesondere im Rahmen von MOL erweitert und vertieft werden könnten.

„Des Geographen Anfang und Ende ist und bleibt das Gelände" (Budke & Kanwischer 2006: 128) – insbesondere auch mithilfe des mobilen ortsbezogenen Lernens.

Literaturverzeichnis

ACTIONBOUND OHG (Hrsg.) (2019): Actionbound EDU-Guide. Ein Wegweiser zum pädagogischen Einsatz von Actionbound. Hohenpeißenberg. https://content.actionbound.com/upload/Actionbound-EDU-GUIDE.pdf [22.05.2023]

ADANALI, R. (2021): How Geogames Can Support Geographical Education? In: Review of International Geographical Education (RIGEO). 11 (1), S. 215-235.

AHLQVIST, O., SCHLIEDER, C. (2018): Introducing Geogames and Geoplay: Characterizing an Emerging Research Field. In: AHLQVIST, O., SCHLIEDER, C. (Hrsg.): Geogames and Geoplay. Game-based Approaches to the Analysis of Geo-Information. Cham, S. 1-18.

AGUADO-MORALEJO, I., TORRES ENJUTO, M. C., ORMATEXEA ARENAZA, O. (2020): Place-based learning through field trips in geography. In: Conference Proceedings of the 14th International Technology, Education and Development Conference 2-4 March 2020, Valencia. Valencia, S. 6015-6022.

ALBRIGHT, R., TAKESHITA, Y., KOWEEK, D. A., NINOKAWA, A., WOLFE, K., RIVLIN, T., NEBUCHINA, Y., YOUNG, J., CALDEIRA, K. (2018): Carbon dioxide addition to coral reef waters supresses net community calcification. In: Nature. 555, S. 516-519.

ANDERSON, A. (2012): Climate Change Education for Mitigation and Adaptation. In: Journal of Education for Sustainable Development. 6 (2), S. 191-206.

AMELUNG, W., BLUME, H.-P., FLEIGE, H., HORN, R., KANDELER, E., KÖGEL-KNABNER, I., KRETSCHMAR, R., STAHL, K., WILKE, B.-M. (2018): Scheffer/Schachtschabel. Lehrbuch der Bodenkunde. 17., überarbeitete und ergänzte Auflage. Berlin.

AN DER HEIDEN, M., MUTHERS, S., NIEMANN, H., BUCHHOLZ, U., GRABENHENRICH, L., MATZARAKIS, A. (2019): Schätzung hitzebedingter Todesfälle in Deutschland zwischen 2001 und 2015. In: Bundesgesundheitsblatt – Gesundheitsforschung – Gesundheitsschutz. 62 (5), S. 571-579.

BAAR, R., SCHÖNKNECHT, G. (2018): Außerschulische Lernorte: didaktische und methodische Grundlagen. Weinheim & Basel.

BACKHAUS, K., ERICHSON, B., GENSLER, S., WEIBER, R., WEIBER, T. (2021): Multivariate Analysemethoden. Eine anwendungsorientierte Einführung. 16., vollständig überarbeitete und erweiterte Auflage. Berlin & Heidelberg.

BARON, R. M., KENNY, D. A. (1986): The Moderator-Mediator Variable Distinction in Social Psychological Research: Conceptual, Strategic, and Statistical Considerations. In: Journal of Personality and Social Psychology. 51 (6), S. 1173-1182.

BAUMEISTER, A. (2017): GIS als Werkzeuge für eine dynamische wasserintensive Klimaanpassung in urbanen Landschaften, dargestellt am Beispiel von Oberflächenabfluss und Sickerwasserbildung in Bochum (Dissertation Fakultät für Geowissenschaften Ruhr-Universität Bochum). Bochum.

BAUMÜLLER, J. (2019): Grüne Infrastruktur zur Anpassung an den Klimawandel in Städten. In: LOZAN, J. L., BRECKLE, S.-W., GRASSL, H., KASANG, D., KUTTLER, W., MATZARAKIS, A. (Hrsg.): Warnsignal Klima: Die Städte. Hamburg, S. 203-212.

BAURIEDL, S., STRÜVER, A. (2018): Raumproduktionen in der digitalisierten Stadt. In: BAURIEDL, S., STRÜVER, A. (Hrsg.): Smart City – Kritische Perspektiven auf die Digitalisierung in Städten. Bielefeld, S. 11-32.

BBK - BUNDESAMT FÜR BEVÖLKERUNGSSCHUTZ UND KATASTROPHENHILFE (Hrsg.) (2015): Die unterschätzten Risiken „Starkregen" und „Sturzfluten". Ein Handbuch für Bürger und Kommunen. Berlin. https://www.bbk.bund.de/SharedDocs/Downloads/DE/Mediathek/Publikationen/Risikomanagement/unterschaetzte-risiken-starkregen-sturzfluten.pdf?__blob=publicationFile&v=14 [05.08.2023]

BBK – BUNDESAMT FÜR BEVÖLKERUNGSSCHUTZ UND KATASTROPHENHILFE, DWD – DEUTSCHER WETTERDIENST, BBSR – BUNDESINSTITUT FÜR BAU-, STADT- UND RAUMFORSCHUNG, THW – TECHNISCHES HILFSWERK (Hrsg.) (2021): Pressemitteilung. Studie der Strategischen Behördenallianz „Anpassung an den Klimawandel". Offenbach & Bonn. https://www.dwd.de/DE/presse/pressemitteilungen/DE/2021/20210826_pm_behoerdenallianz.pdf?__blob=publicationFile&v=2 [05.08.2023]

BBSR - BUNDESINSTITUT FÜR BAU-, STADT- UND RAUMFORSCHUNG (Hrsg.) (2018A): Leitfaden Starkregen – Objektschutz und bauliche Vorsorge. Bürgerbroschüre. Bonn. https://www.bbsr.bund.de/BBSR/DE/veroeffentlichungen/sonderveroeffentlichungen/2018/leitfaden-starkregen.html [05.08.2023]

BBSR - BUNDESINSTITUT FÜR BAU-, STADT- UND RAUMFORSCHUNG (Hrsg.) (2018B): Starkregeneinflüsse auf die bauliche Infrastruktur. Bonn.

BECKER, C. W. (2016): „Schwammstadt" Klimaanpassung durch urbanes Grün in der integrierten Stadtentwicklung. In: Ministerium für Bauen, Wohnen, Stadtentwicklung und Verkehr des Landes Nordrhein-Westfalen & Ministerium für Klimaschutz, Umwelt, Landwirtschaft, Natur- und Verbraucherschutz des Landes Nordrhein-Westfalen. (Hrsg.): „Stadt im Klimawandel" – Vor uns die Sintflut? Herausforderung Starkregen – Vorsorge, Anpassung Management". Tagungsdokumentation 7. April 2016 in Münster. Münster.

BEDNARZ, R., LEE, J. (2019): What improves spatial thinking? Evidence from the Spatial Thinking Abilities Test. In: International Research in Geographical and Environmental Education. 28 (4), S. 262-280.

BEHRENDT, M., FRANKLIN, T. (2014): A Review of Research on School Field Trips and Their Value in Education. In: International Journal of Environmental & Science Education. 9, S. 235-245.

BENDIX, J., LUTERBACHER, J. (2019): Klimatologie. 3., aktualisierte und neu bearbeitete Auflage. Braunschweig.

BENGEL, P., PETER, C. (2023): Technology in Nature – mDGBL as a Successful Approach to Promote Complex Contents?. In: Sustainability. 15 (1), S. 1-16.

BERGER, S. (2016): Spielend geographisch denken lernen. Einsatzmöglichkeiten von GeoGuessr und GeoSettr im Unterricht. In: Geographie heute. Band 37 Heft 331, S. 42-43.

BERGER, J., FEE, E., HERRMANN, L. M., TIETZ, C. (2018): Internationaler Klimaschutz zwischen Anspruch und Wirklichkeit. In: LOZAN, J. L., BRECKLE, S.W., GRASSL, H., KASANG, D., WEISSE, R. (Hrsg.): Warnsignal Klima: Extremereignisse. Hamburg, S. 339-344.

BETTE, J., HEMMER, M., MIENER, K., SCHUBERT, J. C. (2015): Welche Arbeitsweisen interessieren Schüler auf Exkursionen? In: Praxis Geographie. 7-8/2015, S. 62-64.

BEYER, I. (2011): Natura – Biologie für Gymnasien. Basiskonzepte. Sekundarstufe I und II. Stuttgart & Leipzig.

BILDUNGSPARTNER NRW (Hrsg.) (o.J.): BIPARCOURS – Die Bildungs-App. Schritt-für-Schritt-Anleitung für den Parcours-Creator. o.O. https://www.bildungspartner.schulministerium.nrw.de/Bildungspartner/Material/Basismaterial/ParcoursAnleitungBIPARCOURS.pdf [05.08.2023]

BILDUNGSPARTNER NRW (Hrsg.) (2020): BIPARCOURS DIE BILDUNGS-APP. 7. Auflage. Düsseldorf. https://www.bildungspartner.schulministerium.nrw.de/Bildungspartner/Material/Broschueren/Paedagogische_Handreichung_Biparcours.pdf [05.08.2023]

BIRKELBACH, L., PREGLAU, D., RAMMEL, C. (2018): BNE im Zeitalter der Digitalisierung. Wien.

BITKOM (Hrsg.) (2015): Digitale Schule – vernetztes Lernen. Ergebnisse repräsentativer Schüler- und Lehrerbefragungen zum Einsatz digitaler Medien im Schulunterricht. Berlin.

BMU – BUNDESMINISTERIUM FÜR UMWELT, NATURSCHUTZ UND NUKLEARE SICHERHEIT (Hrsg.) (2016): Klimaschutzplan 2050. Klimaschutzpolitische Grundsätze und Ziele der Bundesregierung. Berlin.

BMUB - BUNDESMINISTERIUM FÜR UMWELT, NATURSCHUTZ, BAU UND REAKTORSICHERHEIT (Hrsg.) (2015): Grün in der Stadt – Für eine lebenswerte Zukunft. Grünbuch Stadtgrün. Berlin.

BOEVE-DE PAUW, J., GERICKE, N., OLSSON, D., BERGLUND, T. (2015): The Effectiveness of Education for Sustainable Development. In: Sustainability. 7 (11), S. 15693–15717.

BOFFERDING, L., KLOSER, M. (2015): Middle and high school students' conceptions of climate change mitigation and adaption strategies. In: Environmental Education Research. 21 (2), S. 275-294

BOHLE, H.-G. (2008): Leben mit dem Risiko – Resilience als neues Paradigma für die Risikowelten von morgen. In: FELGENTREFF, C., GLADE, T. (Hrsg.): Naturrisiken und Sozialkatastrophen. Berlin & Heidelberg, S. 435-441.

BÖING, M., SACHS, U. (2007): Exkursionsdidaktik zwischen Tradition und Innovation – eine Bestandsaufnahme. In: Geographie und Schule. 167, S. 36-44.

BORK-HÜFFER, T., FÜLLER, H., STRAUBE, T. (2021): Handbuch Digitale Geographien. Welt – Wissen – Werkzeuge. Paderborn.

BRANDT, H., MOOSBRUGGER, H. (2020): Planungsaspekte und Konstruktionsphasen von Tests und Fragebogen. In: MOOSBRUGGER, H., KELAVA, A. (Hrsg.): Testtheorie und Fragebogenkonstruktion, S. 39-66.

BRENDEL, N., SCHRÜFER, G. (2014): Vernetzung, Bewertung und Reflexion. Einsatzmöglichkeiten mobiler Endgeräte im Geographieunterricht. In: Lernchancen. 101, S. 40-43.

BRESGES, A. (2018): Mobile Learning in der Schule. In: DE WITT, C., GLOERFELD, C. (Hrsg.): Handbuch Mobile Learning. Wiesbaden, S. 613-635.

BROCKMÜLLER, S. (2019): Erfassung und Entwicklung von Systemkompetenz – Empirische Befunde zu Kompetenzstruktur und Förderbarkeit durch den Einsatz analoger und digitaler Modelle im Kontext raumwirksamer Mensc-Umwelt-Beziehungen (Dissertation). Heidelberg.

BRÖNNIMANN, S. (2018): Klimatologie. Bern.

BRONSTERT, A., BORMANN, H., BÜRGER, G., HABERLANDT, U., HATTERMANN, F., HEISTERMANN, M., HUANG, S., KOLOKOTRONIS, V., KUNDZEWICZ, Z., MENZEL, L., MEON, G., MERZ, B., MEUSER, A., PATON, E. N., PETROW, T. (2017): Hochwasser und Sturzfluten an Flüssen in Deutschland. In: BRASSEUR, G., JACOB, D., SCHUCK-ZÖLLER, S. (Hrsg.): Klimawandel in Deutschland. Entwicklung, Folgen, Risiken und Perspektiven. Berlin, S. 87-102.

BROSIUS, F. (2013): SPSS 21. Heidelberg, München, Landsberg, Frechen & Hamburg.

BRUCKER, A. (1986): Medien im Geographie-Unterricht. In: BRUCKER, A. (Hrsg.): Handbuch Medien im Geographie-Unterricht. Düsseldorf, S. 2-10.

BRUNE, M., BENDER, S., GROTH, M. (2017): Gebäudebegrünung und Klimawandel. Anpassung an die Folgen des Klimawandels durch klimawandeltaugliche Begrünung. Report 30 des Climate Service Center Germany. Hamburg.

BUDKE, A., KANWISCHER, D. (2006): „Des Geographen Anfang und Ende ist und bleibt das Gelände!" Virtuelle Exkursionen contra reale Begnungen. In: HENNINGS, W., KANWISCHER, D., RHODE-JÜCHTERN, T. (Hrsg.): Exkursionsdidaktik – innovativ!? Erweiterte Dokumentation zum HGD-Symposium 2005 in Bielefeld (= Geographiedidaktische Forschungen 40), S. 128-142.

BÜHNER, M., ZIEGLER, M. (2017): Statistik für Psychologen und Sozialwissenschaftler. 2., aktualisierte und erweiterte Auflage. Hallbergmoos.

BÜHNER, M. (2021): Einführung in die Test- und Fragebogenkonstruktion. 4., korrigierte und erweiterte Auflage. München.

BUNDESREGIERUNG (2008): Deutsche Anpassungsstrategie an den Klimawandel. Vom Bundeskabinett am 17. Dezember 2008 beschlossen. Berlin. https://www.bmuv.de/fileadmin/Daten_BMU/Download_PDF/Klimaanpassung/das_gesamt_bf.pdf [16.05.2023].

CHANG, C. H. (2022): Climate Change Education. Knowing, Doing and Being. 2. Auflage. London.

CHATEL, A., FALK, G. C. (2017): Smartgeo – mobile learning in geography education. In: European Journal of Geography. 8 (2), S. 153-165.

CHING, D., SHULER, C., LEWIS, A., LEVINE, M. H. (2009): Harnessing the Potential of Mobile Technologies for Children and Learning. In: DRUIN, A. (Hrsg.): Mobile Technology for Children. Designing for Interaction and Learning. Burlington, S. 23-42.

CIPRINA, S., SCHMALOR, H., ELLERBRAKE, M. (2022): Hinweise zur Durchführung von Exkursionen. Handreichung der Arbeitsgruppe IV "Fachschaftsarbeit vor Ort" im Rahmen der Initiative Roadmap 2030 des Hochschulverbandes für Geographiedidaktik. https://geographiedidaktik.org/roadmap-2030-fachschaftsarbeit/ [10.08.2023].

CLAßEN, T., KISTEMANN, T. (2017): Urbane Grünräume und Gewässer. Ressourcen einer integrierten, gesundheitsfördernden Stadtentwicklung der Zukunft? In: Geographische Rundschau. 69 (5), S. 38-43.

COHEN, J. (1988): Statistical Power Analysis for the behavioral sciences. 2. Ausgabe. New York.

COLLINS, L. (2018): The Impact of Paper Versus Digital Map Technology on Students' Spatial Thinking Skill Acquisition. In: Journal of Geography. 117, S. 137-152.

COUTTS, A. M., TAPPER, N. J., BERINGER, J., LOUGHAN, M., DEMUZERE, M. (2012): Watering our cities: The capacity for Water Sensitive Urban Design to support urban cooling and improve human thermal comfort in the Australian context. In: Progress in Physical Geography. 37 (1), S. 2-28.

CRAWFORD, M. R., HOLDER, M., O'CONNOR, B. P. (2016): Using Mobile Technology to Engage Children With Nature. In: Environment and Behaviour. 49 (9), S. 1-26.

CROMPTON, H. (2013): A historical overview of mobile learning: Toward learner-centered education. In: BERGE, Z. L., MUILENBERG, L. Y. (Hrsg.): Handbook of Mobile Learning. New York & Abingdon, S. 3-14.

CROMPTON, H., BURKE, D. (2020): Mobile learning and paedagogical opportunities: A configurate systematic review of PreK-12 research using the SAMR framework. In: Computers & Education. 156 (103945), S. 1-31.

DECI, E., RYAN, R. (1993): Die Selbstbestimmungstheorie der Motivation und ihre Bedeutung für die Pädagogik. In: Zeitschrift für Pädagogik. 39, S. 223-238.

DECI, E., RYAN, R. (2000): The "what" and "why" of goal pursuits: Human needs and the self-determination of behavior. In: Psychological Inquiry. 11, S. 227-268.

DECI, E., RYAN, R. (Hrsg.) (2002): Handbook of self-determination research. Rochester.

DEUTSCHES INSTITUT FÜR URBANISTIK (Hrsg.) (2017): Praxisratgeber Klimagerechtes Bauen. Mehr Sicherheit und Wohnqualität bei Neubau und Sanierung. Köln.

DGfG – DEUTSCHE GESELLSCHAFT FÜR GEOGRAPHIE E. V. (Hrsg.) (2020): Bildungsstandards im Fach Geographie für den Mittleren Schulabschluss mit Aufgabenbeispielen. 10., aktualisierte und überarbeitete Auflage Juli 2020. Bonn.

DIACOPOULOS, M., CROMPTON, H. (2020): A systematic review of mobile learning in social studies. In: Computers & Education, S. 154. 1-14.

DICKEL, M., GLASZE, G. (2009): Rethinking Excursions – Konzepte und Praktiken einer konstruktivistisch orientierten Exkursionsdidaktik. In: DICKEL, M., GLASZE, G. (Hrsg.): Vielperspektivität und Teilnehmerzentrierung – Richtungsweiser der Exkursionsdidaktik. Wien, Zürich & Berlin (= Praxis Neue Kulturgeographie 6), S. 3-14.

DICKMANN, F., EDLER, D., BESTGEN, A.-K., KUCHINKE, L. (2015): Auswertung von Heatmaps in der Blickbewegungsmessung am Beispiel einer Untersuchung zum Positionsgedächtnis. In: Kartographische Nachrichten. 5/2015. 272-280.

DITTMANN, S. (2018): Auf zu neuen Ufern. Wandel von Standortfaktoren beim Phoenix-Projekt in Dortmund-Hörde. In: Praxis Geographie. 10/2018, S. 34-39.

DÖRING, J., THIELMANN, T. (2009): Mediengeographie: Für eine Geomedienwissenschaft. In: DÖRING, J., THIELMANN, T. (Hrsg.): Mediengeographie. Theorie – Analyse – Diskussion. Bielefeld, S. 9-65.

DÖRING, N., BORTZ, J. (2016A): Untersuchungsdesign. In: DÖRING, N., BORTZ, J. (Hrsg.): Forschungsmethoden und Evaluation in den Sozial- und Humanwissenschaften. 5. vollständig überarbeitete, aktualisierte und erweiterte Auflage. Berlin & Heidelberg, S. 181-220.

DÖRING, N., BORTZ, J. (2016B): Stichprobenziehung. In: DÖRING, N., BORTZ, J. (Hrsg.): Forschungsmethoden und Evaluation in den Sozial- und Humanwissenschaften. 5. vollständig überarbeitete, aktualisierte und erweiterte Auflage. Berlin & Heidelberg, S. 291-320.

DÖRING, N., BORTZ, J. (2016C): Datenererhebung. In: DÖRING, N., BORTZ, J. (Hrsg.): Forschungsmethoden und Evaluation in den Sozial- und Humanwissenschaften. 5. vollständig überarbeitete, aktualisierte und erweiterte Auflage. Berlin & Heidelberg, S. 321-552.

Döring, N., Bortz, J. (2016D): Datenanalyse. In: Döring, N., Bortz, J. (Hrsg.): Forschungsmethoden und Evaluation in den Sozial- und Humanwissenschaften. 5. vollständig überarbeitete, aktualisierte und erweiterte Auflage. Berlin & Heidelberg, S. 597-784.

Döring, N., Bortz, J. (2016E): Qualitätskriterien in der empirischen Sozialforschung. In: Döring, N., Bortz, J. (Hrsg.): Forschungsmethoden und Evaluation in den Sozial- und Humanwissenschaften. 5. vollständig überarbeitete, aktualisierte und erweiterte Auflage. Berlin & Heidelberg, S. 81-120.

Döring, N., Kleeberg, N. (2006): Mobiles Lernen in der Schule. Entwicklungs- und Forschungsstand. In: Unterrichtswissenschaft. 34, S. 70-92.

Döring, N., Mohensi, M. R. (2018): Mobiles Lernen. In: Niegemann, H. & Weinberger (Hrsg.): Lernen mit Bildungstheorien. Berlin & Heidelberg, S. 1-12.

Dorsch, C. (2022): Mündigkeit und Digitalität: E-Portfolioarbeit in der geographischen Lehrkräftebildung. Münster (= Praxis Neue Kulturgeographie 16).

Drugova, E., Zhuravleva, I., Alusheva, M., Grits, D. (2021): Toward a model of learning innovation integration: TPACK-SAMR based analysis of the introduction of a digital learning environment in three Russian universities. In: Education and Information Technologies, S. 1-18.

DUH – Deutsche Umwelthilfe e. V. (Hrsg.) (2015): Methan. Auswirkungen auf Klima und Gesundheit. Radolfzell & Berlin.

DWD – Deutscher Wetterdienst (Hrsg.) (2019): Klimastatusbericht Deutschland. Jahr 2019. Offenbach am Main.

DWD - Deutscher Wetterdienst (2021A): Hitze- und Kältewellen - Lange Zeitreihen. https://www.dwd.de/DE/leistungen/rcccm/int/rcccm_int_hwkltr.html [05.08.2023].

DWD – Deutscher Wetterdienst (2021B): Hitzewarnung. https://www.dwd.de/DE/leistungen/hitzewarnung/hitzewarnung.html [05.08.2023].

DWD – Deutscher Wetterdienst (2022): RADKLIM-Bulletin. Nr. 02 – 2022. Offenbach. https://www.dwd.de/DE/fachnutzer/wasserwirtschaft/radarniederschlag/radklim-bulletin/radklimbulletin2022download.html [05.08.2023].

DWD – Deutscher Wetterdienst (o. J.): Wetterlexikon. https://www.dwd.de/DE/service/lexikon/Functions/glossar.html?lv2=102248&lv3=102572 [05.08.2023].

EAA - European Environment Agency (2017): Climate change, impacts and vulnerability in Europe 2016. An Indicator-Based Report. Luxemburg.

Eckstein, V. (2022): Stolpersteine für die (geographische) Bildung in der Digitalität. In: GW Unterricht. 167, S. 5-16.

Eickelmann, B. (2018): Digitalisierung in der schulischen Bildung. Entwicklungen, Befunde und Perspektiven für die Schulentwicklung und die Bildungsforschung. In: McElvany, N., Schwabe, F., Bos, W., Holtappels, H. G. (Hrsg.): Digitalisierung in der schulischen Bildung. Chancen und Herausforderungen, S. 11-26.

Eickelmann, B., Bos, W., Gerick, J., Goldhammer, F., Schaumburg, H., Schwippert, K., Senkbeil, M., Varenhold, J. (Hrsg.) (2019): ICILS 2018 #Deutschland. Computer- und informationsbezogene Kompetenzen von Schülerinnen und Schülern im zweiten internationalen Vergleich im Bereich Computational Thinking. Münster & New York.

Eisenack, K., Marscheider, N., Meyer, E., Bethlehem, L. (2017): KEEP COOL mobil. Das Planspiel zum Klimawandel für mobile Endgeräte. Oldenburg.

Ellerbrake, M., Otto, K.-H., Grudzielanek, M. (2021): Hitzewellen – eine Herausforderung auch für Menschen in Westfalen!? In: GeKo Aktuell. 1/2021, S. 1-24.

Endlicher, W. (2007): Das Unbeherrschbare vermeiden und das Unvermeidbare beherrschen – Strategien gegen die gefährlichen Auswirkungen des Klimawandels. In: Endlicher, W., Gerstengarbe, F.-W.: Der Klimawandel. Einblicke, Rückblicke und Ausblicke. Potsdam, S. 119-131.

Engelhard, K., Otto, K.-H. (2015): Sachanalyse und fachliche Klärung. In: Reinfried, S. & Haubrich, H. (Hrsg.): Geographie unterrichten lernen. Die Didaktik der Geographie. Berlin, S. 328-331.

Falk, G. (2015): Exkursionen. In: Reinfried, S., Haubrich, H. (Hrsg.): Geographie unterrichten lernen. Die Didaktik der Geographie. Berlin, S. 150-153.

Falke, M., Otto, K.-H. (2020): Luftbelastung in Westfalen. Feinstaub, Stickoxide und Ozon. In: Geographische Kommission für Westfalen & Landschaftsverband Westfalen. GeKo Aktuell. 1/2020. Münster.

Faul, F., Erdfelder, E., Lang, A.-C., Buchner, A. (2007): G*Power 3: A flexible statistical power analysis program for the social, behavioral, and biomedical sciences. In: Behavior Research Methods. 39, S. 175-191.

Feulner, B., Ohl, U. (2014): Mobiles ortsbezogenes Lernen im Geographieunterricht. In: Praxis Geographie. 7-8/2014, S. 4-8.

FEULNER, B. (2020) SpielRäume. Eine DBR-Studie zum mobilen ortsbezogenen Lernen mit Geogames. Dortmund (= Geographiedidaktische Forschungen 73).

FIELD, A. (2018): Discovering statistics using IBM SPSS Statistics. 5. Auflage. Los Angeles.

FIENE, C. (2014): Wahrnehmung von Risiken aus dem globalen Klimawandel – eine empirische Untersuchung in der Sekundarstufe I. Dissertationsschrift an der Pädagogischen Hochschule Heidelberg. Heidelberg.

FITCHETT, A., GOVENDER, P., VALLABH, P. (2020): An Exploration of Green Roofs for Indoor and Exterior Temperature Regulation in the South African Interior. In: Environment, Development and Sustainability. 22, S. 5025-5044.

FÖGELE, J., HOFMANN, R., MEHREN, R. (2014): Tablet-based fieldwork. Opportunities and challenges for Geography education. In: Vogler R., Car, A., Strobl, J., Griesebner, G. (Hrsg.): GI_Forum 2014. Geospatial Innovation for Society. Berlin, S. 332–343.

FÖGELE, J. (2016): Entwicklung basiskonzeptionellen Verständnisses in geographischen Lehrerfortbildungen. Rekonstruktive Typenbildung | Relationale Prozessanalyse | Responsive Evaluation. Münster (= Geographiedidaktische Forschungen 61).

FÖGELE, J., MEHREN, R., THUME, S. (2022): Die roadmap-Studie zur Situation des Schulfachs Geographie aus der Sicht von Lehrkräften. https://geographiedidaktik.org/ist-analysen/ [09.08.2023].

FRANCE, D., LEE, R., MACLACHLAN, J., McPHEE, A. R. (2020): Should you be using mobile technologies in teaching? Applying a pedagogical framework. In: Journal of Geography in Higher Education. 45 (2), S. 221-237.

FÜLDNER, E., GEIPEL, R. (1969): Methodische Überlegungen zur Kontrolle von Erlebnisabläufen bei geographischen Exkursionen. In: Geographische Rundschau. 21 (3), S. 95-100.

FURR, R. M., ROSENTHAL, R. (2003): Evaluating Theories Efficiently. The Nuts and Bolts of Contrast Analysis. In: Understanding Statistics. 2 (1), S. 45-67.

GÄDE, J. C.; SCHERMELLEH-ENGEL, K., WERNER, C. S. (2020): Klassische Methoden der Reliabilitätsschätzung. In: MOOSBRUGGER, H., KELAVA, A. (Hrsg.): Testtheorie und Fragebogenkonstruktion. 3., vollständig neu bearbeitete, erweiterte und aktualisierte Auflage. Berlin, S. 305-334.

GALL, C., JÜPNER, R. (2018): Umgang mit Extremereignissen auf kommunaler Ebene – Notfallkonzepte als Mittel der Wahl? In: Heimerl, S. (Hrsg.): Vorsorgender und nachsorgender Hochwasserschutz. Ausgewählte Beiträge aus der Fachzeitschrift WasserWirtschaft. Band 2. Wiesbaden, S. 29-36.

GERLICHER, A., JORDINE, T. (2018): Mobile Learning und Mobile Game-based Learning. Anwendungsgebiete und technische Umsetzungsmöglichkeiten. In: de Witt, C. & Gloerfeld, C. (Hrsg.): Handbuch Mobile Learning. Wiesbaden. 161-176.

GERMANWATCH (Hrsg.) (2007): Auswirkungen des Klimawandels auf Deutschland. Mit Exkurs NRW. Bonn & Berlin.

GFD – GESELLSCHAFT FÜR FACHDIDAKTIK (Hrsg.) (2018): Fachliche Bildung in der digitalen Welt. Positionspapier der Gesellschaft für Fachdidaktik. https://www.fachdidaktik.org/wordpress/wp-content/uploads/2018/07/GFD-Positionspapier-Fachliche-Bildung-in-der-digitalen-Welt-2018-FINAL-HP-Version.pdf [09.08.2023].

GLASER, R., Mattissek, A., Fünfgeld, H., Sennekamp, F., Sturm, C., Schliermann-Kraus, E. (2020): Klimawandel und Klimaschutz. In: GEBHARDT, H., GLASER, R., RADTKE, U., REUBER, P., VÖTT, A. (Hrsg.): Geographie. Physische Geographie und Humangeographie. 3. Aufl. Berlin, S. 1144-1161.

GRAULICH, D., SCHÄRLING, R., KUTHE, A., FIENE, C., SIEGMUND, A. (2021): Young People and Their (Mis)conceptions on Climate Change Adaption. In: LEAL FILHO, W., LUETZ, J., AYAL, D. (Hrsg.): Handbook of Climate Change Management, S. 1-19.

GRAW, K., MUTHERS, S., MATZARAKIS, A. (2019): Hitzewellen und Hitzewarnungen in Städten. In: LOZAN, J. L., BRECKLE, S.-W., GRAßL, H., KUTTLER, W., MATZARAKIS, A. (Hrsg.): Warnsignal Klima: Die Städte. Hamburg, S. 152-158.

GREIVING, S., FLEISCHHAUER, M., LINDNER, C., RÜDIGER, A. (2011): Klimawandelgerechte Stadtentwicklung. Ursachen und Folgen des Klimawandels durch urbane Konzepte begegnen. Bonn (= BMVBS Forschungen 149).

GRYL, I. (2012): Geographielehrende, Reflexivität und Geomedien. Zur Konstruktion einer empirisch begründeten Typologie. In: Zeitschrift für Geographiedidaktik. 40 (4), S. 161-183.

GRYL, I., JEKEL, T. (2012): Re-centering geoinformation in secondary education: Toward a spatial citizenship approach. In: Cartographica. 47 (1), S. 18-28.

GUBLER, M., BRÜGGER, A., EYER, M. (2019): Adolescents' Perceptions of the Psychological Distance to Climate Change, Its Relevance for Building Concern About It, and the Potential for Education. In: LEAL FILHO, W. L., HEMSTOCK, S. L. (Hrsg.): Climate Change and the Role of Education. Cham, S. 129-147.

GURNEY, K. R.; ROMERO-LANKAO, P., SETO, K. C., HUTYRA, L. R., DUREN, R., KENNEDY, C., GRIMM, N. B., EHLERINGER, J. R., MARCOTULLIO, P., HUGHES, S., PINCETL, S., RUNFOLA, D. M., FEDDEMA, J. J., SPERLING, J. (2015): Climate Change. Track urban emissions on a human scale. In: Nature. 525, S. 179-181.

GUTIERREZ, J. M., JONES, R. G., NARISMA, G. T., ALVES, L. M.; AMJAD, M., GORODETSKAYA, I. V., GROSE, M., KLUTSE, N. A. B., KRAKOVSKA, S., LI, J., MARTÍNEZ-CASTRO, D., MEARNS, L. O., MERNILD, S. H., NGO-DUC, T., VAN DEN HURK, B., YOON, J.-H. (2021): Atlas. In IPCC (Hrsg.): Climate Change 2021: The Physical Science Basis. Contribution of Working Group I to the Sixth Assessment Report of the Intergovernmental Panel on Climate Change. Cambridge. http://interactive-atlas.ipcc.ch/ [02.05.2023].

HÄCKEL, H. (2016): Meteorologie. 8., vollständig überarbeitete und erweiterte Auflage. Stuttgart.

HACHMEYER-ISPHORDING, K. (2013): Konversionsflächen als Chance für technologieorientierte Wirtschaftsförderung - Das Beispiel PHOENIX Dortmund In: Zwicker- Schwarm, D. (Hrsg.): Wirtschaftsflächen der Zukunft. Flächenentwicklung für wissensintensive Unternehmen. Dokumentation einer Fachtagung des Deutschen Instituts für Urbanistik und der Stadt Heidelberg am 24. und 25. Januar in Heidelberg. Berlin, S. 93-100.

HALLER, H.-D., NOWACK, I. (o.J.): Lernstile – neu gedacht? http://lernkabinett.aikud.org/index.php?id=81 [08.08.2023].

HAMILTON, E. R., ROSENBERG, J. M., AKCAOGLU, M. (2016): The Substitution Augmentation Modification Redefinition (SAMR) Model: a Critical Review and Suggestions for its Use. In: TechTrends. 60, S. 433-441.

HANKE, M., SCHAUß, M., SPRENGER, S. (2022): Unsicherheiten im Diskurs zum Klimawandel – Chancen und Herausforderungen für die geographische Bildung. In: EBERTH, A., GOLLER, A., GÜNTHER, J., HANKE, M., HOLZ, V., KRUG, A. RONCEVIC, K., SINGER-BRODOWSKI, M. (Hrsg.): Bildung für nachhaltige Entwicklung – Impulse zu Digitalisierung, Inklusion und Klimaschutz. Opladen, Berlin & Toronto, S. 164-177.

HANSEWASSER BREMEN GMBH (Hrsg.) (2019): Sicherheit für Ihr Haus! Schutz vor Kanalrückstau und Oberflächenwasser bei Starkregen, Schutz vor schadhaften Grundleitungen und Feuchteschäden. Bremen.

HATTIE, J. (2014): Lernen sichtbar machen für Lehrpersonen. Überarbeitete deutschsprachige Ausgabe von „Visible Learning for Teachers" besorgt von Wolfgang Beywl und Klaus Zierer. 2., korrigierte Aufl. Baltmannsweiler.

HATTIE, J. (2017): Lernen sichtbar machen für Lehrpersonen. Überarbeitete deutschsprachige Ausgabe von „Visible Learning for Teachers" besorgt von Wolfgang Beywl und Klaus Zierer. 3., unveränderte Aufl. Baltmannsweiler.

HAUCK, M., LEUSCHNER, C., HOMEIER, J. (2019): Klimawandel und Vegetation – Eine globale Übersicht. Berlin.

HAYES, A. F. (2022): Introduction to Mediation, Moderation and Conditional Process Analysis. A Regression-Based Approach. 3. Auflage. New York.

HECKHAUSEN, J., HECKHAUSEN, H. (2018): Motivation and Action: Introduction and Overview. In: HECKHAUSEN, J., HECKHAUSEN, H. (Hrsg.): Motivation and Action. 3. Auflage. Cham.

HEEREN, A. J., SINGH, A. S., ZWICKLE, A., KOONTZ, T. M., SLAGLE, K. M., MCCREERY, A. C. (2016): Is sustainability knowledge half the battle? An examination of sustainability knowledge, attitudes, norms, and efficacy to understand sustainable behaviours. In: International Journal of Sustainability in Higher Education. 17 (5), S. 613-632.

HEMMER, I., HEMMER, M. (2010): Interesse von Schülerinnen und Schülern an einzelnen Themen, Regionen und Arbeitsweisen des Geographieunterrichts. In: HEMMER, I., HEMMER, M. (Hrsg.): Schülerinteresse an Themen, Regionen und Arbeitsweisen des Geographieunterrichts. Weingarten (= Geographiedidaktische Forschungen 46), S. 65-168.

HEMMER, I., HEMMER, M., NEIDHARDT, E., OBERMAIER, G., UPHUES, R., WRENGER, K. (2015): The influence of children's prior knowledge and previous experience on their spatial orientation skills in an urban environment. In: International Journal of Primary, Elementary and Early Years Education. 43, S. 184-196.

HEMMER, M., MEHREN, R. (2014): Konzeptionelle Ansätze der Exkursionsdidaktik – aufgezeigt am Studienprojekt „Zwischen Kiez und Metropole: Geographische Schülerexkursionen in Berlin". In: BROVELLI, D., FUCHS, K., REMPFLER, A., SOMMER HÄLLER, B. (Hrsg.): Außerschulische Lernorte – Impulse aus der Praxis, Tagungsband zur 3. Tagung Außerschulische Lernorte der PH Luzern vom 10. November 2012. Berlin, S. 9-33.

HEMMER, M., MIENER, K. (2013): Exkursionsdidaktik. In: BÖHN, D., OBERMAIER, G. (Hrsg.): Wörterbuch der Geographiedidaktik. Begriffe von A-Z. Braunschweig, S. 72-74.

HEMMER, M., UPHUES, R. (2009): Zwischen passiver Rezeption und aktiver Konstruktion. Varianten der Standortarbeit aufgezeigt am Beispiel der Großwohnsiedlung Berlin- Marzahn. In: DICKEL, M., GLASZE, G. (Hrsg.): Vielperspektivität und

Teilnehmerzentrierung – Richtungsweiser der Exkursionsdidaktik. (= Praxis Neue Kulturgeographie Band 6), S. 39-50.

HEMMER, M. (2020): Geographische Erkundungen mit Schülerinnen und Schülern im Realraum – Lernen. Lehren. Forschen an öffentlichen Orten. In: Forschen. Lernen. Lehren an öffentlichen Orten – The Wider View. Eine Tagung des Zentrums für Lehrerbildung der Westfälischen Wilhelms-Universität Münster vom 16.-19.09.2019. Münster, S. 29-56.

HENNINGER, S., WEBER, S. (2020): Stadtklima. Paderborn.

HERGAN, I. & UMEK, M. (2017): Comparison of children's wayfinding, using paper map and mobile navigation. In: International Research on Geographical and Environmental Education. 26 (2), S. 91-106.

HERMAN, B. C. (2015): The Influence of Global Warming Science Views and Sociocultural Factors on Willingness to Mitigate Global Warming. In: Science Education. 99 (1), S. 1-38.

HERMES, A., KUCKUCK, M. (2016): Digitale Lernpfade selbstständig entwickeln – Die App Actionbound als Medium für den Geographieunterricht zur Erkundung außerschulischer Lernorte. In: GW Unterricht. 142/143, S. 174-182.

HERRINGTON, A., HERRINGTON, J., MANTEI, J. (2009): Design principles for mobile learning. In: HERRINGTON, J., HERRINGTON, A., MANTEI, J., OLNEY, I., FERRY, B. (Hrsg.): New technologies, new pedagogies: Mobile learning in higher education. Wollongong, S. 129-138.

HEYNOLDT, B. (2016): Outdoor Education als Produkt handlungsleitender Überzeugungen von Lehrpersonen. Eine qualitativ-rekonstruktive Studie. Münster (= Geographiedidaktische Forschungen 60).

HGD - HOCHSCHULVERBAND FÜR GEOGRAPHIEDIDAKTIK E. V. (Hrsg.) (2020): Der Beitrag des Fachs Geographie zur Bildung in einer durch Digitalisierung und Mediatisierung geprägten Welt. Positionspapier des Hochschulverbands für Geographiedidaktik (HGD) e. V. https://geographiedidaktik.org/download/positionspapier-des-hgd-geographische-bildung-und-digitalisierung/?wpdmdl=1185&refresh=63f474a5903621676965029 [10.08.2023].

HILLER, J., LUDE, A., SCHULER, S. (2019): ExpeditioN Stadt. Didaktisches Handbuch zur Gestaltung von digitalen Rallyes und Lehrpfaden zur nachhaltigen Stadtentwicklung mit Umsetzungsbeispielen aus Ludwigsburg. Ludwigsburg.

HILLER, J. (o.J.): Operationalisierung der Design-Prinzipien. Ludwigsburg. https://expedition-stadt.de/wp-content/uploads/2020/11/Operationalisierung-Design-Prinzipien_WEBSITE_2020-11-06.pdf [09.08.2023].

HILTON, J. T. (2016): A case Study of the Application of SAMR and TPACK for Reflection on technology Integration into Two Social Studies Classrooms. In: The Social Studies. 107 (2), S. 68-73.

HO-HAGEMANN, H. T. M., ROCKEL, B. (2018): Einfluß von Atmosphäre-Ozean Wechselwirkungen auf Starkniederschläge über Europa. In: LOZAN, J. L., BRECKLE, S.-W., GRAßL, H., KASANG, D. (Hrsg.): Warnsignal Klima: Extremereignisse. Hamburg, S. 161-168.

HUIZENGA, J., ADMIRAAL, W., AKKERMAN, S., TEN DAM, G. (2009): Mobile game-based learning in secondary education: Engagement, motivation and learning in a mobily city game. In: Journal of Computer Assisted Learning. 25 (4), S. 332-344.

HUNT, D. E. (1987): Beginning with Ourselves in Practice, Theory and Human Affaires. Cambridge.

HÜTTERMANN, A.; KIRCHNER, P.; SCHULER, S., DRIELING, K. (2012): Räumliche Orientierung. Räumliche Orientierung, Karten und Geoinformation im Unterricht. (=Geographiedidaktische Forschungen 49). Braunschweig.

HWANG G.-J., CHANG, S.-C. (2016): Effects of a peer competition-based mobile learning approach on students' affective domain exhibition in social studies courses: Peer competition-based mobile learning In: British Journal of Educational Technology. 27 (6), S. 1217-1231.

ILLGEN, M. (2017): Starkregen und urbane Sturzfluten – Handlungsempfehlungen zur kommunalen Überflutungsvorsorge. In: PORTH, M., SCHÜTTRUMPF, H. (Hrsg.): Wasser, Energie und Umwelt. Aktuelle Beiträge aus der Zeitschrift Wasser und Abfall I. Wiesbaden, S. 20-30.

IPCC (2013/2014): Klimaänderung 2013/2014: Zusammenfassungen für politische Entscheidungsträger. Beiträge der drei Arbeitsgruppen zum Fünften Sachstandsbericht des Zwischenstaatlichen Ausschusses für Klimaänderungen (IPCC). Übersetzte Auflage durch Deutsche IPCC-Koordinierungsstelle, Österreichisches Umweltbundesamt, Pro Clim. Bonn, Wien & Bern. https://www.de-ipcc.de/media/content/AR5-WGII_SPM.pdf [10.08.2023].

IPCC (2014A): Klimaänderung 2014: Synthesebericht. Beitrag der Arbeitsgruppen I, II und III zum Fünften Sachstandsbericht des Zwischenstaatlichen Ausschusses für Klimaänderungen (IPCC), Genf. Deutsche Übersetzung durch Deutsche IPCC-Koordinierungsstelle 2016. Bonn.

IPCC (2014B): Climate Change 2014: Impacts, Adaptation and Vulnerability. Part A: Global and Sectorals Aspects. Contribution of Working Group II to the Fifth

Asessment Report oft the Intergovernmental Panel on Climate Change. Cambridge & New York.

IPCC (Hrsg.) (2018): 1,5 °C Globale Erwärmung. Ein IPCC-Sonderbericht über die Folgen einer globalen Erwärmung um 1,5 °C gegenüber vorindustriellem Niveau und die damit verbundenen globalen Treibhausgasemissionspfade im Zusammenhang mit einer Stärkung der weltweiten Reaktion auf die Bedrohung durch den Klimawandel, nachhaltiger Entwicklung und Anstrengungen zur Beseitigung von Armut. Zusammenfassung für politische Entscheidungsträger. Genf. https://www.de-ipcc.de/media/content/SR1.5-SPM_de_barrierefrei.pdf [10.08.2023].

IPCC (2021A): Climate Change 2021. The Physical Science Basis. Contribution of Working Group I to the Sixth Assessment Report of the Intergovernmental Panel on Climate Change. Cambridge & New York. https://www.ipcc.ch/report/ar6/wg1/downloads/report/IPCC_AR6_WGI_Full_Report.pdf [10.08.2023].

IPCC (2021B): Zusammenfassung fü die politische Entscheidungsfindung. Naturwissenschaftliche Grundlagen. Beitrag von Arbeitsgruppe I zum sechsten Sachstandsbericht des Zwischenstaatlichen Ausschusses für Klimaänderungen. Deutsche Übersetzung auf Basis der Druckvorlage, Oktober 2021 durch IPCC-Koordinierungsstelle, Bundesministerium für Klimaschutz, Umwelt, Energie, Mobilität, Innovation und Technologien, Akademie der Naturwissenschaften Schweiz. Bonn, Wien & Bern.

IPCC (2023): Climate Change 2023: Sythesis Report of the IPCC sixth Assessment Report (AR6). Longer Report. Cambridge & New York. https://www.ipcc.ch/report/ar6/syr/downloads/report/IPCC_AR6_SYR_LongerReport.pdf [10.08.2023].

JANSEN, M., LÜDTKE, O., SCHROEDERS, U. (2016): Evidence for a positive relation between interest and achievement: Examining between-person and within person variation in five domains. In: Contemporary Educational Psychology. 46, S. 116-127.

JENO, L. M., ADACHI, P., GRYTNES, J.-A., VANDVIK, V., DECI, E. (2019): The effects of m-learning on motivation, achievement and well-being: A Self-Determination Theory approach. In: British Journal of Educational Technology. 50 (2), S. 669-683.

KÄHLER, W.-M. (2010): Statistische Datenanalyse. Verfahren verstehen und mit SPSS gekonnt einsetzen. 6., verbesserte und erweiterte Auflage. Wiesbaden.

Kanwischer, D., Gryl, I. (2022): Bildung, Raum und Digitalität. Neue Lernumgebungen in der Diskussion. In: DDS – Die Deutsche Schule. 1/2022, S. 34-45.

Kasang, D. (2005): Veränderung regionaler Niederschlagsextreme. In: Lozan, J. L., Graßl, H., Hupfer, P., Menzel, L., Schönwiese, C.-D. (Hrsg.): Warnsignal Klima: Genug Wasser für alle? Genügend Wasser für alle – ein universelles Menschenrecht. Hamburg, S. 351-357.

Kaspar, F., Friedrich, K. (2020): Rückblick auf die Temperatur in Deutschland im Jahr 2019 und die langfristige Entwicklung. https://www.dwd.de/DE/leistungen/besondereereignisse/temperatur/20200102_bericht_jahr2019.pdf?__blob=publicationFile&v=4 [10.08.2023].

Katzschner, L., Kupski, S. (2019): Bedeutung der Kaltluft und Ventilation in Städten. In: Lozan, J. L., Breckle, S.-W., Grassl, H., Kasang, D., Kuttler, W., Matzarakis, A. (Hrsg.): Warnsignal Klima: Die Städte. Hamburg, S. 48-52.

Kelava, A. & Moosbrugger, H. (2020): Deskriptivstatistische Itemanalyse und Testwertbestimmung. In: Moosbrugger, H., Kelava, A. (Hrsg.): Testtheorie und Fragebogenkonstruktion. 3., vollständig neu bearbeitete, erweiterte und aktualisierte Auflage. Berlin, S. 145-159.

Kemen, J., Kistemann, T. (2019): Der Einfluss urbaner Hitze auf die menschliche Gesundheit. In: Lozan, J. L., Breckle, S.-W., Grassl, H., Kasang, D., Kuttler, W., Matzarakis, A. (Hrsg.): Warnsignal Klima: Die Städte. Hamburg, S. 113-119.

Kerres, M. (2003): Wirkungen und Wirksamkeit neuer Medien in der Bildung. In: Keil-Slavik, R., Kerres, M. (Hrsg.): Wirkungen und Wirksamkeit Neuer Medien in der Bildung. Münster, S. 1-12.

Kestler, F. (2005): Der Tölzer Lobus des würmeiszeitlichen Isar-Loisach-Gletschers als Gegenstand einer geodidaktischen Exkursion. Eine empirische Untersuchung zur Exkursionsdidaktik. München.

Kiehl, K. (2019): Urban-industrielle Ökosysteme. In: Kollmann, J., Kirmer, A., Tischew, S., Hölzel, N., Kiehl, K. (Hrsg.): Renaturierungsökologie. Berlin, S. 389-433.

Kim, E. S., Willson, V. L. (2010): Evaluating Pretest Effects in Pre-Post Studies. In: Educational and Psychological Measurement. 70 (5), S. 744-759.

Kimmons, R., Hall, C. (2018): How useful are our Models? Pre-Service and Practicing Teacher Evaluations of Technology Integration Models. In: TechTrends. 62, S. 29-36.

KISSER, T. (2014): Außerunterrichtliche Lernorte: Die (Weiter-)Entwicklung von Lernpfaden zu einem Netz von Geopunkten mit Hilfe der Geocache Methode. Empirische Untersuchung zur Exkursionsdidaktik. Heidelberg.

KISSER, T. & Weissenrieder, F. (2020): Sicherung der Daseinsgrundversorgung in der Uckermarck? Raumplanung mit dem Zentrale-Orte-Konzept mithilfe von WebGIS. In: Geographie heute. Heft 350. 21-25.

KLEINER, C., DISTERER, G. (2018): Bring Your Own Device. Mobile Device Management in Bildungskontexten. In: DE WITT, C., GLOERFELD, C. (Hrsg.): Handbuch Mobile Learning. Wiesbaden, S. 365-386.

KLOTZ, S., SETTELE, J. (2017): Biodiversität. In: BRASSEUR, G., JACOB, D., SCHUCK-ZÖLLER, S. (Hrsg.): Klimawandel in Deutschland. Entwicklung, Folgen, Risiken und Perspektiven. Berlin, S. 151-160.

KMK – KULTUSMINISTERKONFERENZ (2005): Einheitliche Prüfungsanforderungen in der Abiturprüfung. Geographie. Berlin.

KMK – KULTUSMINISTERKONFERENZ (2016): Bildung in der Digitalen Welt. Strategie der Kultusministerkonferenz. Berlin. https://www.kmk.org/themen/bildung-in-der-digitalen-welt/strategie-bildung-in-der-digitalen-welt.html [10.08.2023].

KMK – KULTUSMINISTERKONFERENZ (2021): Lehren und Lernen in der digitalen Welt. Die ergänzende Empfehlung zur Strategie „Bildung in der digitalen Welt". Berlin. https://www.kmk.org/aktuelles/artikelansicht/lehren-und-lernen-in-der-digitalen-welt-kultusministerkonferenz-verabschiedet-ergaenzende-empfehlung.html [10.08.2023].

KNIELING, J., KRETSCHMANN, N. (2016): Nachhaltige Stadtentwicklung im 21. Jahrhundert – klimaangepasst, smart, postfossil? In: FREEDEN, W., RUMMEL, R. (Hrsg.): Handbuch der Geodäsie. Berlin & Heidelberg, S. 1-45.

KNUTTI, R. (2019): Closing the Knowledge-Action Gap in Climate Change. In: One Earth. 1 (1), S. 21-23.

KOHL, M., SCHULZE, W. (1971): Zur Analyse von Exkursionsabläufen. Beispiel Nordsee-Ostsee-Raum. In: Geographische Rundschau. 23, S. 134-141.

KOLB, A. Y., KOLB, D. A. (2005): Learning Styles and Learning Spaces: Enhancing Experien-tial Learning in Higher Education. In: Academy of Management Learning & Education. 4 (2), S. 193-212.

KOO, T. K., LI, M. Y. (2016): A Guideline of Selecting and Reporting Intraclass Correlation Coefficients for Reliability Research. In: Journal of Chiropractic Medicine. 15 (2), S. 155-163.

KRAUTTER, Y. (2015): Medien im Geographieunterricht nach lernförderlichen Kriterien auswählen. In: Reinfried S. & Haubrich H. (Hrsg.): Geographie unterrichten lernen. Die Didaktik der Geographie. Berlin, S. 213-276.

KRELLENBERG, K. (2017): Urbane Herausforderungen der Anpassung an den Klimawandel. In: Marx, A. (Hrsg.): Klimaanpassung in Forschung und Politik. Wiesbaden, S. 189-198.

KREMER, D., SCHLIEDER, C., FEULNER, B., OHL, U. (2013): Spatial Choices in an Educational Geogame. In: 5th International Conference on Games and Virtual Worlds for Serious Applications (VS-Games) 11.-13. September in Poole, UK. Poole, S. 1-4.

KROß, E. (1991): Außerschulisches Lernen und Erdkundeunterricht. In: Geographie heute. Heft 88, S. 4-9.

Kruskal, W. H. & Wallis, W. A. (1952): Use of ranks in one-criterion variance analysis. In: Journal of the American Statistical Association. 47 (260). 583-621.

KUKULSKA-HULME, A., SHARPLES, M., MILRAD, M., ARNEDILLO-SANCHEZ, I., VAVOULA G. (2011): The genesis and development of mobile learning in Europe. In: Parsons, D. (Hrsg.): Combining E-Learning an M-Learning. New Applications of Blended Educational Ressources. Hershey, S. 151-177.

KUNZ-PLAPP, T. (2018): Hitzewellen – Bewältigung und Anpassung an ein unterschätztes Risiko. In: Geographische Rundschau. 7-8/2018, S. 20-24.

KUO, M., BARNES, M., JORDAN, C. (2022): Do Experience with Nature Promote Learning? Converging Evidence of a Cause-And-Effect Relationship. In: JUCKER, R., VON AU, J. (Hrsg.): High-Quality Outdoor Learning. Evidence-based Education Outside the Classroom for Children, Teachers and Society. Cham, S. 47-66.

KUTTLER, W. (2011): Klimawandel im urbanen Bereich. Teil 2, Maßnahmen. In: Environmental Sciences Europe. 23 (21), S. 1-15.

KUTTLER, W. (2013): Klimatologie. 2., aktualisierte und ergänzte Auflage. Paderborn.

KUTTLER, W., OßENBRÜGGE, J., HALBIG, G. (2017): Städte. In: BRASSEUR, G., JACOB, D., SCHUCK-ZÖLLER, S. (Hrsg.): Klimawandel in Deutschland. Entwicklung, Folgen, Risiken und Perspektiven. Berlin, S. 225-234.

KUTTLER, W. (2018): Hitzewellen in großen Städten: Folgen für die Gesundheit und Gegenmaßnahmen. In: LOZAN, J. L., BRECKLE, S.-W., KASANG, D., WEISSE, R. (Hrsg.): Warnsignal Klima: Extremereignisse. Hamburg, S. 76-82.

LAMNEK, S., KRELL, C. (2016): Qualitative Sozialforschung. 6., überarbeitete Auflage. Weinheim.

LANGE, T., MOSLER, K. (2017): Statistik kompakt. Basiswissen für Ökonomen und Ingenieure. Heidelberg.

LANUV - LANDESAMT FÜR NATUR, UMWELT UND VERBRAUCHERSCHUTZ NORDRHEIN-WESTFALEN (Hrsg.) (2019): Klimaanalyse Nordrhein-Westfalen. Hitzebelastung der Bevölkerung. 3. aktualisierte Aufl. Recklinghausen (= LANUV-Info 41).

LAWA – BUND-/LÄNDERARBEITSGEMEINSCHAFT WASSER (Hrsg.) (2018): LAWA-Strategie für ein effektives Starkregenrisikomanagement. Erfurt.

LEE, H., MAYER, H. (2019): Planerische Maßnahmen zur Reduzierung von lokalem Hitzestress für Menschen. In: LOZAN, J. L., BRECKLE, S.-W., GRASSL, H., Kuttler, W., Matzarakis (Hrsg.): Warnsignal Klima: Die Städte. Hamburg, S. 263-268.

LEE, J. (2020): Designing an Inquiry-based Fieldwork Project for Students Using MobileTechnology and Its Effechts on Students' Experience. In: Review of International Geographical Education (RIGEO). 10 (1), S. 14-39.

LINDEMANN, U.; BECKER, C., ROIGK, P. (2019): Alter und Hitze. Tipps für ältere Menschen. Broschüre. Stuttgart.

LOERWALD, D., SCHNELL, C. (2016): Diagnostik im Dilemma zwischen fachdidaktischen Ansprüchen und empirischen Anforderungen. Zur (vermeintlichen) Trivialität von Testitems. In: Zeitschrift für Didaktik der Gesellschaftswissenschaften (ZDG). Heft 1/2016, S. 57-73.

LÖßNER, M. (2011): Exkursionsdidaktik in Theorie und Praxis. Forschungsergebnisse zur Überwindung von hemmenden Faktoren. Ergebnisse einer empirischen Untersuchung an mittelhessischen Gymnasien. Weingarten (= Geographiedidaktische Forschungen 48).

LOZAN, J. L.; BRECKLE, S.-W.; GRASSL, H., KASANG, D. (2018): Klimawandel und Wetterextreme: Ein Überblick. In: LOZAN, J. L.; BRECKLE, S. W.; GRASSL, H.; KASANG, D., WEISSE, R. (Hrsg.): Warnsignal Klima: Extremereignisse. Hamburg, S. 11-20.

LOZAN, J. L., BRECKLE, S.-W., GRASSL, H., KASANG, D., MATZARAKIS, A. (2019): Städte im Klimawandel. In: LOZAN, J. L., BRECKLE, S.-W., GRASSL, H., KASANG, D., KUTTLER, W., MATZARAKIS, A. (Hrsg.): Warnsignal Klima: Die Städte. Hamburg, S. 11-20.

LÜCKEN, M. (2007): „Hat mein neu entwickeltes Unterrichtskonzept den erwünschten Erfolg?" – Einblick in den Umgang mit statistischen Prüfverfahren in der empirischen Unterrichtsforschung. In: BAYRHUBER, H., ELSTER, D., KRÜGER, D.,

VOLLMER, H. J. (Hrsg.): Kompetenzentwicklung und Assessment. Innsbruck, S. 109-133.

LUDE, A., SCHAAL, S., BULLINGER, M., BLECK, S. (2013): Mobiles, ortsbezogenes Lernen in der Umweltbildung und Bildung für nachhaltige Entwicklung – der erfolgreiche Einsatz von Smartphone und Co. in Bildungsangeboten in der Natur. Baltmannsweiler.

LÜDERS, C. (2015): Beobachten im Feld und Ethnographie. In: Flick, U.; von Kardorff, E. & Steinke, I. (Hrsg.): Qualitative Forschung. Ein Handbuch. Reinbek. 384-402.

LUO, X. (2015): Lernstilforschung: Eine Bestandsaufnahme. In: LUO, X. (Hrsg.): Lernstile im interkulturellen Kontext. Eine empirische Untersuchung am Beispiel Deutschland und China. Wiesbaden, S. 15-48.

LUX, J.-D., BUDKE, A. (2020): Alles nur ein Spiel? Geographisches Fachwissen zu aktuellen gesellschaftlichen Herausforderungen in digitalen Spielen. In: GW-Unterricht. 160, S. 22-36.

MACGILCHRIST, F. (2019): Digitale Bildungsmedien im Diskurs. Wertesysteme, Wirkkraft und alternative Konzepte. In: APuZ - Zeitschrift der Bundeszentrale für politische Bildung. 27-28/2019, S. 18-23.

MAHRENHOLZ, P., VETTER, A. (2019): Anpassung an den Klimawandel in deutschen Städten: Herausforderungen und Politikinstrumente. In: Lozan, J. L., Breckle, S.-W., Grassl, H., Kasang, D., Kuttler, W. & Matzarakis, A. (Hrsg.): Warnsignal Klima: Die Städte. Hamburg, S. 221-226.

MAIER, U., KLOTZ, C. (2022): Personalized feedback in digital learning environments: Classification framework and literature review. In: Computers and Education. Artificial Intelligence 3, S. 1-13.

MARX, A. (2017): Klimawandel – ein Überblick. In: MARX, A. (Hrsg.): Klimaanpassung in Forschung und Politik. Wiesbaden, S. 3-16.

MATZARAKIS, A., MUTHERS, S., GRAW, K. (2020): Thermische Belastung von Bewohnern in Städten bei Hitzewellen am Beispiel von Freiburg (Breisgau). In: Bundesgesundheitsblatt – Gesundheitsforschung – Gesundheitsschutz. 63 (8), S. 1004-1012.

MAYRING, P. (2022): Qualitative Inhaltsanalyse. Grundlagen und Techniken. 13., überarbeitete Auflage. Weinheim.

MBWSV, MKULNV - Ministerium für Bauen, Wohnen, Stadtentwicklung und Verkehr des Landes Nordrhein-Westfalen & Ministerium für Klimaschutz, Umwelt, Landwirtschaft, Natur- und Verbraucherschutz des Landes Nordrhein-Westfalen. (Hrsg.) (2016): Konzept Starkregen NRW. Düsseldorf.

Medienberatung NRW (2020): Medienkompetenzrahmen NRW. 3. Auflage. Düsseldorf.

Mehren, R., Rempfler, A., Ulrich-Riedhammer, E. (2015): Diagnostik von Systemkompetenz mittels Concept Maps. Malariabekämpfung im Kongo als Beispiel. In: Praxis Geographie. Heft 7-8/2015, S. 29-33.

Meimeth, M., Robertson, J. D. (2012): Sustainable Development – How to bridge the Knowledge-Action Gap. Exploring the added value of social and cultural perspective. Baden-Baden (= Denkart Europa. Schriftenreihe zur europäischen Politik, Wirtschaft und Kultur 18).

Meinke, I., von Storch, H. (2020): Klimaszenarien und mögliche Entwicklungen in Deutschland. In: Gebhardt, H., Glaser, R., Radtke, U., Reuber, P., Vött, A. (Hrsg.): Geographie. Physische Geographie und Humangeographie. 3. Auflage. Berlin, S. 317-324.

Menke, K., Smith, R., Pirelli, L., van Hoesen, J. (2016): Mastering QGIS. 2. Auflage. Birmingham.

Meurel, M., Hemmer, M., Lindau, A.-K. (2023): Geographische Schüler*innenexkursionen planen, durchführen und auswerten. Der Gentrifizierung auf der Spur. In: Gryl, I., Lehner, M., Fleischhauer, T., Hoffmann, K. W. (Hrsg.): Geographiedidaktik. Fachwissenschaftliche Grundlagen, fachdidaktische Bezüge, unterrichtspraktische Beispiele. Band 2. Berlin, S. 115-130.

Meurel, M. (i. V.): Das Interesse an fachspezifischen Fortbildungen aus der Perspektive von Geographielehrkräften – Eine empirische Studie in Nordrhein-Westfalen (Dissertation). Münster.

Meyer, C. (2015): Außerschulisches Lernen. In: Reinfried, S., Haubrich, H. (Hrsg.): Geographie unterrichten lernen. Die Didaktik der Geographie. Berlin, S. 148-149.

Mierwald, M., Brauch, N. (2020): Die Lernwirksamkeit von Medien prüfen: Schwierigkeiten und Möglichkeiten von Medienvergleichsstudien in der Domäne Geschichte. In: Zeitschrift für Didaktik der Gesellschaftswissenschaften (ZDG). Heft 1/2020. 41-64.

MILFONT, T. (2010): Global warming, climate change and human psychology. In: CORRAL-VERDUGO, V., GARCIA-CADENA, C., FRIAS-ARMENTA, M. (Hrsg.): Psychological approaches to sustainability: Current trends in theory research and application. New York, S. 19–42.

MOCHIZUKI, Y., BRYAN, A. (2015): Climate Change Education in the Context of Education for Sustainable Development: Rationale and Principles. In: Journal of Education for Sustainable Development. 9 (1), S. 4-26.

MOONEY, M. E., MIDDLECAMP, C., MARTIN, J., ACKERMANN, S. A. (2022): The Demise of the Knowledge-Action Gap in Climate Change Education. In: Bulletin of the American Meteorological Society. 103 (10), S. 2265-2272.

MOOSBRUGGER, H., BRANDT, H. (2020): Antwortformate und Itemtypen. In: MOOSBRUGGER, H., KELAVA, A. (Hrsg.): Testtheorie und Fragebogenkonstruktion. 3., vollständig neu bearbeitete, erweiterte und aktualisierte Auflage. Berlin, S. 91-118.

MOOSBRUGGER, H., KELAVA, A. (2020): Qualitätsanforderungen an Tests und Fragebogen („Gütekriterien"). In: MOOSBRUGGER, H., KELAVA, A. (Hrsg.): Testtheorie und Fragebogenkonstruktion. 3., vollständig neu bearbeitete, erweiterte und aktualisierte Auflage. Berlin, S. 13-38.

MOSER, S. C. (2014): Communicating adaptation to climate change: the art and science of public engagement when climate change comes home. In: WIREs Climate Change. 5, S. 337–358.

MÖLTNER, A., SCHELLBERG, D., JÜNGER, J. (2006): Grundlegende quantitative Analysen medizinischer Prüfungen. In: GMS Zeitschrift für Medizinische Ausbildung. 23 (3), S. 1-11.

MPFS – MEDIENPÄDAGOGISCHER FORSCHUNGSVERBUND SÜDWEST (2022): JIM-Studie 2022 Jugend, Information, Medien. Basisuntersuchung zum Medienumgang 12- bis 19-jähriger. Stuttgart.

MSW - MINISTERIUM FÜR SCHULE UND WEITERBILDUNG DES LANDES NORDRHEIN-WESTFALEN (Hrsg.) (2014): Kernlehrplan für die Sekundarstufe II Gymnasium/ Gesamtschule in Nordrhein-Westfalen. Geographie. Düsseldorf.

MÜCKE, H.-G., MATZARAKIS, A. (2019): Klimawandel und Gesundheit. Tipps für sommerliche Hitze und Hitzewellen. Dessau-Roßlau.

MÜLLER, H., BARTSCH, S., EISENHARDT, M., OPPERMANN, L., SCHAAL, S. (2017): Mobiles, ortsbezogenes Lernen in der Ernährungs- und Verbraucherbildung. In: Haushalt in Bildung und Forschung (HiBiFo). 2/2017, S. 78-90.

MULNV - Ministerium für Umwelt, Landwirtschaft, Natur- und Verbraucherschutz des Landes Nordrhein-Westfalen (Hrsg.) (2018): Arbeitshilfe kommunales Starkregenrisikomanagement. Hochwasserrisikomanagementplanung in NRW. Düsseldorf.

MULNV - Ministerium für Umwelt, Landwirtschaft, Natur- und Verbraucherschutz des Landes Nordrhein-Westfalen (Hrsg.) (2020): Vorsorge durch Anpassung – Klimawandel in Nordrhein-Westfalen. Düsseldorf.

MUNLV – Ministerium für Umwelt und Naturschutz, Landwirtschaft und Verbraucherschutz des Landes Nordrhein-Westfalen (Hrsg.) (2010A): Handbuch Stadtklima. Maßnahmen und Handlungskonzepte für Städte und Ballungsräume zur Anpassung an den Klimawandel. Düsseldorf.

MUNLV - Ministerium für Umwelt und Naturschutz, Landwirtschaft und Verbraucherschutz des Landes Nordrhein-Westfalen (Hrsg.) (2010B): Handbuch Stadtklima. Maßnahmen und Handlungskonzepte für Städte und Ballungsräume zur Anpassung an den Klimawandel. Langfassung. Essen.

Mußmann, F., Hardwig, T., Riethmüller, M., Klötzer, S. (2021): Digitalisierung im Schulsystem 2021. Arbeitszeit, Arbeitsbedingungen, Rahmenbedingungen und Perspektiven von Lehrkräften in Deutschland. Göttingen.

Neeb, K. (2012): Geographische Exkursionen im Fokus empirischer Forschung. Analyse von Lernprozessen und Lernqualitäten kognitivistisch und konstruktivistisch konzeptionierter Schülerexkursionen. Weingarten (= Geographiedidaktische Forschungen 50).

Neuhaus, B., Braun, E. (2007): Testkonstruktion und Testanalyse für empirisch arbeitende Didaktiker. In: Bayrhuber, H., Elster, D., Krüger, D., Vollmer, H. J. (Hrsg.): Kompetenzentwicklung und Assessment. Innsbruck, S. 135-164.

Neumann, P. (2019): Kooperation selbst bestimmt? Interdisziplinäre Kooperation und Zielkonflikte in inklusiven Grundschulen und Förderschulen. Münster & New York (= Empirische Erziehungswissenschaft 73).

Niemz, G. (1980): Arbeit vor Ort – unverzichtbarer Bestandteil geographischen Unterrichts. In: Geographie und Schule. Heft 6, S. 3-10.

Obert, M. (2017): Anpassung an den Klimawandel als Aufgabe der Stadtplanung. In: Porth, M., Schüttrumpf, H. (Hrsg.): Wasser, Energie und Umwelt. Aktuelle Beiträge aus der Zeitschrift Wasser und Abfall I. Wiesbaden, S. 499-507.

OECD – Organization for Economic Cooperation and Development (Hrsg.) (2021): 21st-Century Readers: Developing Literacy Skills in a Digital World, PISA. Paris.

OHL, U., NEEB, K. (2012): Exkursionsdidaktik: Methodenvielfalt im Spektrum von Kognitivismus und Konstruktivismus. In: HAVERSATH, J.-B. (Hrsg.): Geographiedidaktik. Theorie - Themen - Forschung. 2. Auflage. Braunschweig, S. 259-288.

OKE, T. R., MILLS, G., CHRISTEN, A., VOOGT, J. A. (2017): Urban Climate. New York.

OTTO, K.-H., MÖNTER, L., HOF, S., WIRTH, J. (2010): Das geographische Experiment im Kontext empirischer Lehr-/ Lernforschung. In: Geographie und ihre Didaktik. 3/2010, S. 133-145.

PARLOW, E., SCHNEIDER, C. (2020): Besonderheiten des Stadtklimas. In: GEBHARDT, H., GLASER, R., RADTKE, U., REUBER, P., VÖTT, A. (Hrsg.): Geographie. Physische Geographie und Humangeographie. 3. Auflage. Berlin, S. 282-289.

PARSONS, D. (2014): A Mobile Learning Overview by Timeline and Mind Map. In: International Journal of Mobile and Blended Learning. 6 (4), S. 1-21.

PATT, H., JÜPNER, R. (2013): Einführung in die Thematik. In: PATT, H., JÜPNER, R. (Hrsg.): Hochwasser-Handbuch. Auswirkungen und Schutz. 2. Auflage. Berlin, S. 1-10.

PETER, C. (2014): Problemlösendes Lernen und Experimentieren in der geographiedidaktischen Forschung: eine Interventions- und Evaluationsstudie zur naturwissenschaftlichen Kompetenzentwicklung im Geographieunterricht (Dissertation). Gießen. http://geb.uni-giessen.de/geb/volltexte/2014/10703/ [10.08.2023].

PFEIFFER, E.-M., ESCHENBACH, A., MUNCH, J. C. (2017): Boden. In: BRASSEUR, G.; JACOB, D., SCHUCK-ZÖLLER, S. (Hrsg.): Klimawandel in Deutschland. Entwicklung, Folgen, Risiken und Perspektiven. Berlin, S. 203-214.

PFRIEM, P. (1999): Spiele im Geographieunterricht. In BÖHN, D. (Hrsg.): Didaktik der Geographie – Begriffe. München, S. 148-149.

PIENING, R. (2022): Die Nutzungskartierung einer Innenstadt mit GIS. In: Praxis Geographie. 3/2022, S. 16-20.

POKOJSKI, W., PANECKI, T., SLOMSKA-PRZECH, K. (2021): Cartographic visualization of density: Exploring the opportunities and constraints of Heat Maps. In: Polis Cartographical Review. 53, S. 21-36.

POKRAKA, J., SCHULZE, U., GRYL, I., LEHNER, M. (2021): Bildung. In: BORK-HÜFFER, T., FÜLLER, H., Straube, T. (Hrsg.) Handbuch Digitale Geographien. Welt – Wissen – Werkzeuge. Brill, S. 220-230.

PROBST, M. (2020): Hydrologie anwendungsorientiert vermitteln. Entwicklung, Umsetzung und Evaluation eines Unterrichtsmodells zur Förderung der Transferleistung. Münster (= Geographiedidaktische Forschungen 71).

PRÜFER, P., REXROTH, M. (1996): Verfahren zur Evaluation von Survey-Fragen: Ein Überblick. Mannheim (= ZUMA-Arbeitsbericht 96/05). https://www.gesis.org/fileadmin/upload/forschung/publikationen/gesis_reihen/zuma_arbeitsberichte/96_05.pdf [10.08.2023].

PRZYWARRA, T., RISCH, B. (2022): Interventionsstudien zum Vergleich verschiedener Modelltypen: Herausforderungen und Lösungsansätze. In: Chemie konkret. 29, S. 250-254.

PUENTEDURA, R. (2009): As we may teach: Educational technology, from theory into practice. http://hippasus.com/blog/archives/25 [10.08.2023].

PUENTEDURA, R. (2012): The SAMR model: Background and exemplars. http://hippasus.com/blog/archives/date/2012/08 [10.08.2023].

PUENTEDURA, R. (2020): SAMR – A Research Perspective. http://hippasus.com/blog/archives/499 [10.08.2023].

RAHMSTORF, S., SCHELLNHUBER H. J. (2019): Der Klimawandel. Diagnose, Prognose, Therapie. 9. Auflage. München.

RASCH, B., FRIESE, M., HOFMANN, W., NAUMANN, E. (2021): Quantitative Methoden 2. Einführung in die Statistik für Psychologie, Sozial- & Erziehungswissenschaften. 5. Auflage. Berlin.

REINFRIED, S. (2007): Alltagsvorstellungen und Lernen im Fach Geographie. Zur Bedeutung der konstruktivistischen Lehr-Lern-Theorie am Beispiel des Conceptual Change. In: Geographie und Schule. Heft 168, S. 19-28.

REINMANN, G., MANDL, H. (2006): Unterrichten und Lernumgebungen gestalten. In: KRAPP, A., WEIDENMANN, B. (Hrsg.): Pädagogische Psychologie. 5. Auflage. Weinheim, S. 613-658.

RENNER, T. (2020): (Geographische) Exkursionen in der Lehrer:innenbildung. In: LINDAU, A.-K., RENNER, T., SIMON, J., Diezmann, D. K. (Hrsg.): Fachdidaktische Exkursionskonzepte für den geographie- und Sachunterricht in der Lehrer:innenbildung im Kontext von Bildung für Nachhaltige Entwicklung, fächerübergreifendem Unterricht und Umweltbildung. Halle (Saale) (= Hallesches Jahrbuch für Geowissenschaften Band 43).

RENNER, T. (2021): Selbstwirksamkeitserwartungen von Lehramtsstudierenden zu geographischen Exkursionen – eine qualitative, längsschnittliche Interviewstudie (Dissertation). Halle (Saale).

RENSING, C., TITTEL, S. (2013): Situiertes Mobiles Lernen – Potenziale, Herausforderungen und Beispiele. In: DE WITT, C., SIEBER, A. (Hrsg.): Mobile Learning. Potenziale, Einsatzszenarien und Perspektiven des Lernens mit mobile Endgeräten. Wiesbaden, S. 121-142.

RHEINBERG, F., VOLLMEYER, R. (2018): Motivation. 9., erweiterte und überarbeitete Auflage. Stuttgart.

RINSCHEDE, G. (1997): Schülerexkursionen im Erdkundeunterricht – Ergebnisse einer empirischen Erhebung bei Lehrern und Stellung der Exkursion in der fachdidaktischen Ausbildung. In: PREISLER, G., RINSCHEDE, G., STURM, W., VOSSEN, J. (Hrsg.): Schülerexkursionen im Erdkundeunterricht II: Empirische Untersuchungen und Exkursionsbeispiele. Regensburg (= Regensburger Beiträge zur Didaktik der Geographie 2), S. 7-80.

RINSCHEDE, G., SIEGMUND, A. (2020): Geographiedidaktik. 4. Auflage. Paderborn.

RKI – ROBERT KOCH INSTITUT (Hrsg.) (2010): Klimawandel und Gesundheit. Ein Sachstandsbericht. Berlin.

ROHLFS, C. (2011): Autonomie, Kompetenz und soziale Eingebundenheit. Die Selbstbestimmungstheorie der Motivation von Deci und Ryan. In: Rohlfs, C. (Hrsg.): Bildungseinstellungen: Schule und formale Bildung aus der Perspektive von Schülerinnen und Schülern. Wiesbaden, S. 93-102.

RÖßLER, S. (2015): Klimawandelgerechte Stadtentwicklung durch grüne Infrastruktur. In: Raumforschung und Raumordnung. 73, S. 123-132.

ROSNOW, R. L., ROSENTHAL, R., RUBIN, D. B. (2000): Contrasts and Correlation in Effect-Sizes Estimation. In: Psychological Science. 11/2000, S. 446-453.

RUCHTER, M., KLAR, B., Geiger, W. (2010): Comparing the effects of mobile computers and traditional approaches in environmental education. In: Computers & Education. 54, S. 1054-1067.

RÜTH, M., BREUER, J., ZIMMERMANN, D., KASPAR, K. (2021): The Effects of Different Feedback Types on learning With Mobile Quiz Apps. In: Frontiers in Psychology. 12, S. 1-16.

RVR – REGIONALVERBAND RUHR (Hrsg.) (2019): Klimaanalyse Stadt Dortmund. Essen.

RYAN, R., LA GUARDIA, J. (1999): Achievement motivation within a pressured society. Intrinsic and extrinsic motivations to learn and the politics of school reform.

In: Urdan, T. C. (Hrsg.): Advances in motivation and achievement. The role of context. Stanford, S. 45-85.

SAILER, M., HOMNER, L. (2020): The Gamification of Learning: a Meta-analysis. In: Educational Psychology Review. 32, S. 77-112.

SANDER, W. (2010): Wissen im kompetenzorientierten Unterricht – Konzepte, Basiskonzepte, Kontroversen in den gesellschaftswissenschaftlichen Fächern. In: Zeitschrift für Didaktik der Gesellschaftswissenschaften (ZDG). Heft 1/2010, S. 42-66.

SCHAAL, S. (2016): Die Wertschätzung lokaler Biodiversität mit Geogames fördern – die Bedeutung von spielbezogenem Enjoyment im Spiel „FindeVielfalt Simulation". Ludwigsburg.

SCHAAL, S., LUDE, A. (2015): Using Mobile Devices in Environmental Education for Sustainable Development – Comparing Theory and Practice in a Nation Wide Survey. In: Sustainability. 7, S. 10153-10170.

SCHAAL, S., SCHAAL, S., LUDE, A. (2015): Digital Geogames to foster local biodiversity. In: International Journal for Transformative Research. 3 (1), S. 16-29.

SCHAUMBURG, H. (2018): Empirische Befunde zur Wirksamkeit unterschiedlicher Konzepte des digital unterstützten Lernens. In: MCELVANY, N., SCHWABE, F., BOS, W., HOLTAPPELS, H. G. (Hrsg.): Digitalisierung in der schulischen Bildung. Chancen und Herausforderungen. Münster & New York, S. 27-40.

SCHAUMBURG, H., PRASSE, D. (2019): Medien und Schule. Theorie – Forschung – Praxis. Bad Heilbrunn.

SCHIEFELE, U., SCHAFFNER, E. (2021): Motivation. In: WILD, E., MÖLLER, J. (Hrsg.): Pädagogische Psychologie. 3., vollständig überarbeitete und aktualisierte Auflage. Berlin, S. 163-185.

SCHLAG, B. (2013): Lern- und Leistungsmotivation. 4., überarbeitete und aktualisierte Auflage. Dresden.

SCHLIEDER, C. (2014): Geogames – Gestaltungsaufgaben und geoinformatische Lösungsansätze. In: Informatik-Spektrum. 37 (6), S. 567–574.

SCHMALOR, H. (2021): Die Förderung der Systemkompetenz durch den Einsatz von Modellen. Eine Interventionsstudie am Beispiel des Hochwassers. Dortmund (= Geographiedidaktische Forschungen 74).

SCHMALOR, H., CIPRINA, S., ELLERBRAKE, M., BECKER, J. (2022): „Klimaanpassung in der Stadt auf den Weg bringen" – Themen der nachhaltigen Entwicklung über die

Exkursionsapp „Biparcours" erfahrbar machen. In: WESELEK, J., KOHLER, F., Siegmund, A. (Hrsg.): Digitale Bildung für nachhaltige Entwicklung. Berlin & Heidelberg, S. 91-102.

SCHMALOR, H., CIPRINA, S., ELLERBRAKE, M., BECKER, J. (i. V.): Geography students as future ESD change agents: A location-based mobile learning approach to promote climate change adaptation. (eingereicht im Jorunal of Geography in Higher Education).

SCHMIDT, H., EYRING, V.; LATIF, M.; RECHID, D., SAUSEN, R. (2017): Globale Sicht des Klimawandels. In: BRASSEUR, G., JACOB, D., SCHUCK-ZÖLLER, S. (Hrsg.): Klimawandel in Deutschland. Entwicklung, Folgen, Risiken und Perspektiven. Berlin, S. 7-16.

SCHNELL, R., HÜLL, P. B., ESSER, E. (2018): Methoden der empirischen Sozialforschung. 11. Auflage. Berlin.

SCHNEIDER, C., PAAS, B. (2020): Nachhaltige Stadtentwicklung und Anpassung an den Klimawandel. In: GEBHARDT, H., GLASER, R., RADTKE, U., REUBER, P., VÖTT, A. (Hrsg.): Geographie. Physische Geographie und Humangeographie. 3. Auflage. Berlin, S. 287-289.

SCHNEIDER, J. (2018): Ortsbezogene Spiele in der BNE – Empirische Untersuchung zur Bewertungskompetenz und zur Veränderung der Naturverbundenheit. Dissertation. Ludwigsburg.

SCHNEIDER, J.; SCHAAL, S., SCHLIEDER, C. (2017): Geogames in Education for Sustainable Development: Transferring a Simulation Game in Outdoor Settings. In: 9th International Conference on Virtual Worlds and Games for Serious Applications (VS-Games) 2017. Athen, S. 79-86.

SCHOCKEMÖHLE, J. (2009): Außerschulisches regionales Lernen als Bildungsstrategie für eine nachhaltige Entwicklung. Entwicklung und Evaluierung des Konzeptes „Regionales Lernen 21+". Weingarten (= Geographiedidaktische Forschungen 44).

SCHOCKEMÖHLE, J. (2011): Regionales Lernen 21+ - Konzeption und Evaluation. In: MESSMER, K., VON NIEDERHÄUSERN, R., REMPFLER, A., WILHELM, M. (Hrsg.): Ausserschulische Lernorte – Positionen aus Geographie, Geschichte und Naturwissenschaften. Berlin (= Beiträge zur Didaktik Band 1), S. 82-108.

SCHOLZ, M., GRABOWIECKI, P. (2007): Review of permeable pavement systems. In: Building and Environment. 42, S. 3830-3836.

SCHÖNWIESE, C.-D. (2019): Klimawandel kompakt. Ein globales Problem wissenschaftlich erklärt. Frankfurt a. M.

SCHÖNWIESE, C.-D. (2020): Klimatologie. 5., überarbeitete und aktualisierte Auflage. Stuttgart.

SCHROT, O. G., KELLER, L.; PEDUZZI, D.; RIEDE, M., KUTHE, A., LUDWIG, D. (2019): Teenagers Expand Their Conceptions of Climate Change Adadptation Through Research-Education Cooperation. In: LEAL FILHO, W., HEMSTOCK, S. L. (Hrsg.): Climate Change and the Role of Education, S. 525-547.

SCHRÜFER, G., ECKSTEIN, V. (2022): Chancen und Möglichkeiten im Zeitalter der Digitalität aus Perspektiven Globalen Lernens/BNE. In: EBERTH, A., GOLLER, A., GÜNTHER, J., HANKE, M., VOLZ, V., KRUG, A., RONCEVIC, K., SINGER-BRODOWSKI, M. (Hrsg.): Bildung für nachhaltige Entwicklung – Impulse zu Digitalisierung, Inklusion und Klimaschutz. Opladen, Berlin & Toronto, S. 74-91.

SCHULER, S., HILLER, J., LUDE, A. (2019): Nachhaltige Mobilität und Stadtentwicklung mit Smartphones erkunden. Didaktische Werkzeuge für die Gestaltung digitaler Rallyes mit der App Actionbound. In: Praxis Geographie. 6/2019, S. 44-50.

SCHULTE-DERNE, F. (2010): PHOENIX-See in Hörde – die Binnenalster Dortmunds. In: HEINEBERG, H., WIENEKE, M., WITTKAMPF, P. (Hrsg.): Westfalen Regional. Band 2. Münster, S. 98-100.

SCHULZE, U. (2015): Digitale Geomedien und empirische Bildungsforschung – Ein systematischer Literaturreview zum Lernen mit Geographischen Informationssystemen. In: Zeitschrift für Didaktik der Gesellschaftswissenschaften (ZDG). 2/2015, S. 96-120.

SCHULZE, U., GRYL, I., KANWISCHER, D. (2015): Spatial Citizenship – Zur Entwicklung eines Kompetenzstrukturmodells für eine fachübergreifende Lehrerfortbildung. In: Zeitschrift für Geographiedidaktik. 43 (2), S. 139-164.

SCHULZE, U., KANWISCHER, D., GRYL, I., BUDKE, A. (2020): Mündigkeit und digitale Geomedien. Implementation eines digitalen fachkonzepts in der geographischen Lehrkräftebildung. In: AGIT: Journal für angewandte Geoinformatik. 6/2020, S. 114-123.

SCHULZE, U., GRYL, I. (2022): Geographische Bildung in der digitalen Welt. Die digitale Transformation im Fokus der Geographiedidaktik. In: FREDERKING, V., ROMEIKE, R. (Hrsg.): Fachliche Bildung in der digitalen Welt. Digitalisierung, Big Data und KI im Forschungsfokus von 15 Fachdidaktiken. Münster & New York (= Fachdidaktische Forschungen 14), S. 143-173.

SCHÜTZE, A. A., BANNING, A., BENDER, S. (2021): Kartierung und Simulation von Überschwemmungsflächen in urbanen Räumen nach Starkregenereignissen. In: Grundwasser – Zeitschrift der Fachsektion Hydrogeologie, S. 1-11.

SEGBERS, T., KANWISCHER, D. (2015): Ethnographie als Methodologie in der Geographiedidaktik – Teilnehmende Beobachtung und Tagebuchanalyse im Kontext exkursionsdidaktischer Forschung. In: BUDKE, A., KUCKUCK, M. (Hrsg.): Geographiedidaktische Forschungsmethoden Münster (= Praxis Neue Kulturgeographie Band 10), S. 294-317.

SEIPOLD, J. (2018): Aus der Geschichte des mobilen Lernens: Strömungen, Trends und White Spaces. In: DE WITT, C., GLOERFELD, C. (Hrsg.): Handbuch Mobile Learning. Wiesbaden, S. 13-42.

SHEPHERD, A., FRICKER, H. A., FARRELL, S. L. (2018): Trends and connections across the Antarctic cryosphere. In: Nature. 558, S. 223-232.

SHROUT, P. E., BOLGER, N. (2002): Mediation in Experimental and Nonexperimental Studies.

NEW PROCEDURES AND RECOMMENDATIONS. In: Psychological Methods. 7 (4), S. 422–445.

SIEGMUND, A., MICHEL, U., FORKEL-SCHUBERT, J., JAHN, M. (2013): Digitale Medien in der BNE aus Sicht der Geographie. In: MICHEL, U., SIEGMUND, A., EHLERS, M., JAHN, M., BITTNER, A. (Hrsg.): Digitale Medien in der Bildung für nachhaltige Entwicklung, Potenziale und Grenzen. München, S. 16-24.

SIEGMUND SPACE & EDUCATION GGMBH & ᴿGEO – SIEGMUND SPACE & EDUCATION GGMBH & RESEARCH GROUP FOR EARTH OBSERVATION DER PÄDAGOGISCHEN HOCHSCHULE HEIDELBERG ABTEILUNG GEOGRAPHIE (2021): Analyse zur Verankerung von Klimabildung in den formalen Lehrvorgaben für Schulen und Bildungseinrichtungen in Deutschland. Berlin.

SINGH, A. S., ZWICKLE, A., BRUSKOTTER, J. T., WILSON, R. (2017): The perceived psychological distance of climate change impacts and its influence on support for adaptation policy. In: Environmental Science and Policy. 73, S. 93-99.

SKIERA, E. (2010): Reformpädagogik in Geschichte und Gegenwart. Eine kritische Einführung. 2., durchgesehene und korrigierte Auflage. München.

STADT DORTMUND, TECHNISCHE UNIVERSITÄT DORTMUND, EMSCHERGENOSSENSCHAFT (2017): DAS: Klimafolgenanpassungskonzept für den Stadtbezirk Dortmund-Hörde. Schlussbericht. Dortmund & Essen.

STADT DORTMUND (2021): Masterplan integrierte Klimaanpassung Dortmund MiKaDo. Endversion des Gesamtberichts. Dortmund.

STADT DORTMUND (o. J.): Starkregengefahrenkarte TN100. www.geoweb1.digistadtdo.de [03.08.2023].

STADT DORTMUND (2022): Grafiken zur COVID-19-Pandemie. Altersinzidenzen. Online verfügbar unter: https://rathaus.dortmund.de/statData/shiny/dortmund.html [05.05.2022].

STADTLER, M., SAILER, M., FISCHER, F. (2021): Knowledge as a formative construct: A good alpha is not always better. In: New Ideas in Psychology. 69, S. 1-4.

STALDER, F. (2016): Kultur der Digitalität. Berlin.

STALDER, F., KUTTNER, C. (2022): Schule in der Kultur der Digitalität – Schule als Reflexionsraum. Im Gespräch mit Felix Stalder. In: KUTTNER, C., MÜNTE-GOUSSAR, S. (Hrsg.): Praxistheoretische Perspektiven auf Schule in der Kultur der Digitalität. Wiesbaden, S. 3-20.

STEINER, E., BENESCH, M. (2021): Der Fragebogen. Von der Forschungsidee zur SPSS-Auswertung. 6., aktualisierte und überarbeitete Auflage. Wien.

STOLZ, C., FEILER, B. (2018): Exkursionsdidaktik. Ein fächerübergreifender Praxisratgeber. Stuttgart.

STRAHLER, A., STRAHLER, A. (2009): Physische Geographie. 4. Auflage. Stuttgart.

STRAFF, W., MÜCKE, H.-G. (2017): Handlungsempfehlungen für die Erstellung von Hitzeaktions-plänen zum Schutz der menschlichen Gesundheit. In: Bundesgesundheitsblatt – Gesundheits-forschung – Gesundheitsschutz. 60 (6), S. 662-672.

STREIFINGER, M. (2010): Praxisbeispiel einer geodidaktischen Exkursion zur Optimierung des glazialmorphologischen Verständnisses im Untersuchungsgebiet Hoher Kranzberg/Mittenwald/Wallgau. Empirische Untersuchung zur Exkursionsdidaktik. München.

STYMNE, J. (2020): Mobile learning in outdoor settings: a systematical review. In: Conference Paper of the 16th International Conference Mobile Learning 20 20, S. 63-70.

SUNG, Y.-T., CHANG, K.-E., LIU, T.-C. (2016): The effects of integrating mobile devices with teaching and learning on students' learning performance: A meta-analysis and research synthesis. In: Computers & Education. 94, S. 252-275.

TABER, K. S. (2018): The Use of Cronbach's Alpha When Developing and Reporting Research Instruments in Science Education. In: Research in Science Education. 48, S. 1273-1296.

TAKEBAYASHI, H., MORIYAMA, M. (2009): Study on the urban heat island achieved by converting to grass-covered parking. In: Solar Energy. 83, S. 1211-1223.

TALAN, T. (2020): The Effect of Mobile Learning on Learning Performance: A Meta-Analysis Study. In: Educational Sciences: Theory & Practice. 20 (1), S. 79-103.

THEYßEN, H. (2014): Methodik von Vergleichsstudien zur Wirkung von Unterrichtsmedien. In: KRÜGER, D., PARCHMANN, I., SCHECKER, H. (Hrsg.): Methoden in der naturwissenschaftsdidaktischen Forschung. Berlin, S. 67-79.

TRAXLER, J. (2007): Defining, Discussing and Evaluating Mobile Learning: The moving finger writes and having writ…. In: INTERNATIONAL Review of Research in Open and Distance Learning. 8 (2), S. 1-12.

UMWELTBUNDESAMT (Hrsg.) (2019): Monitoringbericht 2019 zur Deutschen Anpassungsstrategie an den Klimawandel. Bericht der Interministeriellen Arbeitsgruppe Anpassungsstrategie der Bundesregierung. Dessau-Roßlau.

UMWELTBUNDESAMT (Hrsg.) (2020): Berichterstattung unter der Klimarahmenkonvention der Vereinten Nationen und dem Kyoto-Protokoll 2020. Nationaler Inventarbericht zum Deutschen Treibhausgasinventar 1990-2018. Dessau-Roßlau.

UMWELTBUNDESAMT (Hrsg.) (2021): Der Hitzeknigge. Tipps für das richtige Verhalten bei Hitze. Dessau-Roßlau.

UMWELTBUNDESAMT (Hrsg.) (2023): Treibhausgas-Emissionen in Deutschland. https://www.umweltbundesamt.de/daten/klima/treibhausgas-emissionen-in-deutschland#emissionsentwicklung [10.08.2023].

UN – UNITED NATIONS (Hrsg.) (2015): Transforming our world: The 2030 Agenda for sustainable development. New York.

UNESCO – UNITED NATIONS EDUCATIONAL, SCIENTIFIC AND CULTURAL ORGANIZATION (o. J.): Climate Change Education. https://www.unesco.org/en/education-sustainable-development/climate-change [10.08.23].

VÖLKER, S., BAUMEISTER, H., CLASSEN, T., HORNBERG, C., KISTEMANN, T. (2013): Evidence for the Temperature-Mitigating Capacity of Urban Blue Space - A Health Geographic Perspective. In: Erdkunde. 67 (4), S. 355-371.

VÖLKL, K., KORB, C. (2018): Deskriptive Statistik. Eine Einführung für Politikwissenschaftlerinnen und Politikwissenschaftler. Wiesbaden.

VON AU, J. (2016): Einführung und Überblick. In: VON AU, J., GADE, U. (Hrsg.): „Raus aus dem Klassenzimmer". Outdoor Education als Unterrichtskonzept. Weinheim & Basel, S. 13-40.

WANKMÜLLER, F., GRAULICH, S., ROCHHOLZ, F., FIENE, C., SIEGMUND, A. (2022): Klimaanpassung innovativ vermitteln – Potenziale von mobilen Apps und Serious Games für den Schulunterricht. In: WESELEK, J., KOHLER, F., SIEGMUND, A. (Hrsg.): Digitale Bildung für nachhaltige Entwicklung. Anwendung und Praxis in der Hochschulbildung. Berlin, S. 75-91.

WARDENGA, U. (2002): Alte und neue Raumkonzepte für den Geographieunterricht. In: Geographie heute. Heft 200, S. 8-11.

WATTS, N., AMANN, M., ARNELLN, N., AYEB-KARLSSON, S., BEAGLEY, J., BELESOVA, K., BOYKOFF, M., BYASS, P. CAI, W., CAMPBELL-LENDRUM, D., CAPSTICK, S., CHAMBERS, J., COLEMAN, S., DALIN, C., DALY, M., DASANDI, N., DASGUPTA, S., DAVIES, M., DI NAPOLI, C., DOMINGUEZ-SALAS, P., DRUMMOND, P., DUBROW, R., EBI, K. L., ECKELMAN, M., EKINS, P., ESCOBAR, L. E., GEORGESON, L., GOLDER, S., GRACE, D., GRAHAM, H., HAGGAR, P., HAMILTON, I., HARTINGER, S., HESS, J., HSU, S.-C., HUGHES, N., MIKHAYLOV, S. J., JIMENEZ, M. P., KELMAN, I., KENNARD, H., KIESEWETTER, G., KINNEY, P. L., KJELLSTROM, T., KNIVETON, D., LAMPARD, P., LEMKE, B., LIU, Y., LIU, Z., LOTT, M., LOWE, R., MARTINEZ-URTAZA, J., MASLIN, M., MCALLISTER, L., MCGUSHIN, A., MCMICHAEL, C., MILNER, J., MORADI-LAKEH, M., MORRISSEY, M., MUNZERT, S., MURRAY, K. A., NEVILLE, T., NILSSON, M., SEWE, M. O., ORESZCZYN, T., OTTO, M., OWFI, F., PEARMAN, O., PENCHEON, D., QUINN, R., RABBANIHA, M., ROBINSON, E., ROCKLÖV, J., ROMANELLO, M., SEMENZA, J. C., SHERMAN, J., SHI, L., SPRINGMANN, M., TABATABAEI, M., TAYLOR, J., TRIÑANES, J., SHUMAKE-GUILLEMOT, J., VU, B., WILKINSON, P., WINNING, M., GONG, P., MONTGOMERY, H., COSTELLO, A. (2021): The 2020 Report of The Lancet Countdown on Health and Climate Change. Responding to Converging Crises. In: The Lancet. 397 (10269), S. 129-170.

WATZKA, W. (1977): Einflüsse der Unterrichtsform auf Motivation und Lernerfolg. In: Hochschulverband für Geographie und ihre Didaktik (Hrsg.): Quantitative Didaktik der Geographie. Braunschweig (= Geographiedidaktische Forschungen 1), S. 381-403.

WEISCHET, W., ENDLICHER, W. (2018): Einführung in die Allgemeine Klimatologie. 9., überarbeitete Auflage. Berlin & Stuttgart.

WEISSE, R., MEINKE, I. (2017): Meeresspiegelanstieg, Gezeiten, Sturmfluten und Seegang. In: BRASSEUR, G., JACOB, D., SCHUCK-ZÖLLER, S. (Hrsg.): Klimawandel in Deutschland. Entwicklung, Folgen, Risiken und Perspektiven. Berlin, S. 77-86.

WELLER, B., FAHRION, M.-S., HORN, S., NAUMANN, T., NIKOLOWSKI, J. (2016): Baukonstruktion im Klimawandel. Wiesbaden.

WEINERT, F. (2001): Vergleichende Leistungsmessung in Schulen – eine umstrittene Selbstverständlichkeit. In: WEINERT, F. (Hrsg.): Leistungsmessungen in Schulen. Weinheim, S. 17-31.

WERNER, C. S., SCHERMELLEH-ENGEL, K., GERHARD, C., GÄDE, J. C. (2016): Strukturgleichungsmodelle. In: DÖRING, N., BORTZ, J. (Hrsg.): Forschungsmethoden und Evaluation in den Sozial- und Humanwissenschaften. 5. vollständig überarbeitete, aktualisierte und erweiterte Auflage. Berlin & Heidelberg, S. 945-974.

WHO – WELTGESUNDHEITSORGANISATION (Hrsg.) (2019): Gesundheitshinweise zur Prävention hitzebedingter Gesundheitsschäden. Neue und aktualisierte Auflage. Kopenhagen.

WILDE, M., BÄTZ, K., KOVALEVA, A., URHANE, D. (2009): Überprüfung einer Kurzskala intrinsischer Motivation (KIM). In: Zeitschrift für Didaktik der Naturwissenschaften. 15, S. 31-45.

WILKINSON, L., THE TASK FORCE ON STATISTICAL INFERENCE (1999): Statistical Methods in Psychology Journals. Guidelines and Explanations. In: American Psychologist. 54 (8), S. 594-604.

WINKER, M., FRICK-TRZEBITZKY, A., MATZINGER, A., SCHRAMM, E., STIEß, I. (2019): Die Kopplungsmöglichkeiten von grünen, grauen und blauen Infrastrukturen mittels raumbezogener Bausteine. In: Forschungsverbund netWorks (Hrsg.): netWORKS-Papers. Heft 34. Berlin.

WMO – WORLD METEOROLOGICAL ORGANIZATION (Hrsg.) (2020): WMO Statement on the State of the Global Climate in 2019. Genf.

WOUTERS, P.; van Nimwegen, C.; van Oostendorp, H. & van der Spek, E. D. (2013): A Meta-Analysis of the Cognitive and Motivational Effects of Serious Games. In: Journal of Educational Psychology. 105. (2). 249-265.

WRENGER, K. (2015): Die Fähigkeit zur kartengestützten Orientierung im Realraum unter besonderer Berücksichtigung der Einflussgröße Raum. Eine empirische Studie mit Schülerinnen und Schülern zu Beginn der Sekundarstufe I. Münster (= Geographiedidaktische Forschungen 57).

WORLD WEATHER ATTRIBUTION (Hrsg.) (2021): Rapid attribution of heavy rainfall events leading to the severe flooding in Western Europe during July 2021. https://www.worldweatherattribution.org/heavy-rainfall-which-led-to-severe-flooding-in-western-europe-made-more-likely-by-climate-change/ [10.08.2023].

Anhang

A Intervention

Der tabellarische Ablaufplan sowie die Materialien der Exkursionsgruppen sind auf https://geographiedidaktische-forschungen.de/ im Bereich Zusatzmaterial abrufbar.

B Erhebungsinstrumente

Die Erhebungsinstrumente aller Testzeitpunkte der Interventionsstudie sind auf https://geographiedidaktische-forschungen.de/ im Bereich Zusatzmaterial abrufbar.

C Auswertung & Methodik

Die Hilfen und Systematisierungen zur Auswertung der Testinstrumente sind auf https://geographiedidaktische-forschungen.de/ im Bereich Zusatzmaterial abrufbar.